模仿欲望

塑造人性、商业和社会的力量

[美] 柏柳康（Luke Burgis）/ 著　窦泽南 / 译

——

WANTING

THE POWER OF MIMETIC DESIRE IN EVERYDAY LIFE

中信出版集团 | 北京

图书在版编目（CIP）数据

模仿欲望 /（美）柏柳康著；窦泽南译 . -- 北京：
中信出版社，2023.3
　　书名原文：Wanting: The Power of Mimetic Desire
in Everyday Life
　　ISBN 978-7-5217-5215-1

　　I. ①模…　II. ①柏… ②窦…　III. ①欲望－研究
IV. ① B848.4

中国国家版本馆 CIP 数据核字 (2023) 第 024310 号

模仿欲望
著者：　　［美］柏柳康
译者：　　窦泽南
出版发行：中信出版集团股份有限公司
　　　　　（北京市朝阳区东三环北路 27 号嘉铭中心　邮编　100020）
承印者：　嘉业印刷（天津）有限公司

开本：880mm×1230mm　1/32　　　印张：10.75　　字数：252 千字
版次：2023 年 3 月第 1 版　　　　　印次：2023 年 3 月第 1 次印刷
京权图字：01-2022-6029　　　　　　书号：ISBN 978-7-5217-5215-1
　　　　　　　　　　定价：79.00 元

献给
克莱尔和霍普

推荐序一

社会秩序的隐秘机制

万维钢

科学作家，得到App《精英日课》专栏作者

柏柳康的这本《模仿欲望》大有深意，此书说的不是什么节制欲望之类的励志说教，更不是寻常的科普，而是社会运行机制的一个大秘密。为了让你充分理解这个机制，我特意写这篇推荐序作为导读。

*

孔子的弟子曾子临终时病得很严重，床前一个童仆可能没话找话，说："你铺的席子真是华美，这是大夫才能用的席子啊。"曾子一听就很惊惧，说这的确是季孙（鲁国大夫）送我的席子，怎么没换掉啊？赶紧换！于是让人把他扶起来换席子，但席子还没换好，曾子就死

去了。

这是《礼记》里的一个故事，对此你可以有不同的解读。如果是哄小孩，你大约可以说曾子是个崇尚节俭的人……没准孩子还会觉得他太迂腐了。

成年人对此的解读是，曾子在维护一种社会等级秩序。"礼"的本质就是等级，儒家认为等级必须得到尊重，你是什么身份就用什么档次的物品，曾子不是大夫，因此那个席子他就不能用。

这是孔门的标准思维方式。孔子说"八佾舞于庭，是可忍也，孰不可忍也"，也是反对越级：你级别不够，就不应该享受那种规格的舞蹈。

按现代人的眼光来看，儒家如此维护封建等级，这不太反动了吗？难道不应该人人平等吗？这不革命能行吗？

如果我告诉你，儒家拼命维护等级制度，其实不是为了奉承贵族，而是为了保障社会秩序呢？

如果有等级才是对的，鼓吹平等就是纵容嫉妒呢？

如果人其实是一种非常暴力的动物，不使劲管就会乱呢？

读懂柏柳康这本书，你大概就能理解儒家了。

人性中有个很麻烦的东西，叫作"欲望"。

＊

欲望不是"need"（需要），而是"want"（想要）。你并不必需这个东西，但你就是想要。

柏柳康这本书是对法国哲学家勒内·基拉尔一套学说的现代版的总结和发挥。基拉尔有个关键洞见是，我们不是天生就想要什么，而是跟人学来的。你的梦想为什么是上哈佛大学？那是因为大家都认为上哈佛大学是一种荣耀。

基拉尔研究过一段时间的文学，他发现如果经典小说中的主人公追求一个什么事物，从来都不是他自己想追求的，都是别人告诉他的。包括《圣经》的故事，夏娃为什么想吃苹果？因为是蛇告诉她的。欲望出自模仿。

我们各种各样的追求，从想上名校到想要读金融、法律、医学、咨询之类的热门专业，到在朋友圈的各种炫耀，更不用说对奢侈品的追求，都是社会性的模仿。

道学家一定会说模仿欲望是不好的，攀比心不断升级，岂不是欲壑难填？但是资本主义社会认为这样很好啊，正是因为大家都有欲望，你追我赶，经济才能增长，世界才会进步。

欲望到底是好还是不好呢？柏柳康在这本书中说，欲望的模仿有两种。一种是纵向的，是往上看，模仿比你地位高的人。看看那些明星、名人、大人物们都在干什么，你也想跟他们一样。这种模仿是光明正大的，没啥毛病。

另一种欲望则是横向的，是往身边看，模仿跟你差不多的人。这种模仿是暗中的，而且是竞争性的。当看到同事今天穿了一件好看的衣服时，你不会想在明天穿一件一模一样的，而会想穿一件类似但是更好看的。有时候，看到她喜欢什么样的东西，你为了证明自己的眼光更高，会故意喜欢正好相反的东西，这个"刻意的不模仿"其实也是一种模仿，你还是在被她影响着。

马克思认为，冲突发生是因为人们有着不同的属性和立场，现实却是，争斗更容易发生在相似的人之间。竞争性模仿让我们非常在意彼此间微小的差异。

文人最瞧不起的不是粗人，而是跟他差不多的文人；教徒最恨的不是异教徒，而是同一个宗教中另一个教派的教徒；跟你冲突最多的不是外乡人，而是你的邻居。这些争斗的本质其实就是嫉妒，它总是发生在社群的内部。

整天斗来斗去哪儿行呢？社群必须维护秩序。

*

维护秩序最好的办法就是建立等级制度。把人分成不同等级，每个级别有对应的待遇，大家各安其位，那也就谈不上嫉妒了。

社会学家尼古拉斯·克里斯塔基斯在《蓝图》一书中总结了好社会的八大特征，其中的关键一项就是存在一个温和的等级制度，否则这个社会就会不稳定。儒家倡导礼乐制度，礼就是等级，乐就是温和，礼乐其实就是为了维稳。

每一代都有人对等级制度表示不服，说为什么不能人人平等，最新的一个不服的例子就是美捷步公司曾经的首席执行官谢家华。

谢家华本来生意很成功，还出过一本书叫《传递幸福》。他真诚地想要建设一个更好的社会，为此他经常"搞事情"。

美捷步曾经运行过一种新型的管理方式，叫"合弄制"，即取消公司上下包括首席执行官在内所有人的传统头衔，没有常设领导机构，做事都是靠临时成立的小组，实行彻底的扁平化管理，消除等级制度。

这场改革轰动一时，我还曾写文章介绍过……后来谢家华用同样的理念拉了一大帮朋友在拉斯维加斯搞新型城市建设，也是轰轰烈烈。

然而几年过去，事实证明谢家华的平等实验失败了。美捷步员工的士气很低落，内部争斗无数。拉斯维加斯项目的合伙人和高管有多人自杀。柏柳康目睹了这些变化，他认为失败的关键就在于取消了等级制度。

当公司有等级制度时，员工的主要精力都用于向上模仿。高层是榜样，人们知道哪些欲望值得弘扬。这种模仿是和平的。

然而，当美捷步取消了等级制度时，员工的精力就开始转向竞争性的互相模仿了。大家都一样，凭什么你的收入比我高？既然这个小组你说了算，那在下个小组里就应该听我的！欲望变得无序，无序导致冲突。

美捷步陷入了霍布斯式的一切人对一切人的战争，所有人都觉得不安全，不知道怎样才能保住自己的工作……除了那些跟谢家华私交特别好的人。合弄制改革以失败告终，不过公司此前就已经被亚马逊收购，没有因此造成更大的损失。而最大的不幸，便是谢家华后来死于火灾事故。

这就是为什么儒家一门心思维护等级制度。司马光在《资治通鉴》中说："臣闻天子之职莫大于礼，礼莫大于分，分莫大于名。"他的意思是，天子这个"利维坦"的最重要作用是让社会有等级，等级的关键是明确分别，分别就是要给每个人不同的名分。名分也就是身份，身份定了，社会就是稳定的。

等级的作用是维稳。

*

可是很多社会没有儒家也没有那么讲究礼教，它们是怎么维护秩序的呢？等级观念不强的社会不容易维护秩序，经常陷入混乱。但是这些社会有一个能迅速从混乱状态中解脱出来重归秩序的机制，就是替罪羊机制，这也是基拉尔的洞见。

世世代代都住在一起的一群人，因为竞争性的模仿，每隔一段时间就会发生波及全社会的暴力冲突，岂不令人痛心？这个问题的解决办法就是找替罪羊。有的社会是找个动物，可能就是一只羊，利用人们的迷信心理，说一切混乱都是这只羊造成的，把它处置了就行了；更多的社会则是直接找个人当替罪羊，也许这个人是人群里最弱、最怪的，也许是曾经最有权力的人。大家会把所有仇恨都发泄到他身上，整个群体因此重归团结。

其实现在也是如此。球队成绩不好就开除主教练，经济不好可以怪贪官和资本，二战前全德国仇视犹太人……这都是在抓替罪羊。

明明是全社会的共业，罪责却只需要一个人（或群体）承担。替罪羊机制是如此有效，每一次都能让社会重拾秩序，以至于没有人需要反思……

直到那一次，耶稣被当作了替罪羊。耶稣顺理成章地死在了十字架上，可是他的信徒还在。信徒们站出来说耶稣是无辜的，甚至传说他还活着……于是社会继续处于分裂状态。基拉尔认为，那是史上第一次替罪羊机制没有成功的情况。

那是西方历史的转折点，人们至此才认识到，抓替罪羊这个做法是不对的。可以说，是替罪羊机制被反过来之后，才有了西方文明。过去两千年来，西方在人权、法律、公共政策各个方面慢慢发展出保护弱势群体的倾向，这就是文明和进步。

现在甚至还发展出了一种"反替罪羊"的机制，也就是一旦人们感觉到有人受到公权力的迫害，整个群体都会替他出头……这就是为什么弗洛伊德之死能让整个美国几乎陷入动乱。

＊

由教会主导的西方一直保留了贵族等级制度，而且基督教也有类似中国儒家和道家的思想教化。摩西十诫中有一条告诫人们："勿贪邻人的房屋，勿恋他人妻，勿贪他人田庄、仆婢、牛驴……"它禁止的不是行为，而是欲望。

你看，这是不是暗合了老子说的："不尚贤，使民不争；不贵难得之货，使民不为盗；不见可欲，使民心不乱……"

让老百姓节制欲望，都是为了维稳。

简单来说就是，和平时期就用等级制度维稳，秩序失控了就抓个替罪羊出气，随时结合思想教化。要想社会稳定，就得控制人的欲望。

＊

现代社会早就没了礼乐和贵族，市场经济更是鼓励老百姓也可以"看等离子电视"，社会秩序又是怎么维持的呢？这个秘密叫作"系统内欲望"。

我认为，天生的贵族是没有了，但是各行各业都有自己的等级系统。教育系统有专科、本科和名校；搞学术讲究发论文、评院士和拿诺贝尔奖；记者可以评普利策奖，开餐馆还有米其林评分，企业家更有富豪排行榜……等级提供了秩序，让人多往上看，把欲望用在正确的努力方向上……

这一切的本质还是维稳。你想想，当初李世民说"天下英雄，入吾彀中矣！"，不就是在用纵向欲望替代横向欲望，把争斗变成奋斗，让欲望的抒发有序化和合法化吗？

由于有系统内欲望这个维稳机制，现代社会大体上能保持秩序，除了一些特殊情况，如20世纪60年代美国的民权运动和嬉皮士运动，当人们突然不再相信等级，横向欲望就爆发出来，造成动乱。

＊

　　理解了欲望、等级和维稳的机制后，你可能会有一种超脱之感，不想再参加这些游戏了。确实，中国历代都有隐士宣称要退出系统，亚当·斯密在《道德情操论》中也反对陷入对财富的无尽追求，但是用道德抵消欲望是难以操作的。我们现代人又该怎么办呢？

　　柏柳康在书中各处说了一些办法，我认为大约可以总结为三点。

　　第一是用同理心取代嫉妒心。如果你能对他人的境遇感同身受，说我理解你为什么会如此，那你就可以从欲望陷阱中跳出来说我不跟你一样，我不模仿你。

　　第二是用"系统外欲望"取代系统内欲望。所谓系统外欲望，就是我不在这个圈竞争了，我要破圈，我有更大的野心。比如我要创建不朽的功业，我要改变世界……破圈的心法是不跟圈内人比，最好只跟自己比，跟远大的目标比。

　　第三，也是最根本的办法，则是用"价值观"统率欲望。价值观是对欲望的排序系统，鱼和熊掌你都想要，但是有了价值观，你才知道什么不那么重要，什么比较重要，什么更重要，什么最重要……对欲望进行排序后，你会发现，值得自己追逐的东西会少很多，这样你会更省心。

＊

　　欲望是个简单的机制，背后却有一个关于社会的可怕真相，我认为那就是：人是一种非常暴力的动物，必须被管制。封建等级也好，教授评奖也好，真正的作用都是把你管束起来，好让社会稳定。

　　我认为，因为人必须被管，所以绝对的自由和平等就是不存在的……这个认知很残酷，你有权知道。

推荐序二

以人为本

乔永远

首钢基金首席经济学家、万物研究院创始人

"欲望"是一个人人都熟悉，但又模糊不清的概念。这本书"站在勒内·基拉尔教授宽阔而崇高的肩膀上"，对"模仿欲望"——每个人的欲望大都来自对他人的模仿而非自己的本心——进行了阐述。这本书采用的事例既贴合生活，又丰富多样，从多个角度论证了模仿欲望的合理性，并且证明了这套理论不但在历史上反复重演，在当下也在时时刻刻影响着每个人的生活、每个企业的运行。

"知道**想要**什么要比知道**需要**什么困难得多。"作者在书中不断引导读者思考自身欲望的来源。不论是身处学校的懵懂学生，还是过度追求短期收益的风险投资人，抑或是执着于米其林三星的主厨，都在反复地被模仿欲望所影响，试图通过外在系统的评价定义自我的成功。他们试图通过模仿"成功者"的行为，达到自我计划的目标，殊不知这个目标本身也是模仿欲望的产物。总而言之，"欲望的系统无处不在"。

通过阅读这本书，读者能够以更加超然的眼光看待社会中、商业里的模仿欲望。进一步地，读者还能够学习到反模仿的方式，通过对自我本心欲望的探索，寻找到特定的内在动机，真正做到"以人为本"。最终，读者将在作者的引导下，深刻思考欲望的未来发展模式，以及"未来的我们将会渴望些什么？"这样的问题。

总的来说，这本书旁征博引，采用大量历史事件、宗教典故、商业经历、名家言论，兼顾历史与现代、理论与实践，对模仿欲望这一理论进行了深刻的探讨。同时，对模仿欲望的历史意义、在社会中的影响、未来发展轨迹，以及如何认清乃至超越模仿欲望，这本书都进行了精彩的论述，不失为一本优秀的作品。这本书适合各个年龄段、不同职业、不同经历的读者阅读，相信每一位读者都会在本书中有所收获。

致中国读者

在我从中国回到美国将近 7 年后，本书的第一个故事开始了。

当年我在纽约大学学习商业，并选修了普通话的语言课程。在毕业的一年半之内，我觉得，作为一名初级投资银行分析师，我将很有可能在北京和山西的商务宴会上畅饮白酒。

我是如何与中国结缘的？又为何选择离开？这些与这本书的主题密切相关。

2004 年 9 月，作为一名金融分析师，我坐在自己位于纽约市的公寓里，对当下的生活感到不满。"也许换个环境就可以解决我的问题。"我这样想着。

那时我听说，中国的经济正呈爆炸式增长，也阅读了几本关于移居亚洲并因此人生圆满的美国书籍。因此，就像塞万提斯的小说《堂吉诃德》（这是我最喜欢的一本小说）描述的那样，主人公读到了骑士阿马迪斯·德·高拉的冒险故事，并决定效仿他，我的内心也燃起了前往中国的渴望。

我联系了几位正在亚洲工作的校友。不到一个月的时间，大约 11 月底，在我的生日到来之前，我收到了一份工作邀请，并登上了飞往香港特别行政区的飞机，开始了我的旅程。那年我 23 岁。

坐在我旁边的是一名美国飞行员（他刚在国泰航空公司找了份新工作），他问我要去做什么。当我告诉他，我要去亚洲一个陌生的地方开始新的工作时，他严肃地看着我说："你有种！"（这是一个有点粗俗的美国俚语，意思是我很爷们。）

他的反应让我感到紧张，也许我还不知道自己在做什么。

当时我也没想到，用不了一年，我的中国之旅就会戛然而止，我会回到美国。不是因为我不喜欢这里的生活，这是我生命中最富足的一段时期。然而，在这段时间里，我的欲望猛然转变方向，我只能尽快跟上。

我以为自己是个会独立思考且意志坚强的人，能够确定自己想要什么，然后去实现它。结果发现，我完全不理解欲望是如何运作的，以及为什么我会想要某些东西，而不是其他的一些东西。

多年以后，我会了解一种在人类事务中普遍存在的力量，迄今为止，这种力量还未被人们广泛认识和理解。但它在个人层面和社会层面，甚至在地缘政治层面，驱动了很多的人类行为。这本书就和这种神秘的力量有关。

我希望读者朋友们能在阅读的过程中找到一把钥匙，一把能够更好地理解身边的世界，也更能理解我们自己的钥匙。我希望勒内·基拉尔教授这位启发本书主旨的思想家，最终能够被人们理解并重新解读，也希望他的远见能被应用于理解中国的现象上，这是我无法做到的。

你们会发现，本书中的绝大多数例子都来自美国文化，这也是我的局限。但是我乐于见到更多的人来阅读这本书，接触这些重要的观点，他们能做的要比我多得多。

至于你，我尊敬的读者，可能我对你一无所知，但我们的欲望将会在你翻动书页时短暂地交汇，它不会一直留在那儿，正如你将要看到的那样，欲望总是在变化着。

柏柳康

注：特别感谢美国史密斯学院的中文和比较文学教授桑稟华（Sabina Knight）女士，她为我取了"柏柳康"这个适合的中文名字。

导　读

什么是模仿欲望

这本书关乎欲望，讲的是为什么人们想要拥有某些东西。

为什么你会有欲望？在人生的任何一个时刻，从出生到死去，你的内心都充满渴求，不曾停止。即使在做梦的时候也不例外。然而，很少有人愿意花时间去理解，我们是如何开始产生欲望的。

我们天生并不擅长驾驭欲望，这和驾驭理性一样，需要你付出持续的努力。人类的欲望过于强大，我们又对它知之甚少。所以，所欲的自由来之不易。

我大概在二十多岁时开始创业，努力追逐硅谷为我编织的成功梦想。我要获得财富自由，这是我当时的想法，我也发自内心地认同并重视这个想法。

但世事无常，当我终于离开自己亲手创办的公司时，我体验到了一种强烈的情感，一种解脱的自由。

从那时起，我意识到自己仍然一无所有。曾经的成功更像是失败，而现在的失败才更似成功。我内心有一股不服输且永不满足的奋斗精神，我很好奇，到底是什么样的力量在背后推动着它。

这种意义感方面的危机让我开始花大把时间泡在图书馆和酒吧。有时我会把图书馆"搬到"酒吧去。（这不是在开玩笑，在职业棒球世界大赛期间，我曾经背了一整袋书，坐在一家体育酒吧里，阅读时身边响起的是费城人队球迷欢呼的声音。）在我最迷茫的时候，我四处游荡，去过泰国，也去了塔希提岛。我还像个疯子一样拼了老命地锻炼身体。

但这一切都无济于事。虽然这段经历给了我喘息的时间，让我能更认真地思考过去的选择，但它并没有帮助我理解自己当初是如何做出选择的。我内心的一团火，那些雄心壮志背后的北极星，对我来说始终是个谜。

在机缘巧合下，一位良师向我推荐了一套理论，他告诉我，这可以解释我是如何开始"想要"那些东西的，以及我的欲望是如何让我把自己困在一个激情的循环中，并最终走向幻灭的。

这套理论来自一位默默无闻，却在业内很有影响力的学者。勒内·基拉尔于 2015 年 11 月 4 日去世，享年 91 岁。他一生荣誉颇丰，曾被选为法兰西学术院的院士，在专业领域被誉为"人类认知领域的新达尔文"。20 世纪 80 年代至 90 年代中期，他在斯坦福大学任教，由此启发了一小群追随他理论的信徒。这些追随者中的部分人相信，基拉尔的想法将是理解 21 世纪的关键——当 20 世纪被历史封存，再过上 100 年的时间，他将被视作这一代人中最重要的思想家。[1]

但你可能从没听说过他。

基拉尔的智慧让人折服。从一开始，他就有一种不可思议的能力，能够留意到人们行为背后的神秘驱动力。他是历史和文学领域的福尔摩斯，当其他人还在手忙脚乱地跟踪着假定的犯罪嫌疑人时，他已发现被忽视的线索。

他和其他学者很不一样，他打破了游戏的限制，仿佛是唯一在扑克桌上看穿了对手底牌的人。当其他玩家还在计算获胜的数学概率时，他在观察别人的表情。他死盯着对手，看对手眨了多少次眼，有没有抠指甲。

基拉尔发现了有关欲望的基本事实，将那些看似无关的人和事联系了起来：《圣经》故事和股市波动，古代文明的崩溃和工作场所的异化，个人生涯发展和流行饮食的趋势。早在脸书、照片墙诞生之前，他就已经预见到这类平台会出现，并且知道，这些 App（应用程序）以及其他的后继者们，为何能够在贩卖商品和梦想方面如此行之有效并且广受欢迎。

基拉尔发现，大多数欲望是"模仿"的结果，而不是从内激发的。人类**学着**去"想要"那些别人想要的东西，用模仿的方式学习，就像学习如何说同一种语言，如何遵守同样的文化规则一样。虽然人们不愿意承认，但模仿在我们的社会生活中随处可见。

人类的模仿能力让所有其他已知的生物相形见绌。是模仿让我们建立起了先进的文化和技术，但同时，它也有阴暗的一面。模仿会让所有人都去追求那些看起来很有吸引力的东西，可这种追求犹如饮鸩止渴，永远无法让人得到满足。它把人们锁在欲望和竞争的循环中，永世不得翻身。

但是基拉尔给他的追随者指明了方向，告诉他们该如何**超越**令人沮丧的欲望循环，更主动地去塑造自己想要的生活。

对我来说，钻研基拉尔的理论是一个从抓耳挠腮到拍手叫绝的过程。模仿欲望让我拥有了在热点事件中辨识人们行为模式的能力，这是比较简单的部分。后来，随着了解的深入，在见证了除我所拥有之外的形形色色的模仿欲望之后，我终于看到了自己内心中那个该死的角落。模仿欲望最终帮助我意识到自己心中那混乱的欲望世界，并将那些欲望一一梳理。但这个过程是极其艰难的。

　　我现在确信，模仿欲望是深入理解人性的关键。不管商业、政治、经济、体育、艺术还是爱情，起作用的都是人性。如果赚钱就是你人生核心的驱动力，理解它可以让你赚很多钱。如果不是，你也无须等到虚度半生之后才发现，原来钱、地位和舒适的生活，并不是你真正想要的东西。

　　模仿欲望揭示了引起经济、政治和人际关系紧张的因素，也提供了摆脱这种紧张关系的方法。对于那些拥有创新精神的人来说，模仿欲望可以引导他们，发挥创造力去实现真正具有个人和社会价值的追求，而不仅仅是转移财富。

　　我承认自己没有办法完全克服模仿欲望，甚至认为克服这种想法有点荒谬。这本书想要探讨的是，如何能让自己更多地意识到模仿欲望在发挥作用，这样我们便可以更好地驾驭它。模仿欲望就像是地心引力，地心引力**始终会存在**。如果你不注意锻炼身体，培养核心的力量和肌肉群，让自己能够挺胸抬头面对世界，抵抗弯腰驼背的拉力，地心引力会让你持续生活在痛苦之中。与此相对的，也会有人因此找到利用它前往月球的方法。

　　这就是模仿欲望。如果你没有意识到它，也就不会知道它会把你的生活带向哪里。但是，如果你能够找到正确的方式，培养你的社交技巧和情感肌肉来应对它，模仿欲望就变成了一种实现积极转变的途径。

要不要改变取决于你——在你读完这本书后，就能拥有选择的自由。

越来越多的人开始对模仿欲望感兴趣，已经跨越了政治上的派别界限，跨越了不同的学科，延伸到许多国家。这些领域的立场也许是不同的，但模仿欲望所提供的解释力同样有效。多样性的关注也许表明，它包含了深藏在人性中的某些深刻道理。

对基拉尔理论感兴趣的学者们在许多领域做出了重要的贡献，从莎士比亚的模仿解释学，到战争时期针对妇女的性暴力，再到卢旺达种族灭绝中的替罪羊诞生的过程。可以说，那些只会把模仿欲望与基拉尔曾经的学生彼得·蒂尔联系起来，并将它和自由主义，或者蒂尔个人的政治观点挂钩的人，对真正有价值的内容所知甚少。我写本书的部分原因，也是为了打破蒂尔作为基拉尔思想的解释者，在一些人心目中的绝对地位。我相信他会第一时间为这种做法叫好，意识形态的垄断是最具破坏性的垄断。

模仿欲望超越了政治。在某种意义上它有点像是单口喜剧。好笑归好笑，但幽默也有可能被错用，和某些政治议题捆绑或者用于彼此的敌对争斗。如果有读者在读完本书后，用他获得的见解来对付自己的对手，我为他感到可惜，因为这是在买椟还珠。

至少在我写作时，美国以及世界许多其他的地方，人们之间的关系正在变得日益紧张。我希望这本书能够鼓励进一步的反思和克制，人们因此愿意重新认识我们身边的对抗力量，为能够共同生活在一个各取所需、合作共赢的社会打下基础。

最近，我花了一部分精力为那些有抱负的创业者做顾问。他们有去创造更美好的世界，过上充实有意义的生活的雄心壮志，这种精神也在激励着我。但我也会担心，如果他们不能正确地理解欲望的运作原理，最终会非常失望。

现如今，创业者的角色有了很高的模仿价值。我认识的几乎每一位崭露头角的创业者都渴望通过自己的方式，实现某种形式的自由。但是经营自己的公司并不会让你马上变得更自由。有时会带来相反的结果。创业者就像是终极的反叛者，他们不愿意从事朝九晚五的案头工作，也不愿意在一个僵化的体制中充当中层管理的零件。但是，不想给人打工也许只是意味着你的内心已经被模仿欲望占据。我会让我的客户们更深入地体会这一点。

我无法保证他们在充分了解模仿欲望的力量后能在生意上取得成功，但我相信当他们从我这里走出去时，不会再像原来一样，对欲望一无所知。他们会带着对自己内在更清晰的认知，继续向前推进，选准方向，创办公司，找到合适的合伙人，知道如何去读懂每日新闻。

有些想法，一旦你能看到它，它就开始慢慢渗入你的生活。对模仿欲望的认知就是如此。一旦你明白它如何运作，就会注意到它对你周围的世界究竟有多大的解释力。它能帮助你去理解那些做出你永远不会尝试的古怪行为的家人，在办公室内钩心斗角的同事，以及花太多时间泡在社交媒体上的朋友，或者那些吹嘘自己的小孩被哈佛大学录取的同事。此外，你也会在这个过程中重新认识你自己。

目　录

第一部分　模仿欲望的力量

第一章　欲望的介体
模仿是人之天性 / 022

第二部分　欲望的转化

第五章　反模仿策略
挣脱欲望系统的牢笼 / 158

第六章 运用同理心

击碎薄弱的欲望 / 177

第七章 超越型领导力

伟大的领导者如何激励和塑造欲望 / 200

第八章 未来的欲望

未来的我们将会渴望些什么 / 222

人类生来就会模仿，这是相较于低等动物的优势，人类是世界上最擅长模仿的生物。

——亚里士多德

只是因为偶然看见了，我们便开始渴求别人想要的东西。别人唤起了我们的欲望，我们因此堕入地狱深处。在这里，你会发现，有无数人因巴西提臀术而死去，一次又一次。

——黛娜·托尔托里奇，美国记者

序　言

意外的救赎

2008 年夏天，我经历了许多公司创始人梦寐以求的那一刻：自己终于能够从公司的业绩中获利套现了。经过一段紧张的谈判，长达几个月的殷勤示好，我将要和美捷步的首席执行官谢家华一起参加庆功酒会。美捷步打算收购我的公司，一家专注于健康食品的电商网站——健身燃料。

大约一个小时前，谢家华在推特上给我发了一条私信（这是他当时喜欢的沟通方式），让我在拉斯维加斯曼德勒海湾酒店 63 楼的一家名为基础空间的酒吧与他见面。我知道他那天早些时候参加了一个董事会会议，议程之一就是收购。如果没有好消息，他是不会邀请我去赌城的。

我一整天都在家里坐立不安。我需要这笔收购，健身燃料正在烧钱运营。尽管我们过去两年间增长迅速，但接下来的几个月看起来有些凶险。美联储已经启动救助程序，并召开紧急会议，防止投行巨头贝尔斯登破产。房地产市场正在崩溃。我需要进行一轮融资，但投资者们已经被市场吓坏了。他们都叫我一年后再来，我等不了一年时间了。

谢家华和我当时都不知道 2008 年的形势会多么动荡。年初，美捷步已经达成并超过了盈利目标，因此决定给所有员工发一笔丰厚的奖金。到了年底——在发放奖金后仅仅 8 个月，美捷步就不得不裁掉 8% 的员工。早在那年夏天，美捷步的董事会成员，还有以红杉资本为首的资本代表，就已经勒紧了裤腰带。[1]

收到谢家华的邀请后，我从位于内华达州亨德森市的家里飞驰前往。一路上，我放着燃爆的嘻哈音乐，透过车子的天窗发出一阵阵兴奋的尖叫。我想这样当我到达那里时，可能会看起来平静一点。

那时候，美捷步是一家有着 9 年历史的公司，销售额刚刚突破 10 亿美元。谢家华进行了一系列突破传统的实验，例如为即将入职的新员工提供高达 2 000 美元的离职补助，好让他们尽快和原来的雇主划清界限（这样的做法是为了将那些对新公司最有热情的员工区分出来）。这家公司一向以其独特的企业文化而闻名。

看起来企业文化也是谢家华对健身燃料最满意的地方。当他和其他美捷步高管来参观我们的办公室和仓库时，对这点直言不讳：很散乱（因为没有人手收拾），很滑稽（因为每个人都很有个性），而且很奇怪（因为我们很有初创公司的做派，比如室内的懒人沙发和水烟袋）。

谢家华告诉我，收购后他希望我作为美捷步新的部门高管继续负责原来的工作。我将创造公司下一个 10 亿美元目标的里程碑。鞋子是第一个，健身饮食将会是第二个。

除了足以改变我人生的钱和美捷步股权，我还将成为令人瞩目的管理团队的一员，并获得一笔丰厚的薪水（在我运营公司时，我从来没给自己开出过这样一份固定的薪水，因此这份要约对我很有吸引力）。

我不是那种和美捷步的文化完全契合的人。但是，既然谈到要联手，我开始让自己有意识地向美捷步的文化靠拢，好让我们看起来更合拍。

在孤注一掷地要卖掉这家公司时，我尽挑些谢家华喜欢的话讲。我对美捷步的文化是持保留意见的，和媒体陈词滥调的鼓吹并不一致，但我想让这些话烂在肚子里。做一个反对者说来轻巧，但在现实中很难做到：质疑主流的意见，对自己诚实，说出真相。这样做的代价会很大，比如会失去出售公司的机会，然后陷入债务的泥沼之中。

我试图表现得有城府一点，但这次有点过了。[2]

为了与谢家华交好，我花费几个月的时间去了解他。我先给他发了一封破冰的电子邮件，随后他邀请我共进午餐，餐馆的名字叫"欺诈者"，地点在美捷步位于拉斯维加斯郊区亨德森市的总部附近。我以为这是一场很普通的相互了解的饭局，但当我到那里时，至少有 6 名高管坐在桌子旁等着我。那是一场很正式的面谈，我根本没有时间尝一口我的蛤蜊浓汤。

午餐后，谢家华和我一起走回他的办公室。半道上，他停了下来，手在口袋里摸索着什么，好像在找零钱。"我这会儿不应该在工作的，"他说，"假如我不是为了问你有关合作的事情的话。"我说："是的。"接下来的几个月好像疯狂的蜜月期。我被邀请参加美捷步的"欢乐时光派对"，在谢家华家里狂欢了一夜，第二天清晨我们又一起徒步爬上附近的黑山。

他看起来不像个百万富翁。1998 年，在把第一家公司链接交换以 2.65 亿美元卖给微软时，他只有 24 岁。他穿着朴素的牛仔裤和美捷步的套头衫，开着一辆脏兮兮的马自达 6。在和他一起出去玩的几个星期里，我丢掉了自己爱穿的真实信仰牌衣物，开始在盖璞购物。我开始怀疑自己是否应该开一辆更旧更脏的车。

就在 3 年前的 2005 年，我与其他合伙人联合创立了健身燃料。我们有一个宏伟的使命宣言，要让世界上每个人都更容易获得健康的饮食。我日复一日，稳步前进，学习如何领导一家成长中的公司，但感觉自己在渐行渐远。尽管销售额在增加，品牌口碑越来越好，我却越来越不愿意走进那间办公室。

当我试图搞清楚为何会这样时，我看到了蒂姆·费里斯的新书《一周工作 4 小时：摆脱朝九晚五的穷忙生活》。"看来如果我每周的工作时间超过了 4 个小时，一定是因为做错了什么。"我当时是这样想的。我开始疯狂地四处寻找更好的创业模式，但我不知道谁说的才是对的。

和谢家华的交集只是放大了我的失望。我公司的销售额只有 1 000 万美元，而美捷步则是 10 亿美元。谢家华对我来说就好像是在另一个世界生活的人，那是一个专门给"独角兽"的创始人们生活的世界，而我无法跻身其中。

我陷入了一种"存在的眩晕感"，就像从摩天大楼的顶端跳到了一张巨大的蹦床上，又在接触地面之前，被弹回山顶。我渴望的东西似乎每天都在改变：渴望更多的尊重和地位，以及更少的责任；渴望更多的资本注入和更少的投资方；渴望有更多的公开演讲能让我抛头露面，还想有更多的隐私；对金钱的强烈欲望以及希望释放道德信号的强烈欲望，在我内心中激烈对抗。我甚至在增肌和瘦身之间摇摆不定。

最让我烦恼的是，那个指引我创业的欲望已经一去不复返了。它去哪儿了？最初又是从哪儿冒出来的？我的欲望感觉就像浪漫喜剧中的爱情——缘分天注定，而我无法做出自己的选择。（顺便提一句，在世界上几乎每一种语言里，人们都是"坠入"爱河的。没有人能够自己"飞"进去。³）

与此同时，我和联合创始人之间的分歧愈演愈烈，最终分道扬镳。在我正失去做领导的欲望时，我成了团队唯一的主心骨。

显然，某种神秘的力量从外部影响着我，影响了我想要什么东西，也影响了我渴求的强烈程度。在洞悉它们之前，我不能做出任何重要的决定。我不能再开另一家公司。我甚至怀疑自己是否想要结婚，因为我担心我对一件事或者一个人的强烈渴求，也许在第二天就会烟消云散。找到这个影响着我的外在力量成了一种责任。

在赌城大道与谢家华一起参加庆功酒会的第二天，我带着一个朋友参观了美捷步总部，兴奋地向他展示我未来的东家。当我们走过"猴子山"（美捷步内部对高管们所在工作区的戏称）时，我注意到，高管们的表情就像见了鬼一样，场面十分尴尬。

就像男女朋友分手之前那种不好的感觉。

那天晚上晚些时候，我和朋友出去吃饭。就在我们品尝意大利面的时候，我接到了阿尔弗雷德·林的电话，他在2005—2010年任美捷步的首席财务官、首席运营官兼总裁。

阿尔弗雷德的声音听起来很忧郁，随后他告诉了我原因。

在正式的董事会会议之后，美捷步董事会在返回旧金山的飞机上举行了第二次会议，并决定暂缓一切进行中的计划。不会有收购了。"他们改变了主意。"他这样说。

"他们改变了主意吗？"我问。

"是的。我不知道该说什么，"阿尔弗雷德说，"我很抱歉。"

"他们改变了主意吗？"我一直在问同样的问题，阿尔弗雷德则重复着同样的说辞。挂完电话后，我一直喋喋不休，但这次是陈述，不是提问。"他们改变了……主意。"我重复地说着这句话，走回桌前，坐下来，盯着我那碗糟糕的意大利面，来回地搅拌它，然后咬掉打了结的部分，不断重复。

没有收购，没有意外之财，没有西西里岛上的第二个家。比这更糟的是，我的公司岌岌可危。失去了与美捷步的交易，我将在 6 个月内破产。随着改变我生活的全部希望沉入水下，我一口干掉了眼前的基安蒂酒，好像有什么事随之发生了改变。

我感到如释重负。

引 言

社会科学领域的万有引力

远处的墙上挂着一小幅画，不过 60 厘米见方，画面上，一只眼睛充斥着整个画框。

我正坐在日落大道上彼得·蒂尔的家里。蒂尔远近闻名，不仅因为他是贝宝的联合创始人，有亿万身家，他还是脸书的第一位外部投资者，对商业有着独到的见解，他搞垮了网络媒体高克，并且公开向谷歌宣战，但这些都不是我关心的重点。

几分钟过去了，那个带我进来的助理回来提醒我。"彼得很快就过来。先生，您还需要些什么吗？再来点儿咖啡？"

"呃，不用，谢谢。"我说。我很尴尬，刚才不该把咖啡一饮而尽的。他微笑着离开了。

这个现代装饰风格的两层客厅就好像《建筑辑要》杂志中刊载的样板房。打开落地的镶板窗户，窗外是一个无边泳池，在那里可以直接俯瞰日落大道的美景。对房子的主人来说，这司空见惯，但让我叹为观止。

在这个开阔的房间里，最突出的部分是一个带水槽的吧台，内嵌在橡木镶板的画廊墙壁上，墙上挂的都是些冷色调的艺术品：黑白照片、深蓝印花、灰色蚀刻画。其中有一幅墨迹，像罗夏墨迹测试图[①]，形状看起来是个螃蟹。还有一大幅画，上面有抽象的圆圈和柱子，可能是分子的几何结构吧。最后是一张三联画，一个人站在齐腰深、看起来很冰冷的山间湖水中。

视线转移到其他地方，柔软的天鹅绒沙发和扶手椅与整个房间形成了鲜明的对比。在我面前这个约 15 厘米厚的木制咖啡桌中央，有一个银色泪滴形状的金属雕塑，泪滴的尖角倔强地在桌面上保持着平衡。我只在大教堂里见过的高达 6 米的双开门通向隔壁房间。门的旁边是一张棋桌，好像在等待着一位值得尊敬的对手（绝不会是我）。望远镜伸向窗外，窗边还摆了古希腊风的半身像。一切都交织在一起。如果电影《妙探寻凶》交给雷·埃姆斯来布景，那看起来就会像彼得·蒂尔的家。[②]

一名男子出现在房间另一侧二层的走廊上。"马上就来。"彼得·蒂尔说。

他挥手微笑着，然后从一扇门里消失了。我听到水龙头的声音。10 分钟后，他穿着棒球 T 恤、短裤和跑鞋，顺着旋转楼梯走下来。

"你好，我是彼得。"他伸出手说，"所以你来这儿，是想和我聊聊对基拉尔的看法？"

---

① 指经典的投射人格测验，罗夏墨迹测试。——译者注（全书所有注解无特殊说明的，皆为译者注，以下不再另注。）

② 《妙探寻凶》是一部恐怖电影，故事发生在一个阴森的庄园里。雷·埃姆斯和她的丈夫查尔斯是室内设计师，她的设计风格是舒适、简洁、富有现代感的。

一个危险的想法

基拉尔是法国人,曾在美国大学里担任文学和历史学教授,他在20世纪50年代末首次提出了对欲望本质的深刻理解。这也改变了他自己的生活。30年后,当彼得·蒂尔在斯坦福大学修读哲学本科学位时,基拉尔也改变了他的生活。

这个在20世纪50年代改变了基拉尔,又在80年代改变了彼得·蒂尔的发现(也在21世纪最初的10年改变了我),就是模仿欲望。同时它也把我带到了蒂尔的家中。我被模仿欲望理论所吸引,原因很简单,因为我是一个模仿者。我们都是。

研究模仿欲望不像学习一些自然的物理定律,你可以通过从外部观察来学习。学习这个理论意味着你要从自己过去的经验中挖掘出一些新东西,解释你如何认同自己,哪些人和事影响了你更多。这意味着要学着去驾驭一种渗透在人际关系中的力量——这是此时此刻,你正在经历的关系。你永远无法成为模仿欲望的中立观察者。

当发现这种力量在我们的生活中发挥作用时,蒂尔和我都经历过非常难堪的时刻。这种经历太个人化了,所以我一直在犹豫是否要写一本有关它的书。写模仿欲望就是在揭示自己的一部分,袒露真心。

我问蒂尔为什么在他的畅销书《从0到1》中没有明确提到基拉尔,尽管书里充满了这位导师的智慧见解。[1]"基拉尔的想法有些危险,"蒂尔说,"我担心人们对这类理论会有自我防御的倾向。"他希望人们能看到基拉尔包含着重要真理的见解,这解释了我们周围世界正在发生的事情。但他又不想带着他的读者穿过谜一样的镜子①，探索奇妙的世界。他直接给出了答案。

挑战常识的观点会让人产生威胁感，所以我们更应该仔细研究它，理解其中原因。

一个难以让人相信的真理往往比谎言更可怕。在这个例子里，谎言指的是，我的欲望完全取决于我自己，不受他人的影响。我能决定哪些是我想要的、哪些不是，我是自己的主宰。事实却是，我的欲望是他人影响下的衍生产品，它只是大到我不能理解的欲望生态的一部分。

拥抱独立欲望的谎言，只是在欺骗自己。但是拒绝真相的同时，也会让我否认自己的欲望带给别人的影响，以及别人的欲望会带给我的影响。

事实证明，我们渴求什么，要比我们知道什么重要得多。

就像亨利·福特在参观屠宰场时看到的流水线，或者像心理学家丹尼尔·卡尼曼塑造了行为经济学的新领域一样，基拉尔的突破性成就在他的主攻领域历史学之外。这件事发生在他被迫运用他的头脑分析经典小说的时候。

基拉尔在刚来到美国开启学术生涯时，被要求教授古典文学课程，授课内容涉及很多他尚未读过的书籍。他不想丢掉这份工作，便同意了。这要求他能快速阅读大量的小说，好在上课时给学生讲解。他阅读并且讲授了包括塞万提斯、司汤达、福楼拜、陀思妥耶夫斯基、普鲁斯特在内的众多知名作家的作品。

---

① 童话故事《爱丽丝镜中奇遇记》中的情节。

由于缺乏正规的文学训练，还需要快速阅读，他开始寻找文本中的套路。他发现了其中一些令人费解的事情，几乎每一部引人入胜的小说都在重复同样的主题：这些小说中的人物需要靠其他人来告诉他们什么是值得追求的。他们不会自发地渴求任何东西，相反，他们的欲望是在与其他角色的互动中形成的，这些角色会改变他们的目标和行为——最重要的是，改变他们的欲望。

基拉尔的发现就像是物理学中的牛顿力学所展示的那样，改变物体运动的力量只能被放到外部的**关联**环境中来理解。欲望，就像万有引力一样，不会单独存在于任何事物或个体内部，欲望诞生于人们能相互影响的空间中。[2]

基拉尔讲授的那些小说，不是由情节或人物推动的，而是由欲望驱动的。人物的行为反映了他们的欲望，这些欲望在和他人欲望的关系中被塑造出来。故事情节是根据人物之间的模仿关系以及他们的欲望是如何相互作用和发挥而展开的。

两个角色甚至不需要通过相遇来创造这种关系。堂吉诃德在自己的房间里读到了著名骑士阿马迪斯·德·高拉的冒险经历。他渴望效仿阿马迪斯成为骑士，在乡间游荡，寻找机会来证明侠义的美德。

在基拉尔讲授的全部作品中，欲望总是涉及一个模仿者和一个被模仿者。其他读者没有注意到这一点，或者正因为这一主题的普遍性而忽略了它。

基拉尔另辟蹊径，再加上他富有洞察力的头脑，让他发现了这一点。伟大小说中的人物竟是如此现实，因为他们拥有欲望的方式和我们是一样的：不是自发出现的，不存在一个由内部产生的实体的欲望；也不是随机或凭空出现的，而是通过模仿隐藏在内心中的模仿对象。

一团糨糊的马斯洛金字塔

基拉尔发现，我们对很多东西的渴望，不是来自生理需要或纯粹的理性，也不是由虚幻的错觉所创造出的"自我"在发号施令，而是通过模仿产生的。

刚开始，我很难接受这样的想法。我们只是会模仿的机器吗？不。模仿欲望只是解读人类生态的一块拼图，自由意志和个人的存在仍有各自独特的意义。对欲望的模仿与我们对他人内心世界的深度开放有关——这是人类的与众不同之处。

基拉尔选择使用**欲望**这个词，并不仅仅说明其意味着对食物、性、住所和安全感的追求。对这些东西更好的解释是**需要**，它们是我们身体的基础设施。生物性的需要不依赖模仿。如果我在沙漠中快要渴死了，不必由任何人告诉我，我现在最缺的是水。

但是，在满足了作为生物的基本需要之后，我们便会进入人类欲望的宇宙。知道**想要**什么要比知道**需要**什么困难得多。

基拉尔感兴趣的是，在没有被明确的本能驱动的情况下，人们如何产生欲望。[3] 世界上有数以亿计的可以去追求的对象，从朋友到职业再到生活方式，人们为什么会更加渴望其中特定的一些东西？为什么我们想要的东西和欲望的强度似乎在不断波动，缺乏真正的稳定性？

在欲望的宇宙中，并没有清晰的等级结构。知道自己想要什么，并不像在冬天穿上厚外套一样容易。不同于内在的生理信号，欲望是由外界驱动的，它来自欲望的介体，或者说是**引领者**。引领者可以是具体的人，也可以是某些事物，向我们展示了哪些欲望是值得追求的。**引领者**——而不是头脑中的"客观"分析，或中枢神经系统的活

马斯洛的"需求金字塔"

现实

亚伯拉罕·马斯洛的需求模型很整齐。事实上,当一个人的基本需求得到满足后,他便会进入一个没有任何稳定结构的欲望宇宙〔本书插画由美国漫画家利亚娜·芬克(Liana Finck)绘制,下文不再标注〕

动——塑造了我们的欲望。因为引领者的存在,人们共同参与了一场隐秘又复杂的模仿仪式,这是基拉尔所定义的**模仿**,这个词来源于希腊语"mimesthai"[①]。

引领者位于引力场的中心,我们的社会生活都在围绕它转动。理解这一点至关重要,尤其是在今天这个特殊的历史时刻。

随着人类社会的进化,人们已经不需要花大把的时间关注怎么活

---

① mime 有哑剧、模仿动作进行表演的意思,mimesis 是其名词形式,来自同一词源的另一个变形形式 mimeme(meme),这个词被学者理查德·道金斯用于对"文化因子"的命名,也常被翻译为"觅母"或"模因"。但基拉尔定义的"模仿"和道金斯的"模因"是完全不同的概念。

下来，我们用更多的时间去追求一些东西，也就是说，在**需要**的世界里投入的时间越来越少，在**欲望**的世界里投入的时间越来越多。

甚至对饮用水的渴求，也从需要的世界过渡到了欲望的世界。想象一下，你来自另一个星球，它仍然处于没有瓶装水的进化阶段（这是个关键的前提），我问你，你是喜欢纯水乐、芙丝还是圣培露？你会选择哪一个？当然，我可以向你详细介绍以上每种品牌的水的矿物成分和酸碱值，但如果我认为你因此能够做出选择，那就是在自欺欺人。我会告诉你我喜欢喝圣培露，如果你是像我这样的模仿生物，或者仅仅认为我是比你更高级的人——毕竟你来自"没有瓶装水"的星球，那么你也会和我一样选择圣培露。

如果你足够认真，就会发现引领者（如果一个不够，就来一打）几乎能够解释所有事情——你的个人特征、说话的方式、你家中的装饰风格。但是绝大多数人都忽视了他们。你很难弄清楚自己为什么一定要买某样东西，同样困难的还有，你为什么拼命想要获得某些成就。这些问题太难了，很少有人有胆量扪心自问。

模仿欲望能指引人们去追求很多事情。[4]基拉尔的研究者詹姆斯·艾利森这样写道："它在吸引着你，模仿之于心理学的意义，就像万有引力之于物理学的意义一样。"[5]

引力会让人坠落地面，而模仿欲望同样会带来跌落，不管是坠入爱河，还是坠入债务、友谊、合作关系。或者，它也有可能让人沦为可耻的奴隶，变成只会拾人牙慧的附属品。

欲望的演化

回到我在彼得·蒂尔家里与他的交谈。蒂尔告诉我，他比大多数人更容易做出模仿行为。虽然他被许多人称为逆向思考者，但他并不是生来就这样。

和许多高中生一样，蒂尔通过努力考入了一所享有盛誉的大学（斯坦福大学），但他从来没问过自己为什么一开始就想去那里。因为与他家境相仿的人都会这么选。

在大学里，为了成绩、实习和其他成功的标志，蒂尔的努力还在继续。他注意到，大学新生的职业目标通常有着很丰富的多样性，但在接下来的几年内，大家的目标似乎在趋同：金融、法律、医学或咨询。蒂尔的直觉告诉他，有些东西改变了。

当他开始接触到一小群迷上基拉尔教授的学生，并渐渐了解到基拉尔的思想时，蒂尔开始思考这个问题。大三那年，他开始参加基拉尔教授出席的午餐和聚会。

基拉尔要求学生去理解时事背后的原因和发生的机制。他可以系统地穿越人类历史，拾级而上，站在高点俯瞰事件的意义，有时会直接背诵大段的莎士比亚作品来说明他的观点。

他以非常敏锐的洞察力讲述着传说中的故事和古典文学，让学生们体验到肾上腺素极速分泌般的兴奋，仿佛他们走进了一个新的宇宙。他早期的学生之一，现任普渡大学教授桑多尔·古德哈特还记得基拉尔在"文学、神话和预言"这门课程的第一节课上说过："人类之间发生争斗不是因为他们彼此不同，而是因为他们过于相似，在他们试图区分自己时，也把自己变成了对手的孪生兄弟，人类在相互敌对的暴力中复制与被复制。"[6] 这个开场白就像是来自远方的呐喊，而不像平淡的课程那样，老师说着："好吧，欢迎来到这堂课，让我们一起来看一下教学大纲。"

基拉尔出生在法国，二战期间他的祖国被德国占领，战争结束后他便来到美国，那是 1947 年 9 月。他一边教授法语，一边在印第安纳大学攻读历史学博士学位。他在布卢明顿的校园里尽人皆知，大家会说："他有大智慧和大想法，可能会吓坏那些新人。"

基拉尔在印第安纳遇见了他未来的妻子，一位美国本地人，她叫马莎·麦卡洛。基拉尔在点名时念不出她的姓氏。大约一年后，当马莎不再是他的学生时，他们又见面了，并最终步入婚姻。[7]

基拉尔没能在印第安纳大学拿到终身教职，因为他的论文数量不够，最终被解聘了。随后他来到杜克大学、布林莫尔学院、约翰斯·霍普金斯大学和纽约州立大学布法罗分校任教。终于，在 1981 年，他成了斯坦福大学教法语、文学和文明的安德鲁·哈蒙德教授，在那里度过了剩余的职业生涯，直到 1995 年正式退休。[8]

对斯坦福大学的许多学生和教职员工来说，基拉尔教授散发着来自旧大陆的魅力。长期在斯坦福大学工作的作家和学者辛西娅·黑文，在知道基拉尔是谁之前，就已经注意到那位长相引人注目、喜欢在校园里闲庭信步的法国男人。他们最终成了朋友，她为他写了一本传记，书名是《欲望的演化：勒内·基拉尔的一生》。她这样写道："他长着一张能够扮演人类历史上最伟大的思想家的脸，如果有电影导演找到他，也许会让他扮演柏拉图或者哥白尼。"[9]

基拉尔是一位涉猎广泛的自学者。他钻研了人类学、哲学、神学和文学，将它们融入一种原创而复杂的世界观之中。他发现模仿欲望可能会孕育出暴力，甚至与献祭仪式的产生原因有关。《圣经》中有该隐和亚伯的故事，该隐杀死了他的弟弟亚伯，因为上帝更喜欢弟弟亚伯奉上的贡品。他们都渴望同样的事情，即赢得上帝的青睐，这使他们之间产生了直接的冲突。在基拉尔看来，大多数暴力的根源是模仿欲望。

基拉尔出席纽约州立大学布法罗分校文 基拉尔在 1971 年学期课程的第一
学系的教师会议（照片由布鲁斯·杰克 堂课上，这门课为他的著作《暴力
逊提供） 与牺牲》打下了基础

基拉尔和戴安娜·克里斯蒂安在 1971 年春天，基拉尔和法国文艺理论家
交谈，她是纽约州立大学布法罗 热拉尔·布赫共事
分校英文系终身教授

在 20 世纪 70 年代的法国电视节目中，基拉尔抽着烟，向一群采
访者解释了何为模仿理论。"长期以来，令我着迷的是献祭，"他告诉
这些在场的人，"事实上，为了供奉神明，几乎所有人类社会都存在杀
害动物的现象，甚至常常也包括将人类作为祭品。"[10] 他努力去理解暴
力问题和宗教对献祭的迷恋，这种迷恋几乎延伸到人类文化的每一个
部分中。

（事实上，他更有争议的主张包括，对猫和狗的驯化不可能是有意发生的。人们最初并不像我们今天这样打算与猫和狗长期生活在一起，让它们和平地融入我们的家庭，安享自己的寿命。这一进程需要很多代人共同的努力。他认为，我们驯养动物的原因要务实得多：人类为了把这些动物当祭品，而让动物融入他们的生活。当被献祭的牺牲者来自社区内部时，也就是说献祭者与祭品有共同之处，供奉会更加有效。我们将在第四章讨论具体原因。[11]）

模仿欲望造成的结果在许多不同领域以奇怪的方式表现出来。大多数戏剧都发生在幕后。

· · · · · · · · · · ·

彼得·蒂尔与基拉尔的相遇并没有立即改变前者的人生轨迹。之后蒂尔从事金融工作，又去了法学院学习，但他感到迷茫。他告诉我："当我意识到，我追求的所有这些彼此追逐、相互竞争的东西，都是出于某些糟糕的社会因素时，我遇到了人生中最重大的危机。"

在斯坦福大学与基拉尔的会面，让蒂尔初次接触到了模仿欲望的观点，但认知上的理解并没有立即转化为行动上的改变。"你会发现自己陷入了所有这些糟糕的模仿循环之中，"他说，"我一直在抵抗——这是一种来自教条式的自由意志主义者的抵抗。模仿欲望让我意识到，我们不仅仅是自己，一种原子化的个体。"而人们往往相信自己是独一无二的。"我走了不少弯路。"蒂尔说。

他描述了一个既需要智慧又需要真实体验的转变过程。一旦你了解到模仿欲望，就更容易识别出它——通常情况下是这样，但若想在自己身上发现它，又是另外一回事了。

"认知上的转变很快，因为我在寻找人生智慧。"蒂尔说。但他在毕业后还是继续挣扎了很久，因为他看不到自己身上的阴影，也不知道自身在多大程度上卷入了基拉尔一直在谈论的模仿欲望。"尽管我早就了解到这方面的知识，但还是花了很多时间，只有亲身体验才能真正获得智慧。"

蒂尔离开了金融业，1998 年和马克斯·拉夫琴共同创立了电子支付公司 Confinity。他开始利用对模仿理论的理解来管理业务和生活。当公司出现内耗时，他给每个员工明确的独立任务，这样他们就不会为了同样的责任而相互竞争。这在角色经常会流动的初创环境中非常重要。一个根据明确的客观绩效目标（而不是相对于彼此的绩效）来评估员工的公司，能最大程度地减少模仿竞争。

当公司业务与竞争对手埃隆·马斯克的电子支付公司 X.com 有爆发全面战争的风险时，蒂尔选择了合作，和竞争对手携手组建了贝宝。他从基拉尔那里了解到，当两个人（或两家公司）把对方当作模仿的对象时，他们会陷入一场没有尽头只有毁灭的竞争，除非他们以某种方式超越这种敌意。[12]

蒂尔在评估投资决策时也会考虑模仿的力量。领英的联合创始人里德·霍夫曼将他介绍给了马克·扎克伯格。蒂尔清楚地意识到，脸书不仅仅是另一个 MySpace（社交网站）或 SocialNet（霍夫曼的第一个初创公司）。脸书是建立在身份认同，也就是人们的欲望之上的。它能帮助人们看到其他人拥有什么和想要什么。它是一个寻找、追随以及区分自己和欲望介体的平台。

引领欲望是让脸书变得异常强大的特效药。在脸书诞生之前，一个人的欲望介体来自一小群人——朋友、家人，也许还有来自工作中、杂志里、电视中的人。在脸书诞生后，世界上的每个人都是一个行走的欲望引领者。

在脸书上并非只有特定类型的欲望介体，我们关注的大多数人不仅仅是电影明星、职业运动员或名人。坦率来讲，脸书上更多的是那些就生活在我们之中的潜在模仿对象。他们和我们足够接近，所以彼此间可以相互比较。这使得脸书成为最具影响力的介体，这里有几十亿个可供模仿的对象。

蒂尔很快把握住了脸书的潜在影响力，并成为其第一个外部投资者。"我为模仿欲望下注。"他告诉我。他的 50 万美元投资最终使他获得了超过 10 亿美元的收入。

危机四伏

由于其社会属性，模仿欲望很容易以文化为媒介，在人与人之间传播。它会产生两个不同方向的影响，分别以两种欲望的循环周期呈现。在第一种循环中，人们彼此竞争的欲望以易变的方式相互作用，欲望导致了紧张、冲突和人际关系的波动，并造成了不稳定和混乱的状态。这是它在人类历史中最普遍存在的一种方式。时至今日，它还在加速散播着自己的影响力。

不过，模仿欲望有可能超越这一默认的循环，以一种不同的创造性方式，将动力引导向建设性的目标，为人类共同的利益服务。

本书将探讨这两个不同的循环周期。它们对人类的各种行为有着举足轻重的影响，且在人群中发挥作用，由于人们很难看到自身人性上的缺点，因此它总是被忽视。但这些循环正在发挥的巨大作用不能被忽视。

欲望的方向决定了我们的世界将走向何方。经济学家观察它，政治家利用它，商人喂养它。历史是有关人类欲望的故事，但欲望的起源和演变是神秘的。基拉尔把他在 1978 年创作的学术巨著命名为"创世以来的隐秘事物",揭示了人类竭尽全力掩盖欲望天性的行为及其带来的后果。本书会介绍那些隐秘的事物,以及它们在当今世界的表现。因为以下原因,我们无法忽视它们。

1. 模仿欲望会劫持我们最崇高的抱负。

我们生活在一个过度模仿的时代。迷恋时尚潮流和病毒式的信息传播速度是我们病态处境的具体表现。政治上的两极分化也是如此。它部分源于模仿行为,这种行为破坏了那些细小的差异,危害了我们最高尚的目标:建立友谊,为重要的事业而战,以及建设和谐的社会环境。当模仿欲望接管了这个社会时,我们开始痴迷于征服一切**外物**,并根据征服物来衡量自己。当一个人的自我认同与模仿的介体完全融为一体时,他将永远无法脱离这个介体,因为这样做意味着摧毁自己存在的理由。[13]

2. 同质化正在制造欲望危机。

平等是好事,但完全一样的事物通常不多见,除非我们谈论的是装配线上的汽车,或者你最喜欢的咖啡品牌。人们越是被迫成为同一个人,越是能感受到趋同的思考、感觉和渴望同种东西带来的压力,也就越努力地想要去区分自己。这很危险。许多文化都有兄弟阋墙、手足相残的神话。仅在《创世记》中,就有至少 5 个关于兄弟姐妹彼此相残的故事:该隐和亚伯、以实玛利和以撒、雅各和以扫、利亚和拉结,以及约瑟和他的兄弟们。手足相残的故事普遍存在,因为这就是这个世界的残酷真相——相近的人越多,人们就越有可能感受到彼此的威胁。技术正在拉近世界之间的距离(这是脸书所宣称的使命），但它也在使我们的欲望更加紧密地联系在一起，并放大了冲突。我们可以选择抵抗，但模仿力量正在加速，我们很快就要变成它的囚徒。

3. 可持续性取决于可欲性。

几十年的消费文化造就了不可持续的欲望。例如，许多人在认知上知道，他们可以把地球照顾得更好。但是，践行可持续的饮食方式或者驾驶更省油的汽车很难被广泛采用，除非它们比其他选择对普通消费者来说更具吸引力。仅仅知道什么是好的和真的是不够用的。善良和真理需要足够有吸引力，换句话说，需要是可欲的。

4. 如果人们找不到积极的欲望出口，他们就会使用破坏性的方式。

在 2001 年 9 月 11 日恐怖袭击之前的几天里，劫机者穆罕默德·阿塔和他的同伴们在南佛罗里达的酒吧里狂欢，玩电子游戏。基拉尔在他生前的最后一本书《奋战到底》中发问："谁来拷问这些人的灵魂？"[14] 摩尼教把世界分成"邪恶的"和"不邪恶的"两部分，这对基拉尔来说并不够。在恐怖主义和阶级冲突抬头时，他洞察到，模仿竞争正在其中发挥作用。人们不会因为他们想要不同的东西而争斗，他们争斗是因为模仿欲望导致他们渴求同样的东西。在某种深层意义上，如果恐怖分子并没有秘密地想要一些相同的东西，他们就没有必要去摧毁西方财富和文化的象征。这就是为什么佛罗里达的酒吧和电玩游戏是其中很重要的一部分。**罪恶的奥秘**① 能告诉我们的只有神秘，但模仿理论揭示了一些重要的东西。人们越是彼此争斗，越会彼此相似。我们应该明智地选择

---

① 一种基督教的表达方式。

自己的对手，因为我们终将变成他们那样。

还有更多的危机就在我们身边。我们每个人都有责任去塑造他人的欲望，就像他们塑造我们的欲望一样。我们与另一个人的每一次相遇，都使他们和我们自己渴求更多、渴求更少或渴望变得不同。

归根结底，有两个至关重要的问题：**你想要什么？你如何影响了他人的欲望？**这两个问题互为映照。

如果你对今天找到的答案不满意，那也没关系。最重要的问题是你未来会渴求什么。

你未来会渴求什么

在本书结尾，你将会对欲望有全新的理解——你想要什么，别人想要什么，以及鉴于欲望也是爱的一种表达形式，你该如何作为？为了帮助你理解，这本书包含两个部分。

第一部分，"模仿欲望的力量"，是关于影响人们的隐秘力量，指明为什么人们会渴求他们想要的东西。这是模仿理论的入门知识。在第一章中，我将首先解释模仿欲望如何在人类的婴儿时期产生，并展示它如何演变成成人模仿行为的复杂形式。在第二章中，我们将看到模仿欲望如何因一个人与介体的不同关系而发挥不同的作用。从第三章开始，我将解释模仿欲望如何在群体中发挥作用，这会是理解一些最持久和令人费解的社会冲突的关键。在第四章中，我们将理解模仿性冲突的高潮：替罪羊机制。本书的前半部分侧重于介绍欲望的破坏性或默认周期，即第一种循环。

第二部分，"欲望的转化"，勾勒了一个从第一种循环中解脱出来的途径，能让我们用更健康的方式管理欲望。本书的后半部分展示了我们如何能够自主地启动一个创造性的欲望循环，即第二种循环。在第五章中，我会介绍一位米其林三星级厨师，他走出了原生的欲望循环，让自己的创造力重获自由。第六章展示了破坏性的同理心如何打破界限，让我们更容易发现和建立**深厚的欲望**，并创造美好的生活。第七章将欲望法则运用到领导力中。最后一章是关于欲望世界的未来。

第一部分更像一个回顾。我们有必要去"地狱"参观一番，才能获得对现在生活的警示。第二部分则是从"地狱"逃出生天的办法。

为了积极应对模仿欲望，我为你制定了15种策略。分享它们的目的是帮助你认真思考这些想法，并最终制定出自己的策略（也许会和我的很不一样）。

模仿欲望映射了人类处境的一部分。它可以潜藏在我们的生活表象之下，充当我们并未承认的引领者。但是，仍然有办法去认识它，面对它，据此做出更有意识的选择，为我们自己带来更令人满意的生活。换句话说，起码相比于对其完全无知或被其利用并吞噬而言，是更令人满意的生活。

到本书结尾，你将获得一个简单的框架，从而理解欲望在你的生活和我们的文化中是如何运作的。你会更好地了解你在模仿**什么**，你又是**如何**模仿它的。了解自己会在哪些情况下和关系中做出模仿行为，是掌握自己生活的重要一步。

越来越多的人意识到，这个世界是多么脆弱和彼此关联。曾经看似稳定的政治和经济制度已经风雨飘摇。公共卫生系统受到了挑战，因为即使是最好的政策，也必须要在那些渴望不同结果的群体中取得平衡。与巨额财富并存的贫困是一种"丑闻"。所有这些事情都基于欲望的基本运行规律，我正试图去讲清楚这个规律。欲望系统带给世界的影响就像血液循环系统带给我们身体的影响一样。当心血管系统不能正常工作时，器官就会受损并最终衰竭。欲望也会产生这样的后果。

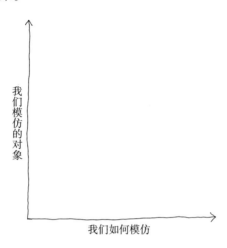

我们与其他人以及整个生态系统的裂隙表明，我们的欲望，无论是个人的欲望，还是集体的欲望，都存在后果。如果我们能理解欲望的模仿本质，就有可能建设一个更美好的世界。历史上最伟大的进步都是因为有人想要一些尚不存在的东西，这种对未知的渴求超出了人类的想象力，怀抱着强烈求知欲的人们模仿着前人探索真理的做法，在一代又一代的实践中，获得了进步和发展的力量。

你对模仿欲望的新认识或深入观察，会让你对世界产生不同的看法。如果你像我一样渴望了解它，它会逼着你去思考，直到你发现它无处不在，甚至出现在了你自己的生活中。你的选择将由自己来决定。

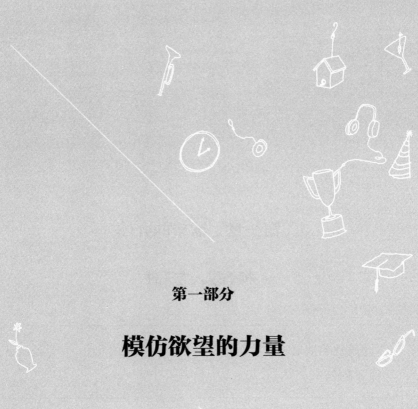

第一部分

模仿欲望的力量

第一章　欲望的介体

模仿是人之天性

恺撒的自我欺骗……他人眼中的爱……公关的发明……欲擒故纵为什么有效？

人永远都无法知道自己该要什么，因为人只能活一次，既不能拿它跟前世相比，也不能在来生加以修正。

——米兰·昆德拉，法国作家

当有人告诉你自己想要什么时，他们会编出一套浪漫的谎言。

"我刚意识到我想跑马拉松。"（好像我的每一个朋友在 35 岁时都突然想要跑马拉松。）

"因为我看见了老虎，这让我发现……"（这可能出自文斯·约翰逊为"虎王"乔·野生专门创作的歌曲《我看见了一只老虎》。在这个故事里，看见老虎似乎是一种冥冥之中的引导，让乔创办了一家大猫乐园。)

"我想要克里斯蒂安·格雷,就这么简单。"(在小说《五十度灰》里充满了这种简单的逻辑。)

尤利乌斯·恺撒是一个出色而浪漫的骗子。在泽拉战役取得重要胜利后,他的捷报是这样写的:我来,我见,我征服。恺撒的话被人们重复了无数次,这也塑造了后世对他的理解:他看到了一个地方,就决定去征服它。魔术师詹姆斯·沃伦建议我们用欲望的语言重新解读恺撒,看到他真实的主张:**我来,我见,我渴望**。因此,他征服。[1]

恺撒想让我们认为,他只需要把目光投向某样东西,就知道它是否值得拥有,这是他的一厢情愿。

真相更为复杂。恺撒曾视亚历山大大帝为偶像,后者是马其顿的军事天才,在公元前 3 世纪征服了几乎所有西方人已知的世界。而且,在泽拉战役中,恺撒的对手法纳西斯二世才是率先发起进攻的那个。恺撒不只是去**见一见**。他早就想到了征服,像他的偶像亚历山大大帝那样回应他的对手法纳西斯。

浪漫的谎言是对自我的妄想,人们喜欢用这样的故事来解释他们做出的某些选择——因为这个选项恰好符合他们的个人喜好,或因为他们看重它客观的品质,或因为他们只是**看到**它,因此**想要**它。

人们认为,他们自己和想要的东西之间由一条直线连接,这是错误的。真相是,这条线总是弯曲的。

潜藏在我们内心深处的一些人和事,才是决定我们想要什么的首要因素。欲望需要引领者——那些用自己的欲望为我们面前的东西赋予价值的人。

引领者会扭曲我们面前的客观事物。假设一个场景:你和朋友一起走进一家寄售商店,看到货架上摆满了几百件衬衫,此时你对它们毫无感觉。但是,当你的朋友喜欢上其中某一件特定的衬衫时,它就不再仅仅是架子上的衬衫了,这是你的朋友莫莉选择的那件衬衫,顺便说一句,她可是一部时尚电影的助理服装设计师。当她开始留意这件衬衫时,就把它和其他所有的衬衫区分开了。现在和 5 秒前她还没有想要买下这件衬衫时,已经完全不一样了。

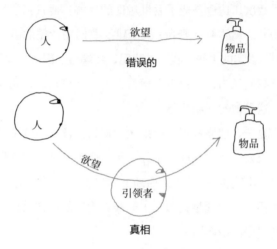

"倒霉啊!选择爱人居然要依赖别人的眼光!"在莎士比亚的《仲夏夜之梦》中,主角赫米娅这样说。发现自己在利用别人的眼光挑选想要之物总会让人感到尴尬。但我们一直是这样做的:我们选择品牌,选择学校,甚至吃饭时点菜,都要先看看别人怎么选。

引领欲望的人总会存在。如果你意识不到他们,那么这些人可能会让你经历一场生活的浩劫。

你可能想知道:如果是引领者勾起和塑造了我们的欲望,那么引领者又是从哪里得到自己的欲望呢?答案是:来自其他引领者。

回顾欲望演化的历史,如果追溯得足够远,从朋友、父母、祖父母和曾祖父母，一路回到（模仿希腊人的）罗马人那里，你会不断地找到引领者。

《圣经》包含了一个有关人类觉醒时分的浪漫谎言。夏娃原本不想偷吃智慧树上的禁果，直到毒蛇的出现。**毒蛇提出了一个欲望**——引领者就是这样影响我们的。突然间，一种看起来平平无奇的水果，成了天地间最美味的东西。这完全是一瞬间的事。禁果似乎变得不可抗拒，在且仅在它被描述成违禁品之后。[2]

我们会被欲望的引领者诱导，这些人建议你去渴望那些目前你没有的东西，尤其是那些看起来遥不可及的东西。障碍越大，吸引力就越大。

这是一种好奇吗？太容易占有的东西没人想要。欲望会引领我们超越目前所拥有的一切。引领者就像站在100米开外的路上的人，他们能看到你尚未看见的拐角。所以，他们描述某事的方式或给出的暗示会让一切变得不一样。你从来没有直接看到过自己渴求的东西，你只能间接地看到它们，就像看一束被折射过的光。当一些事物被用一种有吸引力的方式介绍给你时，你就会被它们吸引。你的欲望宇宙的大小取决于引领者如何向你传递欲望。

依赖引领者不一定是件坏事。没有他们，我们会失去共同的语言，也会失去改变现状的志向。如果喜剧演员乔治·卡林没有出现在1962年兰尼·布鲁斯脱口秀的观众席上，他可能会花50年的时间讲蹩脚的天气笑话。布鲁斯引领了一种新的喜剧表演方式，卡林则让它深入人心。

模仿欲望的危险在于我们会认不出引领者是谁。若我们无法识别他，就很容易被裹挟在一种不健康的关系中。这些人开始对我们产生更大的影响。我们的思维会无意识地锁定在介体上。在许多情况下，引领者是一个人心中的秘密偶像。

基拉尔的朋友吉尔·贝利告诉我："基拉尔可以把偶像从人们的眼睛里消除，让人意识到这是崇拜的产物。"模仿理论揭露了欲望的介体，重新调整了我们与引领者的关系。这么做的第一步就是让他们见见光。

在这一章中，我会介绍一位 20 世纪早期的"黑客"——"公共关系之父"爱德华·伯奈斯，我将讲述他是如何通过精心放置的隐藏介体来操纵一代消费者的。在 20 世纪 50—60 年代，继承他衣钵的是麦迪逊大道的"广告狂人"们。如今，他们可能已经融入大型科技公司、政府和新闻编辑室之中。

我们还会看到模仿行为如何影响金融市场，以及为什么发现和命名隐藏的介体有助于我们了解股票的走势和金融泡沫中的人性。

但是，我们将首先寻找一个介体得以被发现的地方：婴儿的日常行为。

天生的模仿者

婴儿是聪明的模仿者。出生后仅仅几秒钟，他们就开始模仿其他人。作为新生儿，他们的模仿能力已经达到甚至超过了其他智力最发达的成年灵长类动物的程度。[3]

研究人员发现，婴儿的模仿能力在其出生前就开始发展。"婴儿出生后，会模仿许多不同的声音。最值得一提的是，他们尤其会被在子宫里听到的声音所影响。"记者索菲·哈达赫在 2019 年《纽约时报》的一篇文章中写道，该文章详细描述了德国科学家卡特勒恩·韦姆克的新研究。到妊娠晚期时，胎儿便可以听到母亲的声音。通过观察刚出生不久的婴儿，科学家发现，由讲普通话（一种高度强调声调的语言）的母亲所生的婴儿，其发声声调要比德国或瑞典的母亲所生的婴儿更复杂。[4]

上述和其他新近的研究结论挑战了原本对婴儿非社会属性的判断——20世纪的发展心理学家弗洛伊德、斯金纳和皮亚杰都认为，新生婴儿就像未孵化的小鸡，在成人开始和他们互动之前与外部世界完全隔绝。弗洛伊德甚至提出要区别身体分娩和心理意义上的与母体分离的状态，这意味着婴儿在社会化之前并不是一个完整的人。[5]但是任何抱着新生儿的母亲都知道这是错误的。婴儿天生具有社会属性。

很少有科学家比安德鲁·梅尔佐夫更有资格驳斥这个"婴儿具有非社会属性"的错误论断。过去几十年里，他在儿童发展、心理学和神经科学方面所做的工作为基拉尔的发现提供了支持。梅尔佐夫的工作表明，我们不需要学习如何去模仿，我们天生就是模仿者。成为人类在某种意义上就是成为模仿者。

在1977年他最著名的一项实验中，梅尔佐夫（与合作伙伴 M.K. 摩尔一起）在西雅图的一家医院，通过向新生儿伸出舌头来观察他们的反应，参与这项研究的婴儿平均年龄是32个小时，令人惊讶的是，其中一个来到世界只有42分钟的婴儿模仿了他的表情，以惊人的准确度做出了回应。这是她第一次看到有人向她伸出舌头或做鬼脸，但她似乎意识到，她和这个出现在自己面前的生物"一样"，都有一张脸，这意味着"他能做，我也可以"。[6]

我前往梅尔佐夫在华盛顿大学学习和脑科学研究所的办公室，他与他的妻子帕特里夏·库尔共同领导一个研究团队，他的妻子是言语和听力科学领域的专家。梅尔佐夫告诉我："婴儿似乎在从子宫里出来时就有模仿的能力。"

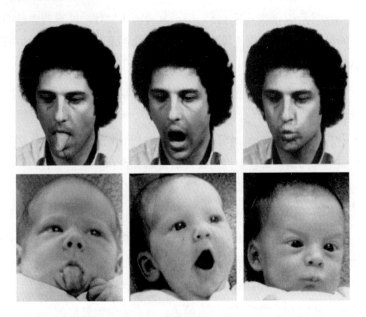

A.N. Meltzoff and M.K. Moore (1977).*Science* 198:75-78.(Photo courtesy of Andrew Meltzoff.)

把婴儿当作老师，有助于我们理解自己的模仿天性。梅尔佐夫写道："婴儿保守了一个隐藏了几千年的有关人类心智的秘密，他们是我们的镜子。他们有一种理解我们的原始动力，并通过这一动力来促进自己的发展。我们也渴望了解他们，从而推动社会科学和哲学对人性的理解。通过探索孩子的思想和心灵，我们照亮了自己。"[7]

2007—2009年，梅尔佐夫在斯坦福大学与基拉尔见过几次面，又在基拉尔位于帕洛阿尔托的家中见过一次。他们探讨了彼此对人类和文化发展起源的见解。

"基拉尔被这一科学结论深深吸引——婴儿会跟随成人的目光，这会将他们吸引到成人的目标、意图和欲望的轨道上。"梅尔佐夫说。基拉尔很感动，像梅尔佐夫这样的科学家，正在完全不同的领域证实和阐明他的理论。

"事后基拉尔向我推荐了一些小说，他认为我可能对此感兴趣。"

"小说？"我问。

"是的，比如普鲁斯特的作品。"

"普鲁斯特的哪部作品？"

"基拉尔真的对我研究中的一个概念感兴趣，它叫作**共同视觉关注**：指两个人的视线聚焦在同一个物体上。婴儿会跟随母亲的目光。他给我指出了普鲁斯特的一些精彩段落，内容是关于人们如何通过关注他人的目光，理解有关其他人意图和欲望的东西。"

在普鲁斯特的代表作《追忆似水年华》中，角色们通过关注最微小的信号来努力了解别人想要什么。普鲁斯特在小说的第五卷中写道："我怎么很久以前没有观察到，阿尔贝蒂娜的眼睛属于这一种，即使以一个相当普通的人来看，她的眼睛中也充满了碎片，包含了她在那一天想去的所有地方，也包括了隐藏欲望的企图。"[8]普鲁斯特笔下的角色可以读懂其他人想要什么，有时只是从他们眼神的一瞥中。

我们也在做同样的事。梅尔佐夫解释说："当一位母亲看向一个东西时，她的婴儿会认为，这是母亲渴望物品的信号，或者至少是在关注它，所以它一定很重要。婴儿会看着母亲的脸，然后再看着物体。她在试图了解母亲和物品之间的关系。"没过多久，婴儿不仅能跟随母亲的目光，还能理解她行动背后的意图。

为了验证这个想法，梅尔佐夫在18个月大的婴儿面前进行了表演。在实验中，一个大人表现得好像在试图拆开一个哑铃形状的玩具，玩具的中间是一个管子，两侧各有一个木块。当大人紧张地试图拉开玩具时，他的手从一端滑落。他又试了一次，但这次他的手从另一端滑落。大人的目的很明确：他想把玩具拆开，但显然他失败了。

表演完成后，研究人员把玩具放到婴儿面前，观察他们会做什么。婴儿们会拿起哑铃玩具，立刻把它拉开——在 50 次实验中有 40 次都是这样的情况。他们并不是在照猫画虎地模仿大人的行动，他们模仿的是自己认为的大人**想做的事**。他们读懂了行为之下的潜在意图。[9]

实验中的婴儿还没有掌握语言。他们在理解或用语言来描述别人的欲望之前，就在跟随其他人的欲望。他们不知道或者也不关心**为什么**别人想要某样东西，他们只是注意到了人们想要什么。

欲望是我们最关心的问题。早在人们能阐明他们自己**为什么想要**某样东西之前，就已经开始想要获得它了。励志演说家西蒙·西内克建议企业和人们"从学会为什么开始"（这是他所著的一本书的书名），即在一切开始之前先发现和表达出自己的目的。但目的通常是事后诸葛般的解释，用来理解我们自己渴望的任何东西。欲望会是更好的开端。

孩子们似乎出人意料地乐于助人。2020 年，梅尔佐夫和他的同事们发现，19 个月大的孩子就能把一块水果传递给一个够不到它的成年人。实验中的孩子在一半以上的时间里，乐于、反复、迅速地帮助他人实现目标，即使这种做法意味着他们在自己饥饿的时候还要把一块食物递给一个成年人。[10]

儿童对"他人想要什么"这个问题表现出自然而健康的关注，而这在其成年后似乎演变成了对他人欲望的**不健康**的关注模式。它变成了一种模仿行为，这是成年人更为熟练而婴儿不太擅长的事情，毕竟我们每个人都是被深度开发后的婴儿。与其学习别人想要什么，并帮助他们得到它，不如秘密地和他们竞争，提前占有它。

我向梅尔佐夫问道，模仿欲望对人的影响有多深。他从椅子上跳下来，把我领进一个特别的房间，里面装着一台价值200万美元的机器，叫作脑磁图仪。这台机器具有极其灵敏的磁力计，使科学家能够定位人大脑中磁场的来源。当大脑处于活动状态时，它会在头部和头部周围产生磁场，机器通过检测磁场的波动来了解人们如何觉察、渴望、感受和思考周围的事物。

最早的脑磁图仪设备20世纪70年代就诞生了，但梅尔佐夫的脑磁图仪装有定制的软件，其中一些专门用于分析婴儿学习和大脑的活动。他的这台机器看起来像是巨人手里的吹风机，上面贴满了五颜六色的水生生物的贴纸。

在2018年的一项研究中，梅尔佐夫和他的团队发现，孩子的大脑会对他们在周围世界观察到的动作做出反应。"我们发现，在用脑磁图仪辅助的实验中，当孩子看到成人与物体接触时，大脑中被激活的部分，就和他自己接触了该物体时**一样**，这是脑磁图仪告诉我们的。"[11]自我与他人之间的假想鸿沟，也就是诞生浪漫谎言的地方，已经显露出来。

20世纪90年代，由著名神经科学家贾科莫·里佐拉蒂领导的一个意大利科学家团队在意大利帕尔马偶然发现了**镜像神经元**。他们发现，当猕猴看到一个成年人拿起花生时，大脑的特定区域就会被激活，如果猴子自己捡到花生，这个区域同样也会点亮。加利福尼亚大学洛杉矶分校的神经学家马尔科·亚科博尼在文章中写道："这就是为什么它被称为镜像神经元，就像是猴子在照镜子时反射出自己的动作。"[12]

根据梅尔佐夫的说法，镜像神经元可能是构成模仿行为神经基础的其中一块版图，但是它无法解释一切。"婴儿所做的比镜像神经元更复杂。"他告诉我。基拉尔所提到的模仿欲望可能有一些与镜像神经元有关，但模仿欲望更像是一种神秘的现象，不能仅仅归结为镜像神经元的活动。

动物会模仿声音、面部表情、手势、攻击行为和其他行为。人类的模仿行为不仅如此，还包括：退休计划、梦中情人、性幻想、烹饪、社会规范、宗教仪式、礼尚往来、礼节庆典和其他一些文化要素。

人们对模仿行为非常敏感，以至会关注到一些细小的偏差，也就是**可接受的模仿**。当你收到一个人对你电子邮件或短信的回复，对方的措辞可能不是很恰当时，就足以让你陷入一个内心小剧场（**她是不喜欢我吗？他认为他比我优越吗？我做错了什么吗？**）。沟通实际上就像一场模仿剧。在 2008 年发表于《实验社会心理学杂志》上的一项研究中，62 名学生被指派与其他学生谈判。那些喜欢模仿他人姿态和言语的人有 67% 取得了谈判成果，而没有这么做的人只有 12.5% 与对方达成和解。[13]

模仿一些肤浅的东西是日常生活的一部分，通常也不会带来什么后果，除非它成为进入另一个世界的开关，那个欲望的宇宙就像一个黑洞，可以把我们吸进去，没人能跑出来。

一杯马提尼引发的不快

梅尔佐夫在实验室观察到的跟随母亲目光凝视的婴儿，最终会变成那些经常打量自己邻居们的成年人。他们跟随着蛛丝马迹，寻找着这个世界上最令人向往的东西。

我打算在酒吧喝点啤酒。我的朋友点了一杯金马提尼。突然间，我"意识到"我也想要一杯马提尼。

　　如果我对自己诚实，必须承认，当我走进酒吧大门时，**并没有想要马提尼**。让我心动的是冰镇啤酒。变化是怎么发生的？我的朋友并没有给我植入什么潜意识，唤起我内心对马提尼的渴望，而是给了我一个新的欲望，我想要它，**只是因为我的朋友已经点了一杯**。

　　马提尼能让人小酌怡情，通常如此。但是，当我们靠在吧台上，几杯酒下肚后，我的朋友告诉我，他要升职了。他获得了 2 万美元的加薪和一个新的头衔：负责某些重要业务的主管。当然，这也意味着他将获得更多的假期时间。

　　我一边微笑着告诉他，真为他感到开心，一边开始感到有些焦虑。我不应该多赚 2 万美元吗？如果我的朋友一年带薪休假的时间是我的 2 倍，我们还能一起愉快地计划下一个假期吗？还有，**到底凭什么**？我们毕业于同一所大学，不管是在学校还是工作之后，我都比他努力得多。难道我就此落后了吗？是不是因为我选错了人生道路？尽管我常说我永远不可能做他那份工作，但现在我开始怀疑自己了。

　　我的朋友已经成为我欲望的引领者。我永远不会告诉他那一刻我的感受。但是，我内心的一股力量已经被激活，如果不加以控制，就会引发冲突。我会开始跟随他的欲望来做有关自己的决定。如果他搬到某个街区，我也会以此为参考去评估我要住在哪里。如果他的达美航空会员升到了铂金 VIP 身份，我绝不会让自己止步于黄金会员。

　　有时候我会以镜像的方式模仿他（做与他行为相反的事），不管他做了什么。如果他买了特斯拉，那么我永远不会想要一辆特斯拉。我不希望有任何事情提醒我自己已落后他一步。我是与众不同的。我会买一辆经典款的福特野马，并对我在大街上看到的每一个特斯拉司机竖中指（你们就是一群待宰的肥羊……）。然而，我完全意识不到自己的行为被模仿欲望驱动了。

当朋友失业时，我会背着他幸灾乐祸。当他重新找到更好的工作时，我会感到嫉妒。甚至我的情绪也会受到我们之间关系的影响。当我将马提尼一饮而尽后，才发现他那杯比我这杯里多放了一颗橄榄。

在从小到大的这段旅程中，婴儿的公开模仿行为变成了成年人隐藏的模仿心机。我们在偷偷地寻找模仿对象，同时否认我们需要模仿任何人。

模仿欲望在黑暗中运作。那些能看透黑暗的人会因此受益。

让香烟成为自由之火

1917 年 4 月 6 日，在美国向德国宣战的同一天，25 岁的爱德华·伯奈斯正式向美国军队提交了入伍申请。根据拉里·泰伊所著的传记，伯奈斯，这个身高约 1.6 米，生于奥地利的犹太人，是西格蒙德·弗洛伊德的外甥。他渴望展示自己的爱国热情，保卫他现在生活的国家，但扁平足和视力缺陷使他无缘参军。[14]

拒绝只会促使伯奈斯在其他方面更加出类拔萃。他是深谙人性的敏锐的观察者，他有着将人们团结到一起的天赋。于是，他开始思考该怎么利用好这份天赋。

4 年前，他还是一个 21 岁的年轻编辑，给一家小型医学评论杂志写文章。随后，他突破条框，看到了机会。该杂志有医学属性，又希望得到更多的市场关注和读者，伯奈斯决定推广剧作家欧仁·布里厄具有争议的戏剧《损坏的物品》。故事的主人公是一位患有梅毒的男人，他把疾病传给了妻子，妻子又生下患病的孩子。该剧在大多数地方都被禁止了，因为讨论性传播疾病在当时完全是禁忌。伯奈斯请来了医学专家和公众榜样，包括约翰·洛克菲勒、安妮·哈里曼·范德比尔特和埃莉诺·罗斯福来支持该剧，将其描绘成一场对抗性禁忌的斗争。尽管褒贬不一，但他的市场活动使这出戏取得了巨大的成功，并奠定了伯奈斯的商誉。

之后，他继续磨炼自己的技能与一系列公关策略，给消费品和娱乐赋予了深刻的个人情感属性，直到一个更重要的机会出现。在遭到军队的拒绝后，伯奈斯开始利用他训练有素的技能为美国参加一战争取舆论支持。

参战的前景使这个国家陷入分裂。1917 年 1 月，伍德罗·威尔逊总统告诉国会，美国必须保持中立——他自战争开始以来一直在强调这一观点。1 月下旬和 2 月，德国潜艇主动出击甚至击沉了一些美国船只，威尔逊回到国会请求宣战。尽管如此，许多美国人在这个问题上仍然立场不一，争论不休。

伯奈斯在新成立的新闻委员会上谋得一职。这是美国政府为引导支持战争的公众舆论而设立的一个独立机构。伯奈斯立即找到了他擅长的事情。他与来自波兰、捷克斯洛伐克和其他国家的自由战士在卡内基音乐厅组织了集会，说服福特汽车公司和其他美国公司支持战争，并在海外办事处分发宣传册（将对支持美国战争舆论的宣传撒向世界各地的大街小巷）。

战争胜利后，威尔逊总统显然认为伯奈斯年轻有为。1919 年 1 月，他邀请这位 20 多岁的年轻人参加巴黎和会。当伯奈斯抵达巴黎时，他目睹了人群涌向威尔逊总统的场景，后者被视为伟大的解放者和民主自由的捍卫者。威尔逊总统曾表示："我们所做的一切都是为了'让民主安存于世界'。"伯奈斯认为这是一句很有分量的宣传口号。[15]

. . . .

伯奈斯带着新的想法回到了美国："如果你能利用宣传赢得战争，你当然也可以用它来实现和平。"[16] 在随后的 40 年中，伯奈斯开展了数十次公关活动。

一次，他受雇于一家卖猪肉的公司，他让一位医生朋友给另外 5 000 名医生写信，倡议他们联合签署一份专业声明，宣传营养丰富的早餐（培根和鸡蛋）将对美国人的健康更有益。

他通过在公立学校组织一场肥皂雕刻大赛，来说服孩子们热爱洗澡。当时他的客户是宝洁公司，正在为一个肥皂新品牌寻求市场，这个品牌叫"象牙"，它的特色是能漂浮在水上。

在 20 世纪 40 年代末，他说服美国政府修建 66 号公路，这是他为麦克卡车公司做的。更多的高速公路，将拓宽更大的卡车市场。

伯奈斯似乎意识到了引领者会影响欲望。医生是推荐熏肉和鸡蛋的"专家"。老师们是推广肥皂雕刻活动的合适人选。当麦克卡车公司雇用伯奈斯，希望公司业务免受铁路的影响时，伯奈斯召集了大批热心的车主发声，从男到女，从驾驶俱乐部的成员到送奶的司机和轮胎维修工人，他们都支持修建更多的高速公路。

但这些事情都无法匹敌伯奈斯在几十年前发动的那场市场攻势，他一手打造了 20 世纪最强大的模仿活动之一。

1929 年，美国烟草公司总裁乔治·希尔向伯奈斯提出了一个诱人的前景设想：如果伯奈斯能打破女性在公共场合吸烟的禁忌，就能为烟草公司带来数千万美元的额外年收入。乔治·希尔直接向伯奈斯支付了 2.5 万美元的咨询费，这在当时是一笔巨款（相当于今天的 37.9 万美元）。如果宣传奏效，促使了更多女性吸烟，那么公司由此产生的一部分利润也将归伯奈斯所有。

该公司的标志性品牌"好彩"的销售额当时已经呈爆炸式增长。战争期间，士兵的口粮包括香烟。在战后的岁月里，吸烟需求急剧增加，作为一代年轻人在战争的恐惧下获得片刻安慰的方式，香烟让人着迷。

但女人不是这一潮流的一部分。社会禁止她们在公共场合吸烟，男人甚至会在私下里诋毁吸烟的妇女。在 1919 年《纽约时报》的一篇文章中，一位男性酒店经理的发言很典型：

> 我讨厌看到女人抽烟。除了道德原因，她们真的不懂怎么抽烟。一个女人在餐桌上抽一支烟所吐出的烟雾会比一大群男人抽雪茄吐出的更多。她们似乎不知道该怎么处理烟雾，也不知道如何正确地拿着香烟。她们把一切搞得一团糟。

乔治·希尔知道这个禁忌正在损害他的利益。他告诉伯奈斯："如果我能打入这个市场，我得到的将比我现在拥有的还要多。这就像在我们家的前院开了一个新的金矿井。"[17] 要做到这一点，伯奈斯将不得不对美国文化进行震撼性的转变，以打破性别歧视的禁忌。

伯奈斯首先去拜访了亚伯拉罕·布里尔，他是西格蒙德·弗洛伊德的信徒，也是美国著名的精神分析师。布里尔告诉伯奈斯，香烟是代表男人性权力的一种象征。为了把香烟变成一个对女性来说足够重要的物品，伯奈斯必须让吸烟看起来是女性挑战男性权力的一种方式。用布里尔的话说，香烟必须成为"自由之火"。

为了做到这一点，伯奈斯必须给女性树立一个榜样。

20 世纪 20 年代，美国妇女解放运动全面展开。1920 年 8 月批准的第十九修正案赋予了妇女选举权；在此前的战争期间，有比以往更多的工作需要女人去做，她们因此挣到了比以前更高的工资；摩登女郎们正在庆祝她们新获得的自由，喝着法兰西 75 鸡尾酒，在棉花俱乐部听着艾灵顿公爵的爵士乐。呼吁自由的时机已经成熟。[18]

伯奈斯制订了他的计划。1929 年 3 月，他决定在纽约市复活节的游行中发起攻势，这是把香烟转化为"自由之火"的绝佳机会。游行就是一场时尚盛典，媒体趋之若鹜，纽约的人潮会涌向第五大道，围观他人或被他人围观。

早在 19 世纪 70 年代，第五大道上就出现了复活节游行队伍。当时，复活节对零售销售的影响和今天的圣诞节一样重要。随着活动的仪式化，节日的活动方式演变成游行庆典，贵妇们戴着最好的帽子，身着五颜六色的复活节礼服参与进来。当她们走出第五大道上的教堂时，会与其他街道来自上流社会的队伍合流。她们会参观游行路线上被花朵装饰的教堂，同时受到沿街两侧排队观看的下层阶级的注目。

伯奈斯的计划是说服一群被精心筛选的妇女，在游行中大胆地点燃好彩牌香烟，在这个世界最大的舞台上，上演一场不亚于史诗的现代影响者运动：想象一下，如果碧昂丝在超级碗半场表演的过程中突然停下，随后掏出一根电子烟，轻轻地吐出烟雾，摄影机将一致对准香烟，让所有的观众看清牌子。

根据拉里·泰伊的叙述，伯奈斯挖走了一位在《时尚》杂志工作的朋友，后者帮助他收集了一份含 30 位在纽约颇有影响力的名媛名单。然后，伯奈斯又通过他的朋友露丝·黑尔，一位女性先锋主义者，在纽约市的报纸上向高阶层女性发出了呼吁。

事后从他办公室流出的备忘录详细描述了这次活动："女性吸烟者们及其陪同人员将从四十八街开始漫步，直至第五大道的五十四街，时间是从中午 11 点 30 分到下午 1 点。"伯奈斯计划通过雇用 10 名妇女在游行中故意吸烟的方式，来为这次活动播下种子，他很清楚自己想要什么样的女人。"虽然她们应该年轻漂亮，但她们不应该看起来太乖。"他写道。

备忘录还写着：

1929 年，年轻的美国女性伊迪丝·李在纽约的复活节游行队伍中抽烟（照片由美国国会图书馆提供）

　　整个活动一定要像有人导演一样，每一个动作都经过设计，例如：一个女人看到另一个女人在抽烟，于是她打开自己的钱包，找到香烟，但没有火柴，需要向另一个人借个火。还有，至少有些女人应该有男人作陪。

按照伯奈斯的指示，模特们在指定的时间拿出好彩牌香烟，吐出来的烟飘在她们的钟形帽和毛皮大衣上，女性们略带轻佻地在大街上漫步。

伯奈斯做得滴水不漏。他确保专业摄影师和记者在合适的位置捕捉到了这一时刻。他甚至指示他们在报道时使用他选择的短语"自由之火"。他知道这次活动会引发争议，但在这个战后的世界，怎么会有人不站在自由一边呢？

正如泰伊所说，第二天，从《纽约时报》到新墨西哥州阿尔伯克基市的日报，美国各大报纸的头版都刊登了女性吸着"自由之火"的照片。

合众国际社提到一位名叫伯莎·亨特的女人，称其"为妇女的自由领导了另一场战斗"。当时她强行穿过圣帕特里克大教堂前的人群，领导了这场闹剧。

亨特对记者说："我希望我们已经开展了一些工作，这些自由之火并非来自任何特定的品牌，我们这样做是为了打破对女性吸烟者的歧视性禁忌，我们的性别平权将继续，并将打破一切形式的歧视。"[19]她在接受采访时没有提到的是，她是伯奈斯的秘书，这些话是早就精心准备好的。

伯奈斯策划了整个复活节的噱头，让妇女们看起来像是自发地开始吸烟的，亨特也是不由自主地想穿过大教堂前的人群。伯奈斯是在用一种浪漫的谎言欺骗别人。

他让人们感到这一切都是自然而然发生的，因为通常欲望就是这样起作用的。模仿欲望在暗处时最为强大。如果你想让某人对一件事充满热情，必须让他首先相信欲望源自他自己。

几天之内，美国各地城市的妇女走上街头，点燃了她们自己的"自由之火"。到下个复活节的时候，好彩牌香烟的销售额增加了 2 倍。

三个领域的模仿游戏

人们玩模仿游戏，是因为他们对模仿欲望如何运作心照不宣，即使他们不能准确说出它的名字。早在孩子们在学校学习重力定律之前，他们就意识到了重力的存在。同样，成年人经常会利用他人的弱点赢得欲望游戏。

接下来，我们简要看看模仿游戏是如何在爱情、商业和广告中发挥作用的。

爱情

20 岁出头的时候，基拉尔正在法国上大学，其间他以一种令人惊讶的方式第一次瞥见了模仿欲望：和恋人共同经历欲望的过山车。2005 年，基拉尔在斯坦福大学广播节目《权威观点》里向主持人罗伯特·哈里森讲述了这一事件。[20] 这段关系的转折点发生在女方提出结婚的时候。那一刻，他对她的欲望烟消云散，随即他们一拍两散。

在基拉尔搬走后，女方马上就接受了这一点——大概如此，因为她开始和另一个男人谈恋爱。就在这时，基拉尔重新被她所吸引。他再次开始追求她，但被拒绝了。她越是拒绝他，他就越想要和她在一起。基拉尔说："她否定了我的欲望，也因此强化了它。"[21]

就好像她对他**缺乏欲望**反而致使他对她的**渴望**愈发强烈。更重要的是，其他男人对她表现出的兴趣影响到了他。他们在向他传达她是值得追求的，她的拒绝也产生了同样的效果。基拉尔回忆道："我突然意识到她既是我欲望的对象，又是欲望的介体——在某种意义上。"

人们不仅会因第三方的引领而产生欲望，还会亲自塑造**自己的**欲望。拼命追求某个东西会让人变得疯狂，大家都知道这一点，但很少有人问为什么。模仿欲望为此提供了线索。我们着迷于欲望的介体，因为他们向我们展示了一些值得追求却又无法拥有的东西，包括自己的情感。

策略 1　命名你的欲望介体

对任何事情的觉察和描述——无论是情感、难题还是天赋——都会让我们有更多的控制力。欲望的介体也是如此。

在家中，在工作中，你的模仿对象是谁？谁在影响着你的购买决定、职业道路和意识形态的选择？

有些引领者很容易被发现。他们通常是你认为的"榜样"——你觉得这些人或群体很优秀，想用积极的方式去效仿他们。你并不羞于承认他们。

还有一些人，你不会意识到他是自己的模仿对象。以健身为例，私人教练不仅仅是一个教练——她还是一个欲望的引领者。她对你的期待会比你对自己的还要多，这些期待足以让你完成那些需要做的事情。要想发现这些潜藏的模仿对象，你需要在认识上做出转变，不仅要以专业角色的身份去定义一个人，还要看到他们作为欲望介体的角色。这同样适用于你孩子的老师、你的同事和你的朋友。

更难发现的是来自你身边的人，他们可能正在诱使你做出一些敌对的或者有损健康的行为——你身边隐藏着的模仿对象，正影响着你的欲望。我们将在第二章中探索这种不太容易被承认的引领者，因为他们已经主宰了我们的世界。这里提供一种可以识别他们的方法：认真想想谁是你最不希望看到其成功的人。

费奥多尔·陀思妥耶夫斯基的著作《永恒的丈夫》展示了模仿爱情的悲喜剧。一个鳏夫想要找到他已故妻子的前情人（她的外遇对象），因为他下意识地把这个人看作在浪漫和性方面都比他更优越的人。鳏夫已经有了结婚对象，但他不敢这样做，因为他不确定他的对手，那个已故妻子的前情人，是否也渴望得到他现在的新娘。他受虐式地让自己在另一个男人，那个永恒的第三者手中遭受更多的羞辱，而他仍然是永恒的丈夫。只要他还没有意识到谁在拉着他爱情生活的弦，就将继续在对手的胯下忍受折磨。他不停地拿自己和对方做比较。

《永恒的丈夫》是一个极端的例子，说明了模仿如何劫持了人际关系。在生活中通常没那么明显。想想一个没有安全感的家伙，他在和某个女孩的最初几次约会中感受到了一点希望。他们双方都决定开始更认真地对待。随后他做的第一件事就是把她介绍给自己所有的朋友——因为他急需得到他们的批准。他会寻找其中至少有一人可能也渴望得到她的迹象。若他的死党似乎都不感兴趣，他会开始怀疑自己是否做出了正确的选择。他在向介体寻求一致，来验证自己的选择，就像《永恒的丈夫》里的主人公一样。

或者假设一位高中二年级的学生，在照片墙上发了新的自拍照。在照片中，她坐在寿司店里，微笑着看着她的新男友。她几个星期前刚分手的前男友在看到这张照片的一瞬间，再次对她产生了兴趣，开始相信自己的眼光。从分手以来，他们从没有联系过，现在他开始给她发短信表达爱意了。"你根本不知道自己想要什么，"她告诉他，"清醒一点！"她是对的：他不知道自己想要什么，直到他看见自己的前女友和另一个男人在一起——一个年纪可以做他哥哥的高年级学生，因为打篮球技术出色，获得了北卡罗来纳大学的录取通知书。她变得更迷人了，这与她发在照片墙的照片上的容貌无关，这是她被另一个男人——一个已经拥有她前男友渴望获得的一切的男人，所追求的产物。

基拉尔的朋友和合作者，心理分析家让-米歇尔·奥古里安，在临床实践中向那些抱怨爱人似乎不再对自己感兴趣的人推荐了一种令人震惊的策略：建议他们找个人与爱人竞争自己的时间和注意力。如此，只要能让他们的爱人开始怀疑（即使可能只有一丁点的感觉），其他人可能会夺取自己配偶的时间，就足以唤起和加强爱人的欲望。（我个人不建议任何人故意挑起爱人的嫉妒，虽然在一些时候看起来这是有效的战术，也有许多人很自然地在使用这一策略。）

浪漫的感觉就像过山车，因为模仿欲望就是这样忽上忽下。

风险业务

沃顿商学院教授亚当·格兰特在他的著作《给予与接受：为什么帮助他人能推动我们成功》中讲述了资深企业家丹尼·沙德尔的故事。他当时已经创立了两家成功的公司，并打算为他的下一个创业项目筹集资金，他从未如此兴奋过。

在他女儿参加的硅谷足球比赛上，沙德尔遇到了著名风险投资人大卫·奥尔尼克，并告诉他自己正在开发一些新的东西。他们约好过几天再见面好好聊聊。几天后，沙德尔开车到奥尔尼克的办公室，向他推销自己的想法。奥尔尼克立刻感受到了新公司的潜力。在一个星期内，他给了沙德尔一份投资条款清单。

然而，与大多数风险投资人不同的是，奥尔尼克并没有向沙德尔提出夸张的报价条件，比如附加一定的时间期限。风险投资人这样做是为了给创始人施加最大压力，迫使其尽快接受交易。另外，创始人也喜欢和每一个可能买单的机构签订投资意向，挑动机构间互相竞争，通过竞标拉高自己的报价。

但奥尔尼克是一位与众不同的风险投资人。他的提议没有附加任何限制，并且他**鼓励**沙德尔多和其他机构聊聊。他向沙德尔提供了 40 多个投资案例，来证明自己作为投资者的声誉。奥尔尼克希望沙德尔选择自己，是因为自己是最好的合作伙伴，而不仅仅是因为钱。因此，沙德尔启动了新的回合，开始与其他投资机构接触。

几周后，他打电话给奥尔尼克，告诉他自己已经接受了另一个投资者的资助。他和奥尔尼克说："你非常体贴，让人感到没有威胁且和蔼可亲。"但他担心奥尔尼克不会在董事会上挑战他，并推动他做出最好的决定。"我的心告诉我要和你站在一起，"这是沙德尔的原话，"但我的头脑告诉我要选择其他人。"[22]

沙德尔陷入了一场模仿价值游戏。那些伪装得更有价值的投资者通过挑剔和苛刻的姿态，在他心目中获得了比其他投资者更高的价值。精英大学并不是没有办法扩大招生规模：它们的录取率之所以这么低，是为了保护品牌的价值。

奥尔尼克没有玩其他风险投资人最喜欢玩的游戏。他想与那些关心自己所能提供的真正价值的创始人合作，而不是通过投资机构选美比赛的戏法赋予自己价值。

沙德尔和奥尔尼克的故事告诫我们，要警惕模仿价值。这是一个重要性判断的悖论：有时我们生活中最重要的事情恰恰是最容易获得的，它们看起来像是从天上掉下来的，相反，许多最不重要的东西却会花费我们大量的努力。

讽刺广告

今天的欲望操纵者们不像伯奈斯那么傲慢。他们已经变得更聪明，某种程度上我们也是。

广告大师们知道，若推销动作太刻意，人们就会皱起眉头。他们也知道，如今再也无法通过展示简单的画面，比如让一个长得好看、足够有吸引力的人，在电视屏幕上喝一种特定品牌的汽水，就成功搞定消费者。至少在过去的三四十年里，广告商们不得不使用一种不太一样并且不那么让人反感的策略：讽刺。他们通过取笑自己来降低我们的防御能力。

1985 年的百事可乐广告展示了这样一个场景：一名男子开着一辆货车在海滩上行驶，安装在车顶的扬声器播放着吞咽冰镇可乐的诱人声音，随后海滩上的所有人都排着队走到面包车边，那家伙赚到了，把所有的百事可乐都卖光了。广告以"百事：新一代的选择"这行字结束。使用"选择"一词颇有讽刺意味，因为广告把海滩上所有的人都描绘得几乎别无选择。

这么做的目的是让人思考："哦，那些在广告里的人傻傻的。"在一个人认为自己看透了周围一切的那一刻，就是他最脆弱的时刻。正如戴维·福斯特·华莱士举的例子那样，"白领乔"独自坐在沙发上看百事可乐的广告，认为自己已经超越了百事可乐的广告受众——然后他会出去买更多的百事可乐，**原因是他认为自己与众不同。**[23]

即便他不喝百事可乐，也更有可能喝别的能让他觉得自己与众不同的东西，比如康普茶。这种心理也适用于其他领域，比如网飞最新的原创纪录片，或者播客，反正这些都让他感觉自己比朋友们更聪明。人们自傲于自己不受偏见、人性的弱点或人云亦云的影响，因此对模仿游戏中的阳谋视而不见。

如果一个新闻机构能够说服观众，让大家认为它的节目是客观中立的，就可以关闭大众的防御机制。大型科技公司也在做类似的事情，它们把自己的技术描述成是完全随机的、不可知的，而自己只是一个中立的"平台"。如果你以唯物主义的方式评估信息，把它们当作无特定意义的比特和字节，这就是真的。然而，在人类理解的层面上，社交媒体公司已经建立了一台欲望的引擎。

每当打开手机时，模仿对象就在等待着我们。幼时好友的家人发到网上的照片看上去好像他们每天都过得像圣诞节，照片墙上的模特露着一口漂白的牙齿告诉我们，他们是如何吃营养早餐。在欲望的宇宙中布满了数十亿颗繁星，奇怪的是，往往在我们最难发现的时候，这些星星闪耀着最亮眼的光芒。

改变市场的引领者

2020年2月3日和4日，电动汽车制造商特斯拉的股价呈直线式飙升，获得了50%以上的涨幅。在此前的4个月内，其股价已经翻了一番。在2月4日当天股市收盘时，特斯拉的股价已是4个月前的4倍。

特斯拉是一家已经上市近10年的公司。这不是新上市公司的IPO（首次公开募股）。如果在IPO中，这种价格走势和波动性就比较普遍了。到底是什么消息在改变股市？

没有什么特别的。该公司第三和第四季度的盈利都超过了预期。它的中国工厂也有一些好消息。但很难看出是什么在驱动这个疯狂的走势。

在2019年10月之前，特斯拉似乎处于灾难的边缘。其首席执行官埃隆·马斯克的古怪行为搅乱了市场，投资者想知道，在12个月内消耗了近35亿美元现金的情况下，公司如何能够继续生存下去。特斯拉在2019年上半年的亏损超过了10亿美元。随后，公司股价便开始出人意料地疯狂上涨。

专业分析师感到困惑。汽车业前高管鲍勃·卢茨在英国广播公司《商业日报》播客上表示:"我与高盛集团的人进行了交谈,他们通常是世界上最能洞悉股价的专家,但他们现在来问我,我是否知道特斯拉这只见鬼的股票到底发生了什么。"没有人相信股票的走势符合"现实"。[24]

但事实如此,只不过这种事实并非大多数分析师所能接受的现实。套用莎士比亚的名句来解释就是:天地之间有许多事情,是分析师的智慧所无法想象的。

金融世界中的浪漫谎言的变体是有效市场假说(与理性预期密切相关,后者是另一个谎言)。有效市场理论认为,资产价格是所有可用信息的函数。公司新闻、投资者预期、时事、政治新闻以及其他可能影响公司估值的新闻都被认为完美地反映在股价中。随着新信息的出现,价格会随着时间的变迁而变化。

但是,了解真正的市场和活生生的人,比了解信息更重要。[25]

几条数据本应提醒特斯拉股票的投资者,不仅仅是信息在推动股价。2月4日,也就是反弹的第二天,超过550亿美元的特斯拉股票易手,比历史上任何一只股票都多。同一天,如果你打开谷歌搜索,输入"我应该",你会收到一个自动建议的问题:"我应该买特斯拉的股票吗?"

数百万人正在谷歌搜索这个问题,他们判断自己是否应该购买特斯拉股票的基础,就是看其他人是否想买。在我看来,这不是**单纯的**信息,这是模仿欲望。

欲望不是信息的函数,而是别人欲望的函数。股市分析师所说的

"集体疯癫"并非指有大量的人产生了精神错乱。这就是50多年前基拉尔发现的模仿欲望现象。

在泡沫和崩盘行情中，欲望介体总是成倍增加。欲望的传播速度如此之快，以至我们无法用理性的大脑来理解它。我的个人观点是，我们可能需要采取一种不一样的、更贴合人性的观点来看待这种现象。

《华尔街日报》财经专栏作家贾森·茨威格写道："从众是一种强大的力量，甚至能够抵消重力，它产生影响的时间要比持怀疑态度的人预期的时间更长。泡沫既不是理性的，也不是非理性的：它就是铭刻在人性中的一部分，将永远与我们同在。"[26]

模仿欲望是人类深藏不露的本性，它将永远与我们同在。这不是那些向外求解就能解决的工程和设计问题。它在我们内心深处恣意发展，我们甚至无法用眼睛看到它。

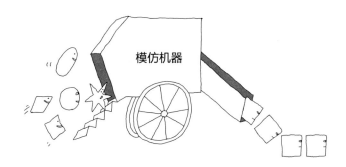

模仿机器

孩子们去参加夏令营

然后进入大学

他们被打包在箱子里

出来后他们成了一样的人

——马尔维娜·雷诺兹，美国歌手、作曲家

第二章　扭曲的现实

我们都在新生堂

名人堂……化名……猫咪崇拜……说唱歌手……镜像模仿

我们重蹈覆辙了。直觉再次遮蔽了现实。

——雷曼兄弟前首席执行官迪克·富尔德，

当他看到公司即将倒闭的突发新闻时如是说[1]

在 1972—1973 学年，也就是第一台个人电脑正式问世的 3 年前，俄勒冈州里德学院的一名新生希望赚点快钱。他从随后的事件中学到了重要的一课，这将帮助他成为这一代人中最伟大的明星。

史蒂夫·乔布斯曾打算把他的旧 IBM（国际商业机器公司）电子打字机卖给一个叫罗伯特·弗里德兰的同学。和乔布斯一样，弗里德兰也是本科生，但他比乔布斯大 4 岁。他因持有价值 12.5 万美元的致幻剂而被赶出缅因州的鲍登学院，并被判处 2 年监禁。假释后，他就读于里德学院，计划竞选学生会主席，并远赴印度寻求一位印度教古鲁的精神指导。但首先，他需要一台打字机。

史蒂夫·乔布斯对他的买家一无所知。他来到弗里德兰的宿舍，打算一手交钱一手交货，但没有人应门。他推了推把手，门竟然没有锁。为了让这次拜访不至于空手而归，他想要把打字机留在宿舍里面，之后再收钱，于是他推开了门。

当他走进房间，被自己看到的一幕震惊了：弗里德兰正在床上与女友做爱。乔布斯试图离开，但这个素未谋面的陌生人邀请他坐下来，观看完了全程。这**太离谱了**，乔布斯这样想。[2]

这个看起来毫无禁忌感的怪物是谁？他难道丝毫不在意自己的行为会让正常人困扰吗？他就这样为所欲为，毫无歉意？

乔布斯的同窗好友丹尼尔·科特克，也是苹果公司最早期的员工之一，后来在谈到弗里德兰对乔布斯的影响时称，弗里德兰"是反复无常、无比自信、独断专行的"。根据作家沃尔特·艾萨克森所著的《乔布斯传》所言："史蒂夫很欣赏这一点，在与罗伯特相处了一段时间后，他们变得更像了。"

到乔布斯创办苹果公司时，他已经以行为古怪而远近闻名。他赤脚在办公室里走来走去，很少洗澡，喜欢把脚浸泡在马桶里。

"当我第一次见到史蒂夫时，他很害羞，又很自大，是个很自我的人，"科特克说，"我认为罗伯特教会了他很多自我营销的方法，比如如何从自己的壳中走出来，敞开心扉并占据主导地位。"

乔布斯没有意识到的是，当他走进弗里德兰房间的那一刻，弗里德兰就成了他的模仿对象。乔布斯之后看穿了弗里德兰的把戏，但弗里德兰对年轻乔布斯的直接影响已然形成。他教会了乔布斯用奇怪的或令人震惊的行为催眠他人（使人印象深刻）。人们会被那些看起来不受规则约束的人所吸引（真人秀就利用了这一点）。[3]

当乔布斯成长为能够熟练运用这些技巧的人时，他的同事形容他有一个"现实扭曲领域"。乔布斯似乎能够让身边的每一个人服从他的意志，即他的欲望。现实扭曲领域延伸到了几乎所有亲近或者接近他的人。这种影响来自何方？

他很出色，但出色并不是他如此迷人的原因。启蒙哲学家伊曼纽尔·康德也很出色，但他的生活是如此平凡，以至乡亲们可以根据他每天散步的时间来对钟。乔布斯很迷人，是因为他**渴求的方式**与众不同。

我们经常把一个人的吸引力归因于他们客观的品质——说话方式、智慧、坚韧、机智或自信。这些东西也许有用，但不是决定性因素。

我们经常会对那些和欲望有着不同关系的人着迷，不管是真实的还是感知到的。如果有人似乎不在乎别人想要什么或并不想要同样的东西，他们就会看起来与众不同。他们似乎较少受到模仿欲望的影响，甚至完全不受影响。这很吸引人，因为我们大多数人不是这样的。

两种欲望介体

没有人愿意把自己当作模仿者。人们重视原创性和创新精神，也会被离经叛道的人吸引。但每个人都会有自己欲望的介体，乔布斯也不例外。

在这一章中，你会认识两类不同的介体，它们以不同的方式影响着你：一类在你可以到达的世界**之外**，另一类就在**你身边**。在不同介体的影响下，人的模仿行为会产生不同的后果。介体存在于两个世界中，罗伯特·弗里德兰身处哪个世界？读完本章，你会发现答案并没有那么简单。

人们和模仿行为的关系有点奇怪。亚里士多德在近 2 500 年前就认识到，人类拥有先进的模仿能力，这使得我们可以创造出新的事物。能够用复杂的方式进行模仿，是人类拥有语言、食谱和音乐的前提。[4]

是不是感觉很奇怪？人们通常是看不惯模仿行为的。这项人类最大的优势之一，竟然被视作是令人尴尬的、软弱的，甚至可能给自己带来不少的麻烦。

除了极特殊的一些情况，没人愿意被当作模仿者。尽管我们鼓励孩子们向榜样学习，大多数艺术家也认可向大师"致敬"的意义，但在其他情况下，模仿行为完全是禁忌。试想一下，如果两个朋友每次聚会都会撞衫，如果一个人总给另一个人回赠同样的东西，如果有人不断地模仿同事们的口音和举止。这些行为即使没能让人火冒三丈，也会被认为是诡异的、粗鲁的，或者侮辱人的。

如果你有一个朋友剪了和你很像的发型，的确会让人感觉有点不舒服。

还有更加让人困惑的例子。为什么在大多数组织中，模仿的行为看起来同时被鼓励和禁止？你可以在穿着风格上向某个你想要成为的人看齐，但不要太过接近；你需要表现得和大多数人一样，遵守组织的文化和规范，但也要确保自己能够脱颖而出；你可以效法组织中关键的领导者，但得注意不要让自己表现得像个马屁精。

伊丽莎白·霍姆斯喜欢在公开场合模仿史蒂夫·乔布斯，她曾是一家生物技术公司泰拉诺斯的首席执行官，这家公司不久前已经倒闭了。任职期间，她会穿乔布斯式的黑色高领毛衣，聘请每一位她能找到的苹果前设计师。试想一下在霍姆斯的公司里，如果有个刚入职不久的初级员工开始模仿她，穿着黑色的高领衫，戴着蓝色的运动式隐形眼镜，像她那样走来走去，用深沉的目光上下打量他人，甚至学着用她那种低哑的嗓音说话。你觉得会发生什么？这样做的人会丢掉他的工作。

就好像每个人都在说："模仿我吧，**但也别学得太像**。"因为被模仿有时会让人感到很高兴，但若被模仿得太过接近，又会让人感受到威胁。

接下来，你会了解背后的原因。

这将是本书中最具技术性的章节。我们需要先理解模仿理论中一些重要的概念，打好基础。

首先你会看到，人的欲望如何被两类不同的介体所影响。其中一类和你隔着很远的社会距离（如名人、虚构人物、历史人物，甚至也许包括你的老板），另一类和你更为接近（如同事、朋友、网友、邻居，或者你在聚会中遇到的人）。

第一类人和你存在着地位上的巨大差距，我们可以把这些介体所处的地方称作"名人堂"。从我的角度出发，名人堂里的人包括布拉德·皮特、勒布朗·詹姆斯、金·卡戴珊，还有"独角兽"（估值为10亿美元以上的初创公司）的创始人们。这些人最好生活在一个与我们完全不同的欲望世界当中，他们的欲望想法不太可能会和我有关。社会地位的差距或其他明显的障碍把我们分得很开。

明显或戏剧性的差距并不总是存在。一位投资银行的总监对于普通的分析师来说，也许是位于名人堂里的，正如神父之于俗人、摇滚巨星之于地下歌手、托尼·罗宾斯之于慕名来听他演讲的人。有时一位年长的大哥对于他的弟弟来说，也是名人堂中的一员。名人堂是榜样所在的地方，他们会从你生活的社会空间之外引领欲望，给你的欲望带来改变。你不太可能马上和他们站在同一起跑线上一决高下。

对你威胁最大的，是那些想要和你追逐同样东西的人，而不是其他人。诚实地问问自己：你会嫉妒谁？是世界上最富有的人，杰夫·贝佐斯或者埃隆·马斯克？还是某个和你背景很像，甚至就是那个和你处在同一间办公室，和你有着差不多的能力，每天工作时长几乎相同，但职位比你更高，每年比你多赚 1 万美元工资的人？你嫉妒的很可能是后者。

是否竞争取决于双方是否足够接近。当你与他人被足量的时间、空间、金钱或地位区分开，你便没有办法认真同他们竞争同样的机会。你不会把名人堂里的榜样视作威胁，因为他们也许根本不在意你，也不会把你的欲望作为他们自己的欲望。

显而易见的是，还存在另一个世界，其中的大多数人和我们过着基本一样的生活。这个世界被称为"新生堂"。在这里，人们彼此联系密切，潜在的竞争很普遍。微小的差异会被放得很大。新生堂中的引领者和模仿者占据着同样的社会空间。

新生堂里的其他人，他们所说的、所做的或者想要的东西，很容易影响我们。就像大一时，我们需要和一群水平差不多的人竞争位置，好让自己脱颖而出。竞争不仅是一种可能，而且是一种常态。竞争者们之间的相似性会让竞争变得非比寻常。

本章会介绍，为什么模仿在形式上和质量上的差别会取决于它所发生的地方，背后的原因值得深究。我会提供一个工具包来帮助你理解，人们如何受到特定引领者的影响，这些欲望的介体如何扭曲了现实感受，以及为什么模仿欲望在新生堂中会如此危险。

名人堂

基拉尔把名人堂中的介体称作**欲望的外部引领者**。他们对一个人欲望的影响来自可及的世界之外。从模仿者的角度看，这些引领者的存在是独一无二的。

名人堂里有梦幻的约会，只要你从没见过你的梦中情人，或者你的梦中情人生活在一个你不可能接触到的社会空间里。高中舞会上也会有耀眼夺目的明星，但每个人都知道，一个普通的高中生不会成为他们首选的追求者。俗话说"癞蛤蟆想吃天鹅肉"，梦幻的世界就是这样不可企及。

在名人堂中，总会有一些障碍把引领者与模仿者分隔开。[5] 这种障碍可能是时间（比如引领者已经去世了）、空间（比如引领者生活在别的国家，或者从不用社交媒体与他人交流）、社会地位（比如引领者是亿万富翁、摇滚明星或贵族阶层）。

朱莉娅·蔡尔德是数百万渴望提升家庭烹饪技能的人心中的偶像，亚伯拉罕·林肯是政治家们心中的典范。因为他们都已经离开人世，所以可以在名人堂中占据一个永久的位置。他们不可能再次进入我们的世界，成为我们的对手。

这让我们认识到名人堂的一个重要特征：因为不存在冲突的威胁，**所以人们可以自由且公开地模仿名人堂中的人。**

1206年，一位来自富商家庭的24岁男子，方济各·贝尔纳多内[①]在意大利中部城镇的广场上，脱光了衣服，把华服交还给他的父亲，并宣布放弃他的世袭特权。在接下来的800年中，成千上万的人仿效圣方济各的做法。他们郑重地宣誓要安贫乐道，像圣方济各一样祷告，穿上与他风格相同的棕灰色长袍。到目前为止，世界上约有3万名方

---

① 宗教人物，天主教方济各会即"小兄弟会"的创始人。方济各会提倡清贫节欲的苦修，因会士穿着棕灰色长袍，也被称作"灰衣修士"。

济各会教徒。2013 年，来自布宜诺斯艾利斯的前枢机主教豪尔赫·莫里奥·贝尔戈里奥当选为第 266 任教皇，并宣布他的教皇称号将是"方济各"，以示他打算效仿方济各的安贫乐道。

　　圣人只会在离世后入驻名人堂，并让人们看到他们的模仿价值。没人会在活着的时候被尊为圣人。在职业竞技运动中，也有类似的设置——没有运动员是于在役期间就进入名人堂的。这些人只有在退役或者离世之后，才能成为真正的传奇，因为此时他们已经完全进入了另一个空间之中。

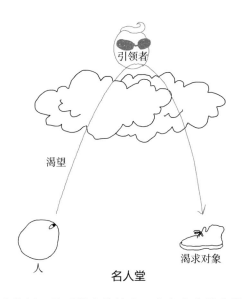

名人堂

　　有的人会使用一些手段来维护自己在名人堂的身份：他们会在我们好奇的探视下，小心地隐藏身份。涂鸦艺术家班克斯、作家 J.D. 塞林格、导演斯坦利·库布里克、作家埃莱娜·费兰特、导演泰伦斯·马力克以及蠢朋克乐队，他们都将自己隐藏于公众视线之外，这种神秘感让他们好像处于另一个世界。

比特币的发明者，被认为是化名"中本聪"的程序员，他通过隐秘的身份，将自己的模仿价值提升到了名人堂金字塔的顶端。他让自己变成无法被追赶的对象。"你无法成为一个'魅力加强版的中本聪'，因为没有人确切知道自己是否见过他，"经济学家托亚斯·胡贝尔和伯恩·霍巴特曾经这样写道，"你也没法成为更'疯狂'的中本聪，因为他是否存在还不确定。甚至，你无法成为一个比中本聪还超前的人，除非你现在就去开发一个领先比特币 10 年的技术，并且还不能让人知道。"[6]

公司的等级制度会给竞争制造障碍，让一些人几乎不可能与其他人竞争相同的角色和荣誉。在一个等级森严的企业中，对呼叫中心的普通客服员工来说，自己与同一个公司的高层管理人员也像住在不同的星球中。首席执行官神龙见首不见尾，是普通员工触不可及的。短期内，一个客服代表不太可能与首席执行官产生竞争关系，也不可能威胁到首席执行官的职位。

这种关系在创始人和普通员工、老师和学生、专业运动员和业余运动爱好者之间同样存在。（对专业运动员和业余爱好者的区分是通过仪式化的规则完成的，这些规则非常明确地规定了谁可以同谁进行竞争。）在名人堂里，人们不会同他们的模仿者竞争，甚至不会知道模仿者的存在，这使得这个地方是和平安定的。

而在新生堂，激烈的竞争可能在任何时候发生在任意两个人之间。

新生堂

在新生堂中，欲望的介体与我们生活在一起。因此，基拉尔将他们称为**欲望的内部引领者**。没有什么障碍能够阻止人们为了同样的事情直接开展竞争。

在社交媒体、全球化和旧体制崩溃的时代，我们大多数人几乎一辈子都会生活在新生堂。

朋友们共同生活在新生堂。莎士比亚的戏剧《维洛那二绅士》展现了这个世界上的欲望有多么容易交织在一起。瓦伦丁和普罗蒂厄斯是发小，他们爱上了同一个女人——这并不是偶然，而是与欲望的相互影响有关。普罗蒂厄斯本来爱上了一个叫朱莉娅的女孩。当他前往米兰拜访好朋友瓦伦丁时，瓦伦丁谈论起自己仰慕的新对象，西尔维娅。在听到好朋友对这个女孩毫不掩饰的赞美之后，普罗蒂厄斯也立刻爱上了西尔维娅。仅仅在一天之前，普罗蒂厄斯还在向朱莉娅承诺他永恒的爱，但他现在更想要西尔维娅。莎士比亚经常在喜剧中描写模仿欲望，因为这很讨喜——人们可以隔着舞台的安全距离，嘲笑剧中人物的荒唐做法，不至于因联想到自己的模仿行为而感到被冒犯。

模仿欲望既是友谊的纽带，也是坏事的祸水。一个常见的例子是：一个人带着自己的好朋友学习烘焙，他们都想成为更优秀的面包师，这会让他们花很多时间一起研究烘焙技术。但如果友谊因此演变为一种模仿竞争，会让双方陷入一场无止境的拉锯战，不仅限于烘焙技术，也包括人际关系、事业成就、身体健康状况，甚至更多领域。同样的力量可以把他们聚集在一起，也有可能让他们老死不相往来，因为他们试图在模仿中区分自己。这就是模仿欲望的力量。

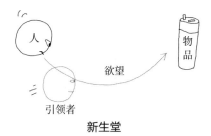

新生堂

还记得大学第一年时的感觉吗？来自不同背景的人被强行聚在一起，共享同一条走廊和同一间教室。滑板运动员和书呆子被分到同一个作业项目中，摇滚乐爱好者和体育特长生一起在操场上比赛，体育生的同桌是学霸。

看起来这些群体非常不一样。当学霸看着体育特长生时，会不会感觉他们处在不同的世界？也许没错。但是他们之间的相似性还是要超过不同性。他们有着差不多的年龄，都处于激素旺盛的青春期。他们在同一间教室上课，在同一个餐厅吃饭。他们中的任何一个人都可能在任何一天里和其他人照面。

每个人都在从其他人那里获取模仿的线索，但几乎没有人意识到这一点。当每个人都试图在群体中把自己的身份切割出来，展现自己的与众不同时，一场不言自明的差异化战争就开场了。

名人堂 （外部引领者所处世界）	新生堂 （内部引领者所处世界）
引领者在时间、 空间或社会地位上与我们相距甚远	引领者在时间、 空间或社会地位上与我们非常接近
与我们不一样	与我们相同
引领者易于识别	引领者很难识别
公开模仿	秘密模仿
引领者是已知的	引领者是未知的
引领者是相对稳定、固定的	引领者是不稳定、不断变化的
引领者和模仿者之间不可能发生冲突	引领者和模仿者之间处于竞争关系
积极的模仿 * 是可能的	消极的模仿是常态

* 本书后半部分会介绍积极的模仿如何成为可能。

扭曲的现实

"新生"在字面的意思是迷失方向和充满焦虑的。新生堂的生活也的确如此。现实在很多地方被扭曲了。以下是几个例子。

扭曲 1：滥用奇迹

人们会不断夸大自己的引领者，无论他们是在新生堂还是名人堂。当引领者来自名人堂时，人们会无所顾忌地瞪大眼睛去欣赏他们。一个显而易见的例子是围着名人要签名。还有一个不太明显的例子是，一位教授可能会公开向另一位教授表达敬意，后者在另一所大学担任系主任。一旦这位令人尊敬的教授调到前者的单位，事态立即会发生微妙的变化，因为他们处在同一个世界了，现在他们必须为同样的事情而竞争。

在新生堂里，人们和自己的引领者同处一个空间，所以他们不得不以秘密的形式来表达好奇和关注。他们永远不能承认的一个令人尴尬的事实，就是他们想变得和他们的邻居、同事甚至他们的朋友一样。在新生堂中，沉默是共识。史蒂夫·乔布斯臣服于罗伯特·弗里德兰的魔咒，因为他希望在某种程度上，自己变得更像他。这位年长的同学已经殖民了他的欲望世界。

基拉尔称这种努力不是为了任何特定的**物品**，而是为了一些新的生活方式或者说对于形而上欲望的理解。[7]在希腊语中，"meta"一词的意思是"在……之后"。亚里士多德研究了物质世界，并了解了他所能知道的一切。随后他问："现在怎么办？"他把自己在此之后的研究，称作所谓的**形而上学**（metaphysics），这实际上意味着"对物质以外的研究"。[8]

基拉尔相信，所有真正的欲望（并非本能驱动的那种），都是形而上的。人们总是在寻找超越物质世界的东西。如果有人受到一位引领者的影响，对手提包的渴望发生了变化，他们并不是为了追求那个手提包，而是认为这样的行为会带来一种想象中的新存在感。基拉尔说："欲望不是关于这个世界，而是为了融入另一个渴求的世界，是为了开创一个完全不同的存在。"[9]

　　欲望的形而上性质导致我们看待他人的方式出现了奇怪的扭曲。基拉尔在神经性厌食症和暴食症的悲剧性病例中看到了一些现象。在这里，介体就是那些有着理想身体形象的模特，患者想要变得和模特一样的欲望要比维持自己生命安全的需要更强大。这显然是种心理疾病，但基拉尔并不认为我们已经正确地理解了模仿欲望在病因中的作用。在基拉尔看来，这是形而上的欲望压倒了生理需求的案例。[10]

　　我们都以自己的方式承受着这个问题，从某种意义上说，我们都在寻找能够满足我们精神饥饿（一种形而上的欲望）的引领者。

对猫咪的崇拜

　　如果一个人的欲望世界和我们不一样，他便更有可能成为我们的引领者。以猫为例，它的吸引力从何而来？为什么埃及人会崇拜猫？

　　原因很复杂。但模仿理论提供了一个解释：猫似乎不像人类一样有那么多需要。它们不会用和人类一样的方式去表达渴求。埃及人可能给猫的态度赋予了一部分神性，因为猫显然无所求。谁能比神更加无欲无求呢？

　　当然，有些猫在饿得要死的时候会发出喵喵的叫声，直到你去喂它们，有些猫也想要得到更温暖的依靠。但猫是善变的。它们通常对你的想法不感兴趣，就像史蒂夫·乔布斯不在乎别人看到他不洗澡以及把脚放在马桶里时有何感想一样。

　　我的德国牧羊犬曾经撕破了我的沙发，我对它大吼大叫，它低眉
耷眼地溜走了。相比之下，如果我对我的猫大喊大叫，指责它趁我不
在时把沙发撕碎了，它会把屁股对着我的脸，伸个大大的懒腰并走出
房间。当我尽全力招呼它过来时，它会坐下来，开始舔爪子。看起来
就像是一个人假装对任何人的关注和认可都不感兴趣。它们自给自足
的做作让人着迷。

　　当我们辛苦工作去满足自己不断变化的欲望时，猫在眯着眼睛舔
毛。它不需要任何东西，什么都不想要。

　　著名心理学家乔丹·彼得森在他的著作《人生十二法则》中建议：
"当你在街上遇到一只猫时，摸摸它。"我觉得这句话要分情况，只有
当猫**想要**被你摸时，再去摸它，你才算完成了特殊使命。

扭曲2：迷信专家

　　100年前，拥有博士学位的人和没有博士学位的人在知识上存在
极大的差距。但在今天，几乎每个人都能接触来自全世界的信息，在
接受不同教育水平的人之间，知识的差距已经在变小。事实上，在一
些公司里，学历（如博士或工商管理学硕士）可能会对你的发展不利，
过度提及学历会被视作自满的标志。我们正在目睹价值的颠覆。

　　蒂尔于2011年建立了蒂尔基金，用来资助有前途的创业者开公
司，而不是上大学。基金的形式让他的价值主张更有吸引力，部分原
因是利用了模仿欲望：**获得这个基金的资助要比进入哈佛大学工作更
难。**（一个研究岗位在第一年的录取率约为4%，随后几年下降到1%左
右。）在该基金资助的辍学者中，有才华横溢、雄心勃勃的孩子，如分

布式开源区块链以太坊的联合创始人维塔利克·布特林，以及发明了一种使太阳能电池板可以跟随太阳移动的技术的伊登·菲尔。这些企业家为许多年轻人带来了比哈佛大学学位更重要的东西：他们开创了一条与众不同的发展之路。

如今，事物的价值在很大程度上是由模仿驱动的，而不是附着在固定的、不会改变的东西（如大学文凭）上。这为所有能够从人群中脱颖而出的人创造了机会。带来的影响有积极的，也有消极的。

在这种"流动现代性"（借用社会学家和哲学家齐格蒙特·鲍曼的一个术语）中，人们急切地想找到一些可以抓住的确定的东西。流动现代性是历史的混乱阶段，没有文化上公认的引领者，也就没有了固定的参照点。名人堂正在崩溃，他们像冰川一样融化，把我们扔进了能见度有限的风暴海洋中。

与此同时，世界正变得越来越复杂。想想全球金融体系。任何一个人的专业知识在这个复杂的系统中所占的比例都微乎其微。因此，我们比以往任何时候都更依赖于通过其他人来理解这个世界，比如桥水对冲基金创始人瑞·达利欧的行为。激进的个人主义并不能使人们摆脱对欲望引领者的需求。但是这些引领者会从何而来呢？

"因为现代人没有办法知道自己所知以外的东西，他不可能全知全能。如果没有任何一个人来指导他，他就会迷失在我们这个广阔的技术复杂的世界里，"基拉尔在他的著作《从地下复活：解析费奥多尔·陀思妥耶夫斯基》一书中写道，"当然，他可以不再依赖牧师和哲学家，但必须比以往任何时代更加依赖别人。"

这些"别人"是谁？"他们是专家，"吉拉德继续说，"是那些通过不懈努力，在各个领域里比我们更有能力的人。"

专家是帮助引领欲望的人，他们告诉我们什么东西值得去拥有，什么东西不值得。商业家蒂姆·菲里斯在他创办的"五连发—星期五"电子邮件订阅服务中（我从不错过），向数百万人展示了哪些书要读，哪些电影要看，哪些新应用程序可以体验。他是个专家，他甚至可以教别人如何成为专家。他写道："如果你了解一些基本的评估信息质量的指标，你可以在不到4周的时间里成为一个专家。"

如果你想要了解罗马城里的餐馆，美食节目记者凯蒂·帕拉是这方面的专家；家政女王藤麻理惠是居家整理领域的专家；而理查德·布莱文斯，一位绰号是"忍者"的电子游戏专家，他的游戏直播有65万人同时在线收看的纪录。[11]

正如"以出名而闻名"的帕里斯·希尔顿和卡戴珊家族一样，现在有一些专家填补了有线电视节目的部分空白，他们是擅长扮演专家的专家。演员兼作家达克斯·谢泼德甚至在他受欢迎的播客《伪专家》中讽刺了这个现象。在播客中，他扮演一位没有任何专业知识的采访者，访谈了各种专业背景的客人。在每集的结尾，他的搭档主持人莫妮卡·帕德曼都会对其在采访中的说法进行"事实调查"。当然，只有专家才会重视事实根据。

"现代世界是专家的世界，"基拉尔写道，"只有他们知道该做什么。一切事情都取决于你是否听从了正确的专家。"[12] 如果我的朋友比我更关注全球事务、城市化、文化以及设计，那是因为他订阅了《单片眼镜》杂志。如果有人对技术在我们生活中所扮演的角色有更高明的见解，那是因为他们收听了一些靠谱的播客（顺带一提，马努斯·佐莫罗迪的《自我笔记》就是很出色的播客）。想提高厨艺？我推荐你去了解萨明·诺斯拉特这个人。

人们对模仿的需求如此之大，以至在不属于这一领域的地方也会出现欲望的引领者，比如在《创智赢家》这种商业竞赛真人秀中，是由专家评审而不是市场来决定一个商业想法是否有价值。我们已经对模仿成瘾了，现在，我们更喜欢让专家成为引领者。

　　这可能是因为我们认为自己比以往任何时候都更加理性——在许多方面，我们都是一个理性的人。在过去的 100 年里，科学进步很快。然而，我们低估了模仿在我们选择专家时所发挥的重要作用。

　　我们把一个消息来源作为权威的依据是什么？是因为我们核查了这个人全部的证据吗？还是因为彼得·坎比的团队在《纽约客》中帮我们核实了？或者是因为这个人在社交媒体上拥有最多的追随者，名字旁边有一个"V"的标志？和想象中不一样，权威也可以是模仿的产物，成为专家的最快方法是说服一些合适的人把你当成专家。

　　对圣人的崇拜变成了对专家的崇拜。这并非指我们不再通过依赖引领者来弄清楚自己的欲望。这意味着，在后启蒙时代，欲望的介体往往是那些看起来最开明的人：专家。

　　引领者许诺了一种秘密的、救赎的智慧，让人想起早期的诺斯替教派。该教派相信，"光之使者"的引导，可以把人们从无知的世界中拯救出来。（你还在喝普通的咖啡吗？如果是，你显然还没有读过戴夫·阿斯普雷的书，他声称你用的咖啡豆上布满了产生毒素的霉菌，你应该买他的防弹咖啡，把自己从喝普通咖啡的无知者群体中拯救出来。）任何人都需要欲望的引领者：一个随时准备好向你传授快乐秘诀，让你觉得自己已经脱离了凡夫俗子命运的人。但要小心，任何把自己包装成这种专家的人都有可能是江湖骗子。

　　最好的方法是，每隔一段时间，都认真思考一下我们最初是如何挑选知识信息的来源的，同时脱下模仿的外衣去解构那些我们认为权威的人。你很可能会发现，自己对某个专家的喜欢和信任，与模仿欲望的影响密切相关。

策略 2　找到值得被模仿的智慧之源

专家在我们的社会中发挥着越来越突出的作用。但是，是什么造就了专家呢？学历？还是播客的影响力？越来越多的专家像时尚明星一样成为人们竞相模仿的对象。

由于在文化价值观方面，人们缺少共识，甚至对于科学本身的价值也很少能达成一致的认识（想一想关于气候变化的争论吧），人们寻找着"专家"，而专家的专业知识，在很大程度上是模仿游戏下相互影响的产物。切断模仿链条，找到相对可靠、不受模仿影响的信源至关重要。

优质的信息源经得起时间考验。要时刻小心那些自封的专家，和通过互相吹捧成为专家的人。

在自然科学领域（如物理、数学、化学领域），通过模仿而成为专家的人很难大行其道，因为这些人必须展示自己的工作。但是，想要在一夜之间成为"效率专家"却很容易，你只需要在合适的地方发表一篇博客。"科学神教"会愚弄人，因为它只是披着科学外衣的模仿游戏。

关键是要精心挑选我们的知识来源，这样才能知道真相是什么样的，而不仅因有多少人相信就选择盲从。

这意味着要做很多功课。

扭曲 3：双重束缚

人们在说话之前，会担心别人听了这些之后会怎么想，这种顾虑会影响他们所说的话。换句话说，我们**对现实的看法**，改变了我们本来可能的行为方式，从而改变了现实。这导致了自我实现的循环。

这一规律影响了公众和个人的话语表达。德国政治学家伊丽莎白·内勒-诺伊曼在 1974 年创造了"沉默的螺旋"一词，指代我们今天经常看到的一种现象：人们是否愿意自由表达，取决于他们对自己的观点是否受欢迎的无意识感知。认为自己的观点不会得到大多数人认同的人，更有可能保持沉默，而他们的沉默本身又增加了这个观点确实没人认同的印象，从而孤立了自己，最终人为地夸大了人们对于多数人默许的意见的信心。

根据作家弗吉尼亚·伍尔夫的说法，即使是衣服也有反身性："他们说，尽管衣服看起来像是徒劳无用的表面文章，但它不仅仅用来保暖。衣服改变了我们对世界的看法，也改变了世界对我们的看法。是衣服在塑造我们，而不是我们在穿衣服，有很多证据可以证明这一点：我们可以把衣服做出各种造型，让它们更加贴合手臂或者胸部，但衣服可以按照它们的喜好，改变我们的心、大脑和品位。"[13] 温斯顿·丘吉尔在谈到建筑的反身性时说："是我们营造了建筑，但此后，建筑也塑造了我们。"[14]

反身性原理是欲望领域的新大陆：**在充满欲望的参与者彼此有可能互动的情况下，欲望之间会互相干扰和影响。**

就好像在蹦床上，一个人就在你旁边跳，那么你们两个都不能在不影响对方的情况下完成自己的动作。欲望的反身性扭曲了现实，因为人们认为他们想要的东西是自发的、理性的——这是浪漫的谎言。真相是他们正受到周围人的影响，这使得事情看起来与实际情况不一样。

2003—2016 年，投资者给了伊丽莎白·霍姆斯超过 7 亿美元。她就是我们前文提到的那位喜欢模仿乔布斯的创始人。她的公司泰拉诺斯的估值也因此达到100多亿美元的峰值。投资者的资金帮助她在硅谷建立了一个阔气的大本营，雇用非常抢手的苹果公司前员工，品牌宣传的优势帮助她与著名连锁药店沃尔格林签了一份回报丰厚的合同。所有这一切让新的投资者不假思索地蜂拥而至。这种投资的过程具有双重模仿性：新的投资者愿意进来，是因为其他聪明的投资人已经先下手了；投资者对公司股票的需求使得公司能讲出一个更好的故事，而这些故事也刺激了更多投资者的需求。

欲望的反身性在**竞争关系**中最为明显。当一个人专注于对手想要什么时，两个人的欲望都是反身性的。想要任何东西都会激发对方的欲望，没有人能独善其身。

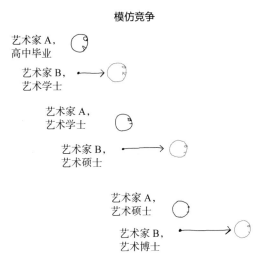

模仿竞争

在新生堂中，一场模仿竞争就像两个人试图在同一辆车里比谁跑得更快。没有人会领先，他们最终会车毁人亡。

说唱歌手的启示

发生在 20 世纪 90 年代美国东海岸和西海岸之间的匪帮说唱竞争是一个经典的案例，展示了模仿欲望在竞争中的反身性。

1991 年，来自纽约布朗克斯区的说唱歌手 Tim Dog 横空出世，发行了一张愤怒好斗的专辑，直接攻击西海岸说唱歌手，如 Eazy-E、Dr. Dre、Dj Quik 和 Ice Cube。Tim Dog 认为来自西海岸的唱片公司似乎忽视了东海岸，并没有对东海岸歌手的贡献表现出应有的尊重。他仅用一首歌就把整个西海岸的说唱歌手拉进了一场模仿竞争之中。

1992 年底，Dr. Dre 发表了他的首张专辑《慢性病》，该专辑后来成为有史以来最畅销的说唱专辑之一。在这张专辑里，崭露头角的西海岸说唱歌手史努比·狗狗反击了 Tim Dog。我就不重复史努比的废话了，总之他让冲突升级了。

东海岸以牙还牙。1993 年，"吹牛老爹"与 Notorious B.I.G.（更广为人知的名字是 Biggie Smalls）签约，后者加入了他的暴发户唱片公司——坏男孩唱片。Biggie Smalls 的歌曲《谁枪杀了你？》作为单曲在唱片 B 面发行，这被年轻的西海岸说唱歌手 2Pac 理解为挑衅，因为 2Pac 近期碰巧在一起持枪抢劫案中遭受了枪击。不久之后，2Pac 签约了备受争议的唱片公司死囚唱片。

令冲突升级的战争随之而来。在 20 世纪 90 年代中期的几年里，坏男孩与死囚唱片两家公司发行的每首主要歌曲似乎都是对另一首歌曲的回应。2Pac 和 Biggie Smalls 之间的模仿竞争以两条生命的英年早逝而告终。

当模仿的力量足够强大时，彼此竞争的死敌会忘记他们最初要争取的东西。一切都纠缠在了一起——只要死对头想要，就要不惜一切代价抢先得到。他们被困在一个双重束缚中，彼此反身性地束缚着对方的欲望，双方都无法逃脱。

镜像模仿

为什么所有赶时髦的人看起来都一样，但都认为自己与众不同？答案与**镜像模仿**有关。镜子扭曲了现实，它们颠倒了这个世界：你的右手在镜子里出现在左侧，左手在镜子里出现在右侧。从某种意义上说，镜像是对立的图像。镜像模仿则是在任何时候，和你的对手做相反的事。通过表现得和对手不一样来反击你的对手。

当相互模仿的死对头陷入双重束缚，注意力就全都放在了对方身上，他们会不择手段地表现出自己的不同。他们的对手是一个告诉他们**不要渴望**哪些东西的介体。对于一个赶时髦的人来说，他的对手就是流行文化，他要避开任何流行的东西，接受他认为不拘一格的东西，但他这样做还是需要新的介体。基拉尔说："如果每个人都奋力想要离开现成的路，最后就会掉进同一条沟。"[15]

对看客来说，反身的镜面模仿很有趣。没有哪个电视节目比《宋飞正传》更能代表模仿欲望。在《大沙拉》那集里，宋飞已经爱上了他的新女友玛格丽特，直到他发现他的宿敌，那令人厌恶且毫无魅力的邻居纽曼和她出去约会过几次。当发现是纽曼结束了这段关系时，宋飞感到很害怕，并开始试图在玛格丽特身上挑毛病。他对女友过去的经历很介意，并吹毛求疵，终于玛格丽特和他分手了。这让宋飞的自尊心和危机感成倍增加。是纽曼主动和玛格丽特分手的，而玛格丽特却主动和自己分手了，这么算下来，纽曼似乎比自己高出了两个段位。

如果这个情节没有清楚地让你理解模仿欲望，那么可以看看《灵魂伴侣》和《停车位》这两集。几乎《宋飞正传》的每一集都在探讨模仿的主题，不是因为主人公打算这么做，而是因为模仿欲望是真理，是人际关系的核心要素，杰里·宋飞和拉里·戴维两位编剧在创作这样一出喜剧时，一定已经用直觉捕捉到了这一点。艺术作品越是准确地反映出真正的人际关系，其所涉及的模仿欲望就越多。[16]

除非敌对的一方放弃竞争，否则模仿竞争不会结束。想要理解其中原因，只需要试想一下，把你的死对头踩在脚下到底有多爽就可以了。令人遗憾的是，想要取胜的行为常常会带来失败。它代表着我们在一开始就选择了错误的引领者。用电影明星格劳乔·马克斯的话说："我不想加入任何接受我为会员的俱乐部。"[17] 我们都差不多。

当互为死对头的一方放弃竞争时，他就化解了另一方的欲望。在模仿竞争中，一个东西之所以有价值，只是**因为**对手想要它们。如果对手突然不想要这个东西了，我们也会感到索然无味。我们会去寻找新的东西。

每个人都可能与引领者有着病态的关系。这本书的后半部分是关于如何转变欲望的，这是长期的治疗方法。而短期的解药则是保护自己免受感染。

策略3　对不健康的引领者创建边界

你身边很有可能就有一些不太健康的引领者在影响着你的欲望。他可能是一个熟人或前同事，一个你在社交媒体上关注的人，甚至可能是之前的同学，你一直在关注着他的近况。你需要知道他们在做什么，你很在乎他们怎么想，也关心他们想要什么。

与他们对你施加的影响力保持距离是必要的。不要把精力花在他们身上，不要问他们在干什么。如果你每天都想去检查一遍这些事，控制自己把时间放宽到至少一周后再检查。如果你想每周检查一次，那么至少放宽到一个月后再去做。

我的一位朋友是旧金山一家初创公司的早期员工，当时他发现自己与一位才华横溢的同事之间关系非常微妙。公司发展得如此之快，以至有几个月他们不得不几乎昼夜不停地工作才能跟上节奏。如果他的对手在单位群聊里说他加班到晚上 10 点才离开办公室，我的朋友第二天会待到晚上 10 点半，并且让所有人都知道这件事。（这让我想起了早些年在投行的工作，当时没有一个分析师敢成为当天第一个下班回家的人，以免有人认为他们没有努力工作。）

没过多久，我的朋友和他的对手就开始通宵工作了。不是因为工作需要，而是因为他们之间的模仿竞争。每个人都想赢得这场战争的胜利。

最后，我朋友的死对头离开了，成为另一家公司的创始人，还把自己的名字放在了公司名字里。3 个月后，我的朋友也做了同样的事。（当然，他创业是因为看到了"市场的机会"；当然，他在发现机会的时间上要比他的死对头更早。）

几个月来，他每天都关注对方的公司和社交媒体账号。他不会向任何人包括他自己承认，他的一举一动其实都取决于对方的行动。

当他的对手开始购买比特币时，他也不得不购买比特币，以确保对方没有一骑绝尘，把他甩在身后。我的朋友就像是一个只会买指数基金的投资经理，所做的都是确保自己永远不会落后于市场，因为那会很尴尬。人们和引领者之间的关系常常如此。

当比特币泡沫破灭时，我的朋友并不在乎自己的损失，因为大家都犯了同样的错误。

自从他们第一次自己创业以来，已过去了8年。去年的一天，我偶然发现一篇分析朋友当年对手的新闻，并把它转发给了朋友。"嘿，看看托尼（不是他的真名）在做什么。"我说道。令我吃惊的是，我的朋友礼貌地回答："谢谢你发给我这个，我立即删除了它。大约在一年前，我完全摆脱了托尼的束缚，从此之后我完全不知道他在做什么，我想保持这种状态。如果有一天，我们相逢一笑泯恩仇，我可能会释怀，但是现在，我还在苦苦挣扎。求求你，不要再发我这类消息了好吗？"

我很乐意这样做，我的朋友现在也变得更快乐了。

社交媒体是欲望的中转站

我们通常所说的"社交媒体"不仅仅是媒体，它是一个中转站，成千上万的人在那里向我们展示哪些事情应该被追求，用五彩斑斓的事物影响着我们的看法。

特里斯坦·哈里斯，谷歌前任伦理执行官和人文技术中心的领导者，提出在技术上"令人上瘾的设计"是存在危险的。他认为智能手机就像老虎机。两者都通过间歇性可变奖励发挥作用——拉动老虎机的控制杆可以给你一个高度可变的奖励，这会在最大程度上刺激你的神经，让你上瘾；智能手机在做同样的事情，每当你滑动手机屏幕，刷新自己照片墙的信息流时，都不会知道有趣的东西会在什么时候出现。

我尊重哈里斯，他是以人为本设计理念的倡导者，但他忽略了一个根本问题。更好的设计会弱化这种危险，但这只能解决部分问题。

危险的地方并不在于我们的口袋里有一台老虎机，而在于我们的口袋里有一台造梦机。智能手机通过社交媒体、搜索引擎以及餐厅和酒店评论向我们传递了数十亿人的欲望。智能手机的神经成瘾性是真实的，但更可怕的是，我们会对他人的欲望上瘾，智能手机允许我们不受限制地访问任何人的欲望，这是形而上意义上的威胁。

模仿欲望是社交媒体真正的引擎。社交媒体是**欲望的中转站**，它已带着所有的介体来到我们自己的世界中。

我们住在混乱的新生堂内。每个人都必须认真审视这对自己的生活意味着什么，必须好好思考模仿欲望是如何在我们身边出现的，以及我们该如何生活。

这是个威胁，也是个机会。会有新的欲望之路出现吗？我们可以抓住哪些新的机会？怎样做才可以产生能够带来满足感而非毁灭的欲望？这是不论个体还是社会都需要问出并且回答的问题。

接下来，让我们看看模仿欲望是如何在群体中发挥作用的。

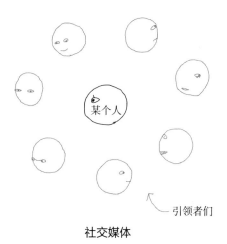

某个人

引领者们

社交媒体

第三章　社会性传染

欲望的循环

香烟测试……斗牛的教训……碰碰车乐园……蚁丘之下

如果人类天然会渴望周围人所拥有的东西，甚至渴望周围人还没拥有仅仅是想要得到的东西，这代表着竞争关系是人类社会关系的核心。这种竞争只要不被打断，就会永久地危及人际关系的和谐，甚至危及任何人类社区的存在。

——勒内·基拉尔

2019 年 8 月，有两个家庭在加利福尼亚的一个水上公园游玩时陷入一场混战，并导致其中一人昏迷。根据当地新闻报道："警方透露，萨克拉门托市的咆哮水域乐园发生了一场争斗。这场约 40 人参与的混战，源于两个家庭对同一条沙滩浴巾的纠纷。"[1] 只是一条浴巾而已。

没有什么比攻击更具模仿性的了。两个人之间先是爆发了一场争论，彼此都认为毛巾应属于自己。然后在几分钟之内，40人就卷入了这场争吵，他们的表现完全一样，在愚蠢和暴力中互相模仿。

这基本上是莎士比亚的戏剧《罗密欧与朱丽叶》的重新演绎。这个故事讲述的不仅仅是一对年轻恋人的悲惨遭遇，也是一座城市的战争悲剧，因为这座城市一步步陷入了模仿的混乱之中。该剧的开场白是"两户人家，两户人家都有尊严"。然而，他们彼此憎恨。最微小的挑衅都有可能煽动传染性暴力，让两个家庭变得更加相似，即使他们认为彼此水火不容。

正如蒂尔在自己的著作《从0到1》中指出的，卡尔·马克思和莎士比亚对人们为什么发生冲突有着截然不同的看法。马克思认为冲突发生是因为人们有着不同的属性和立场。人们之所以争斗，是因为他们占有的物质财富不同，所以他们有着不同的目标、欲望和想法。在这个框架下我们可以预期，拥有相同财富的人彼此之间争斗更少。莎士比亚的观点却正好相反：他认为相似的人才会发生争斗，就像《罗密欧与朱丽叶》中的卡普莱托家族和蒙塔古家族一样。

群体中的人越相似，就越容易被同样的紧张氛围所影响。想象一下，在下面两种情况下爆发冲突的后果。第一种情况是，当你走在城市的街道上，偶然看到两个陌生人正爆发的争吵。第二种情况是，在职业棒球大联盟比赛中，击球手冲上投手丘准备理论一番。在第一种情况下（两个陌生人在街上打架），如果此时有几个好心人路过，可能会试图将他们拉开。最有可能的结果是，没有人会卷入其中。但每个棒球迷都知道，投手和击球手之间的战斗可能会让双方的队员打成一团。

我们将在本章中看到，模仿冲突是具有**传染性**的。它可能导致一种敌对冲突的环境，在这里，每个人都会以牙还牙，冤冤相报，这种动态使人们陷入无休止的冲突循环，这模仿冲突的旋涡将使人无法脱身。

欲望的传播方式和信息不一样：它更像是一种能量的传递。它从一个人身上传到另一个人那里，就像在火爆的音乐会现场或者政治集会上人们之间的那股能量一样。这种能量可以引发一个积极的欲望循环，在这个循环中，健康的欲望获得动力，并引起更多健康的欲望，以积极的方式把人们团结在一起。它也可能引发消极的欲望循环，此时模仿冲突会导致暴力争端和不欢而散。

在新生堂中，人们彼此接近和相似，使得模仿欲望所产生的风险变得很大。在本章和本书的其余部分，我会花很大篇幅为大家说明这种现象。

我们先从意大利开始，来看一个积极的欲望循环案例。这个故事将展示，积极的循环如何让一家拖拉机制造商制造出世界上第一辆兰博基尼超级跑车。我们还将看到积极的循环如何有益于健身、农业发展和创业。随后我们会来到拉斯维加斯市中心，在那里，一位企业家试图像开创一个公司一样建造一座城市，但因为不小心触发了消极的欲望循环，导致模仿的乱局。

对欲望的管理方式（或者没有管理）导致了两个故事截然不同的结局。

兰博基尼 vs 法拉利

费鲁乔·兰博基尼靠制造拖拉机积累了良好的口碑。他认为，对于意大利广大的农民群体来说，这是一份重要而崇高的工作。但是，在他接触了恩佐·法拉利之后，一切都改变了，他像所有成功的商人一样，开始驾驶漂亮的跑车。当兰博基尼坐上他的法拉利，开始欣赏跑车的工艺和动力时，他的内心发生了一些变化。

兰博基尼花了 10 年时间，成为意大利最成功的拖拉机制造商之一。然而，他只花了 2 年时间，就成了世界上最受尊敬的汽车制造商之一。这个故事中最隐秘的部分，是有关欲望的。

一个隐形的赛车手

20 世纪 50 年代末的某个时候，在意大利北部，兰博基尼驾驶着他红色的法拉利 250 GTE 行驶在著名的太阳高速路（米兰-博洛尼亚路段）上，一路上混杂着法拉利技术人员进行实地测试的车流。[2] 这附近的法拉利工厂没有测试轨道，因此，很有可能在某天清晨，一个行驶于此的普通私家车主会在自己的后视镜里看到 10 辆红色法拉利排队跟在后面，然后一个加速呼啸而去。驾驶这些跑车的人是世界上技术最好的车手，他们通过将车开到性能的极限来进行测试。

兰博基尼跟在车流中，等待着法拉利的测试车手。一旦发现他们，他就从私家车的队伍中开出来。他的轮胎一个转向，然后抓住路面，车快速向前推进，加速度把他钉在座椅上。很快，他的老款法拉利就会加入新鲜出厂的测试汽车队伍中。

法拉利车手毫不费力地在车流中穿梭，用专家级的离合器控制系统，测试着新机器的扭矩和操控性。兰博基尼混在车流中戏耍他们，一分钟后，他拉开距离扬长而去。其他车手开始追赶他，但他的法拉利时速比那些新车还要快出大约 16 千米 / 小时。

兰博基尼是一个出色的机械师，他为自己的跑车做了一些升级。

在摩德纳和周边，也就是法拉利和兰博基尼的工厂所在地，人们彼此都认识。法拉利的测试车手认出了他。当之后他们在城里看到兰博基尼时，他正在最喜欢的咖啡馆喝着一杯浓缩咖啡，他们问他："嘿，兰博基尼，你对你的车做了什么？""哦，我不知道。"他回答道。

兰博基尼继续捉弄着法拉利的测试车手。与此同时，他的法拉利总是出现问题，对这么昂贵的汽车来说，机械故障似乎太频繁了。即使离合器正常工作，他也不满意换挡时的手感。它经常打滑。

手动变速箱上的离合器在无法按照原本设计的方式向发动机提供动力时会滑动。这通常是驾驶员换挡不当，造成与发动机结合处的磨损导致的。但兰博基尼知道，自己这辆跑车的故障与他的操作技术无关，这是设计缺陷，或者说法拉利的离合器不适合动力如此强大的跑车。

当最初几次离合器出现问题时，兰博基尼把车开到法拉利的工厂去维修，然而刚修完没多久，同样的问题再次出现了。兰博基尼气愤地把车开到自己拖拉机工厂的修理工那里。他们发现法拉利为其87 000美元的豪华跑车，搭配了和650美元的拖拉机同款的离合器。在每次不得不更换配件时，法拉利都收取价格不菲的加价费。跑车需要一个更大、更强的离合器。因此，兰博基尼用工厂里最好的拖拉机离合器取代了法拉利原装的离合器，永久性地解决了这个问题。

在维修过程中，他决定进一步改造汽车的性能，包括配备双凸轮轴的新气缸盖，这增加了进入发动机的气流。新款法拉利的测试车手们无力对抗这个作弊的版本。

兰博基尼欣喜地驾驶着他的大马力、防打滑的改造车，在周围地区出没，出色的驾驶手感和速度让其他法拉利原装车主蒙羞。但这还不够。

他必须让法拉利知道他是如何改造离合器的。

．．．．．．．．．．

　终于，在 20 世纪 60 年代初，兰博基尼有机会和法拉利的汽车制造商当面交锋。

　"你知道吗，今天有个家伙来找我，他在离这儿不远的地方有一家拖拉机厂，"恩佐·法拉利对他的朋友吉诺·兰卡蒂说，"他向我解释说，在他拥有的所有汽车中，法拉利的离合器是最容易打滑的。"[3]法拉利明显很不高兴。在此之前，他一直没有理睬兰博基尼的建议，因为他认为一个拖拉机制造商不值得他花费时间。当他们最终见面时，兰博基尼直截了当，很耐心、略带傲慢地解释了他对自己的跑车所做的改造。没人知道这场会面是如何结束的，但了解兰博基尼的人说，恩佐·法拉利几乎要抑制不住自己的愤怒了。在坊间传闻中，法拉利说："离合器不是问题所在。问题是你根本不知道该如何驾驶法拉利，是你把离合器搞坏的。"[4]可能他想说但没有说出来的一句话是：兰博基尼你还是回去开拖拉机吧。

　用作家肯·凯西的话说："即使并不存在这次会面，随后的事情也是事实。"不管在那次会面中发生了什么，兰博基尼在离开会场时都决心要造一辆高级车。[5]他知道法拉利把他用在拖拉机上的同款离合器标那么高的价格，就是赤裸裸的敲诈。为什么还要费劲和他们沟通呢？法拉利从一开始就没有尊重他。

　在此之前，恩佐·法拉利一直是兰博基尼的外部引领者，远远位于兰博基尼的世界之外。兰博基尼看到了他在市场上的成功，并见证了法拉利成为一代传奇。后者是史上最成功的汽车制造商，没有人敢与他竞争。恩佐·法拉利曾位列名人堂。

　但现在兰博基尼已经与法拉利直接接触了。他们之间的距离不超过一个院子，不管是物理上的距离还是心理感受上的。兰博基尼的工厂距离法拉利的工厂只有约 27 千米。并且他和法拉利一样，建立了非常成功的事业。他是一个百万富翁，开得起法拉利，更重要的是，这辆车在他手里变得更加出色了。法拉利想要的，兰博基尼也开始想要追求了。由于法拉利的影响力，兰博基尼突然发现自己想要一些他从未渴望过的东西：制造出世界上最美丽、性能最好的超级跑车。[6]

情况发生了转变，现在兰博基尼和法拉利同时来到了新生堂。请记住，新生堂是由**直接冲突竞争的可能性**来定义的。足球明星克里斯蒂亚诺·罗纳尔多和利昂内尔·梅西可能是我们大多数人心中的名人堂偶像，但对于彼此，他们不是。法拉利和兰博基尼现在也是如此。由于兰博基尼的成功，他们走得更近了，可以直接展开竞争。

兰博基尼的飞跃

1963 年，兰博基尼在距离他的拖拉机厂只有几千米的摩德纳郊区圣阿加塔-博洛涅塞成立了一家名为兰博基尼汽车公司的新公司。

当时，该地区正处于转型之中。艾米利亚-罗马涅大区因给世界各地输送美味的火腿、帕尔马干酪和意大利黑醋而享有悠久的声誉。到 20 世纪 60 年代初，该地区也成为意大利豪华汽车制造业的中心。玛莎拉蒂的总部设在摩德纳，法拉利的总部就在马拉内洛一条路的路边，摩托车公司杜卡迪也在附近的博洛尼亚。

兰博基尼开始从该地区的工业公司和竞争对手的公司挖走顶尖的工程师。他为他们提供了优越的工作条件和福利，并承诺将把他们的技能用于制造一辆不同于世界上已知的任何一辆汽车的车。在他前往美国和日本工厂考察期间，他为自己的新车和新工厂拼凑出了一幅愿景。同时他在那里研究美国和日本的制造工艺，以便应用和改进这些工艺流程。"我什么也没发明，"兰博基尼声称，"我是从其他人的原点开始的。"[7]

兰博基尼在 1964 年日内瓦车展上向公众展示了他的第一辆车，兰博基尼 350 GT 是历史上第一辆配备 12 缸发动机和双凸轮轴的跑车。1966 年，兰博基尼推出了三浦 P400，它在各方面的性能表现都超出了当时法拉利最好的跑车。

兰博基尼在创办汽车公司 3 年后，做出了一款能让知识最渊博的跑车爱好者都眼花缭乱的跑车。1968 年，就在他生产第一辆车 4 年后，兰博基尼发布了三浦 P400 的继任者——三浦 P400S，它成为品牌的标杆。演艺明星法兰克·西纳特拉和小号演奏家迈尔斯·戴维斯各买了一辆。在埃迪·范海伦的摇滚乐《巴拿马》中甚至可以听到 P400S 的引擎轰鸣声。1968 年，这些跑车的标价约为 2.1 万美元（相当于今天的约 17 万美元）。如今，它们的收藏价接近 100 万美元。

策略 4　用模仿推动创新

把模仿和创新对立起来是一种错误的二分法。

模仿和创新是在探索过程中的共通环节。许多历史上最有创造力的天才，一开始只是选对了模仿对象。

我曾采访五角设计公司的合伙人纳雷什·拉姆昌达尼，他的公司被誉为世界上最具创新性的设计公司之一。他们是哈雷机车博物馆、电视节目《每日秀》的视觉元素和屏幕图像设计，以及"每个儿童一台笔记本电脑"计划等项目背后的创意力量。

"你可以在任何阶段开始创新,"纳雷什告诉我,"我们最开始常常说:'外面有什么?我们可以抄点什么?'真正的创新在创作过程的后期才会出现。"

如果一个人的主要目标是为了创新而创新,他们通常会与领域内的每个人进行一场模仿竞争,这是基于独创性展开的竞争。他们通过贬低所有形式的模仿,用一个标新立异的游戏来吸引眼球。为了与众不同而与众不同,是很多耸人听闻的艺术家和学者背后的主张,他们最突出的特点就是提出古怪的观点,好让自己脱颖而出。

表达谦逊最好的方式不是故作谦逊,而是少关注自己的表现。因此,最有效的创新之路也是间接的。拉姆昌达尼说:"外面有很棒的东西。我们为什么不能从中学到一些东西呢?我们为什么非要另起炉灶创造一些东西呢?为什么不把已经存在的东西作为基础,站在别人的肩膀上面创新?"

《像艺术家一样偷师》一书的作者奥斯汀·克莱恩说道:"如果我们摆脱了试图完全原创的负担,就可以停止从无到有的尝试。我们可以拥抱那些大家喜闻乐见的东西,而不是逃避它们。"[8]

要明白什么时候该去模仿了。

有很多兰博基尼的工程师都是从法拉利聘请来的,三浦系列的成功让他们更加大胆。他们恳求兰博基尼能够允许他们生产一辆真正的赛车,在赛道上与法拉利硬碰硬。他们相信自己的工程能力将取得最终胜利。

但兰博基尼不同意。

从斗牛表演中领悟的教训

兰博基尼一生痴迷于斗牛表演，他能理解其中涉及的心理要素。

在一场斗牛表演中，斗牛士靠技巧和心理而非力量来让斗牛屈服。整场战斗分为 3 个阶段。首先，斗牛士通过挥舞披风来摸清楚公牛的习性和行为。其次，斗牛士和他的助手们将锋利的长矛刺向公牛的肩膀，不断折磨它。最后是杀死猎物，当公牛精疲力竭之时，斗牛士手执利剑干脆利落地杀死猎物。

模仿竞争的本质与斗牛表演相似。在斗牛表演中，斗牛士决定了公牛的行动。他通过挥舞红色斗篷引导公牛冲锋，直到愤怒的公牛以为自己的攻击就要成功了，他才在最后一秒把斗篷拉开。[9]

公牛就像西西弗斯，那个在古希腊神话中骗过众神的人。在他死后，宙斯向他降下惩罚，命令他把一块沉重的巨石推上山。但巨石被施了法，每当西西弗斯马上就要把它推向山顶时，巨石都会滑落下来，西西弗斯只得从头开始——这是一个永远无法完成的任务。

在模仿竞争中，你的对手就像宙斯或斗牛士一样。对手决定了你下一步想要什么，追求什么目标，晚上睡觉时会怎么想。如果你没有意识到这一点，这个游戏会让你精疲力竭，甚至更糟。

法拉利给了兰博基尼制造超级跑车的欲望。兰博基尼冲锋在前，他成了一个强大的对手。但他拒绝一直战斗到底，他知道这**没有尽头**。毕竟，竞争从来不是关于汽车的问题，而是关于荣誉。

兰博基尼并没有为扭曲的欲望埋单，这种欲望会导致人们在无休止的战争中寻求满足。基拉尔解释了这样的悲剧："一个人相信石头下藏着宝藏，并因此出发，"这是他在首部著作《欺骗、欲望与小说：文学结构中的自我与他者》中写的例子，"他翻开一块又一块石头，但什么也没发现。他厌倦了这件徒劳无益的事情，但宝藏太珍贵了，他不想放弃。于是他开始寻找一块重到无法举起的石头——他把所有的希望都寄托在那块石头上，他会把所有剩下的力量都浪费在这块石头上。"[10] 兰博基尼选择了不这样做。

"我拒绝建造它，"兰博基尼指的是赛车，"不仅仅是因为我想避免与法拉利打架。这是一个与我作为父亲的角色有关的选择。当我开始制造汽车时，我儿子托尼诺已经 16 岁了，我确信他无法抗拒竞争的诱惑。"

兰博基尼似乎认为竞争有可能给企业家的职业生涯带来危险，也许能带来一定的好处，但如果你不能时刻对它保持警惕，就会演变成坏事。他补充称："这种担心让我随后在公司章程中加入了一项条款——禁止参与（赛车）战争。"[11]

兰博基尼采取了具体措施，以减轻竞争的负面影响。这些措施把他从公牛的死亡命运中拯救出来。

在托尼诺提供的关于他父亲的故事中，兰博基尼在自己的葡萄园里平静地度过了生命中的最后 20 年，有时他会亲自接待来参观他庄园的客人。托尼诺还分享了一个生动的细节：每次参观即将结束时，他的父亲总是将游客带到主屋附近的一个普通的建筑前，这里很容易被误认为是一个废弃的谷仓。大门旁边挂着一个小木牌，上面写着：我生命中的 40 年。

谷仓内收藏了兰博基尼最令人印象深刻的作品：他最稀有的和最好的兰博基尼汽车、拖拉机、发动机以及零部件模型。兰博基尼带着他的游客穿过谷仓，在每一个收藏品前驻足，回顾他生命中的峥嵘岁月。这场谷仓之旅以兰博基尼向客人演示一个独特的香烟测试而告终。

此时，兰博基尼会打开其中一辆车的引擎盖，并点燃一支香烟。深吸一口后，他将香烟直接放在发动机的气缸上头，提醒来访者留意。然后，他跳进汽车的驾驶座，把脚踩在油门上，直到他把发动机一直加速到 6 000 转 / 分钟，迫使大量的空气进入气阀，这相当于 1 000 名吸烟者同时抽着一根烟。汽车轰鸣，发动机剧烈旋转。但是，香烟几乎没有移动分毫，它迅速燃尽了。这辆汽车完美的机械装置平衡了成千上万个运动部件，使得汽车即使处于高速行驶状态，也几乎没有什么晃动和响声，甚至可以说它能够在运动中保持静止。

兰博基尼兴奋地进行着他的表演，直到香烟变成一堆灰烬。然后，他会跳下车，大手一挥，把灰烬扫走。

费鲁乔·兰博基尼于 1993 年意外去世，享年 76 岁，但兰博基尼汽车公司一直延续到今天。2019 年，其公司的销售额创历史新高。然而，兰博基尼汽车还是进入了赛车业务——对于继任的掌舵者来说，这个诱惑是无法抗拒的。但是在费鲁乔·兰博基尼时期，这样的事情从未发生。他知道什么时候该踩刹车，并利用他的精力去创造新的机遇。

竞争在一定程度上是好事。关键是要知道临界点在哪儿，并把资金投入最有价值的事情中。

我们即将看到这个项目如何发展出兰博基尼曾极力避免的结果。但先来快速地了解一下欲望的传播与信息的传播有何不同，以及为什么它传播的方式很重要。

模因和模仿欲望

为什么支付 20% 的小费在美国餐馆是常态，而在欧洲并非如此？为什么日本商人见面要鞠躬而不是用握手的方式来问候对方？为什么有些组织内部有着极其晦涩的黑话，甚至可以编成手册，而另一些组织却没有？（为什么在商业世界，人们会创造出这么多黑话？）在所有这些案例里，模仿似乎都起着很重要的作用。

1976 年，进化生物学家理查德·道金斯在他的著作《自私的基因》中创造了"模因"这个词。他试图解释非实体的内容（如思想、行为和语言）在时间和空间上如何传播。他称这些东西为模因：通过模仿过程在人与人之间传播信息的文化单元。[12]

道金斯的模因理论和基拉尔的模仿欲望理论都认为模仿是人类行为的基础。然而，这两种理论除此之外几乎没有任何共同点。

根据道金斯的说法，模因的工作方式与生物基因相似：它们存在的基础是近乎完美地被传递和复制。偶尔会有变异发生，但一般来说，模因是独立的、静态的和固定的。

根据模因理论，模因通过模仿进行传播，带来了文化的发展和可持续性。根据基拉尔的模仿理论，文化主要通过模仿欲望而不是模仿某样东西而形成。欲望不是独立的、静态的和固定的，而是开放的、动态的和不稳定的。

我们都熟悉模因。它们可以是音乐曲调（比如《生日快乐歌》）、某个流行语（比如"小鲜肉"）、某种时尚（比如领带和高跟鞋），甚至一个创意（"在拉斯维加斯发生的事情只发生在这里"①）。推特这样的社交媒体平台简直是为了传播模因而构建的：每当有人分享或转发它们时，语言和想法都会通过完美的模仿进一步传播出去。

模因不是通过人类的意图或创造力传播的。根据达尔文的进化论

---

① 拉斯维加斯赌城的创意宣传语，改编自斯蒂芬·金的小说《绿里奇迹》里的一句话。

思想，模因经历了一系列的随机突变和选择。（因此，网络迷因①可能不是道金斯所说的模因，因为网络迷因是被人为加工改变的东西。）真正的模因传播更像是病毒。传播模因的个人只是信息传递的载体。你知道是谁创造了第一只彩虹猫②吗？我反正不知道，但这并不重要。

在基拉尔的模仿理论中，情况正好相反。人不是信息的无足轻重的载体，而是欲望的非常重要的介体。我们不关心欲望的载体，而是时刻对创造欲望的人保持关注。我们不是为了模仿而模仿，而是为了区分自己，试图塑造一个相对于其他人而言独特的身份。

人们会通过与别人做相反的事来使自己与众不同，就像我们在前文关于镜像模仿的案例中看到的（宋飞对纽曼的排斥，以及赶时髦的人和流行文化的关系）。为什么有些人戴着"让美国再次变强大"的帽子，而其他人不会戴，尽管他们都认同这个说法？许多人觉得戴着一顶写着"让美国再次变强大"的帽子令人反感，与帽子的红色、款式，以及这句话所表达的含义并不相关。这和创造了这顶帽子的人——特朗普有关。[13]

最重要的是，模因理论忽略了所有形式的负面模仿。在模因理论中，模仿行为充其量是中性的。从模因本身的角度来看，这是积极的东西。而在模仿欲望理论中，模仿往往会造成负面后果，因为对欲望的模仿会导致人们为了同样的事情而竞争，很容易因此产生冲突。

在本章的其余部分，我们将研究模仿的飞轮效应，即欲望的创造性和破坏性循环的运动，这些循环是文化兴衰的原因。这是模因理论所不能解释的。

---

① 指某个想法、信息快速地在网友间传播的现象。——编者注
② Linux（一种类 Unix 的电脑操作系统）环境下的一个小应用，能让命令行呈现出缤纷的色彩。

飞轮效应

模仿欲望往往在两种循环之间交替。第一种是消极的循环，在这个循环中，模仿欲望会导致竞争和冲突。这个循环建立在错误的信念之上，认为其他人有某些我们没有的东西，他们占有了这样东西，导致我们无法再拥有。它来自一种稀缺、恐惧、愤怒的心态。

第二种是积极的循环，在这个循环中，模仿欲望将人们团结在一个美好的愿望下，追求一些共同的利益。它来自富足和相互给予的态度。这一循环改变了世界。人们开始想要一些他们之前无法想象的东西，同时会帮助别人走得更远。

著名作家吉姆·柯林斯在他的著作《从优秀到卓越》中，以一个巨大飞轮的比喻来解释好公司是如何爆发并变得伟大的。

柯林斯让我们想象"一个巨大的金属转盘，水平安装在转轴上，直径约 9 米，厚约 0.6 米，重约 2 267 千克"，我们的目标是"让飞轮在转轴上尽可能快和尽可能长时间地旋转"。[14] 你推了一个小时，但转盘几乎纹丝不动，因为此时重力阻碍了你。3 个小时后，你终于转动了一圈。你并未泄气，继续在同一方向上推。突然，不知什么时候，势头转向对你有利的一面。转盘的重量成为助力。转盘向前推进，5 圈，50 圈，100 圈。

柯林斯说，这就是一个卓越的公司处在积极的自我实现循环中会出现的情况。这并非一个持续改进的线性过程，而是当公司走到一个关键的过渡点时，形势会发生改变，进入自我推动的进程。

欲望的运转原理如同这个飞轮。不论在积极还是消极的情况下，它都以非线性的方式加速。

欲望的创造性循环

1985 年，竞技自行车运动员吉姆·让特创立了吉罗运动设计公司。它成为吉姆·柯林斯在他的后续专著《飞轮效应》中描述的主要例子之一。

20 多岁时，让特在一家体育器材公司工作，他每晚在车库里钻研，随后发明出了一款自行车头盔，这项创举将在之后改变竞技自行车运动的格局。让特发明的头盔有着其他头盔仅一半的重量，而且它有通风功能（当时的头盔几乎没有）。他的头盔在技术上远远优于其他已有的头盔，外观也是最酷的。当时的头盔既不美观，也不实用，是由不透气的聚碳酸酯和泡沫材料做成的半球体。

让特带着他设计的头盔参加了长滩自行车展，并在车展中获得了 10 万美元的订单。只要是认真的骑手，从一开始就可以看出这个头盔不同凡响。让特在自行车展的成绩令人鼓舞，但他需要稳定的订单量才能辞掉现在的工作，全力以赴运作头盔生意。

通过研究耐克，让特了解到社会影响力对运动装备的重要性。如果他能找到合适的影响者，就可以接触一个更大、更忠实的客户网络，并获得稳定的订单量。[15]

在让特还是运动员的时候，就与美国自行车手格雷格·莱蒙德关系很好，莱蒙德在 1986 年成为第一位赢得环法自行车赛冠军的非欧洲车手。莱蒙德符合让特的期待：他是一个以冒险著称的强大骑手，而且他非常英俊。

莱蒙德在 1987 年的一次狩猎事故中受了重伤，这迫使他错过了接下来的两个赛季。就在他疗养期间，《体育画报》还刊登了一篇关于他优秀天赋的重磅文章。自行车爱好者们都盼望着他能在 1989 年环法自行车赛上东山再起。这距离让特在车库里制造出第一个吉罗头盔的原型已经过去 4 年了。此时他的生意也开始好转，但他需要再添上一把火。

让特向莱蒙德推荐他研发的新吉罗头盔，这是市场上第一个塑料壳头盔，同时他向莱蒙德保证，这会让后者骑得更快。他还将公司的大部分资金用来向莱蒙德支付赞助费，他知道如果莱蒙德在比赛中足够引人注目，获得更多媒体直播的镜头，他的赌注将得到回报。万一他赢了呢？

比赛的结果非常令人满意。莱蒙德以领先 8 秒的总成绩赢得了 21 个赛段的比赛，这是该比赛历史上最扣人心弦的一次。数百万人看着莱蒙德在阿尔卑斯山上加速往下冲，他的头盔看起来只有其他骑手头盔的一半大小，同时与其他沉闷的"龟壳"相比，莱蒙德的头盔那光滑的通风口、鲜艳的颜色异常瞩目。吉罗品牌的飞轮获得了不可阻挡的势头。

根据柯林斯的分析，吉罗的商务飞轮是这样运转的："发明伟大的产品——让精英运动员使用它们——激励周末勇士[1]模仿他们心中的英雄——吸引主流客户——随着越来越多的运动员使用这些产品，品牌力量得以塑造。但是，为了保持'酷'的因素，会给产品设定高价，将利润投入创造精英运动员想要使用的下一代优秀产品中。"[16]

柯林斯将他的飞轮概念应用于业务增长。他发现，在伟大领导者的引领下，某些商业模式和流程会积累势能。就像在鲁布·戈德堡机器[2]中一样，一个积极的发展会触发下一个运转环节。

---

① 仅在周末外出参加体育活动的人。——编者注
② 一种构造非常复杂的机械组合。——编者注

我们同样可以把飞轮的概念应用于欲望的运动中。我们有可能最大化利用欲望的动力来建立自己的生活。以健身为例，积极的欲望飞轮可以这样形成：（1）我想开始锻炼，因为我的朋友最近开始了一项新的健身计划，看起来很棒；（2）这让我想吃得更健康，不能浪费我在健身房所付出的努力；（3）所以我会拒绝酒会和布法罗辣鸡翅的社交邀请；（4）结果是我能在一大早起来，充满活力地去健身房，让自己一整天都神清气爽，而不是依赖止疼片、咖啡，或者网红甜点度日；（5）这意味着我能够花更多的时间做富有成效的工作。最终，我让健康成为一种美好的习惯，我很容易就能保持身体健康。做出健康的选择成为我**想做**的事情，而不是我恐惧的事情。

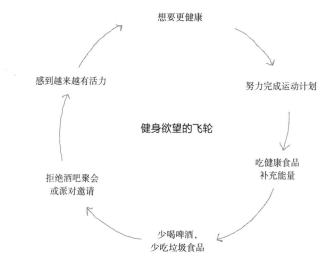

想要更健康

努力完成运动计划

健身欲望的飞轮

吃健康食品
补充能量

感到越来越有活力

拒绝酒吧聚会
或派对邀请

少喝啤酒，
少吃垃圾食品

健身飞轮一开始很难转起来。当然，去健身房是令人生畏的。当你第一次开始锻炼时，一定是痛苦的。改变发生在难以察觉的过程中。如果你持之以恒地推动它，飞轮会开始转动。最终有一天，当你早晨醒来时，会对锻炼充满期待。此时良好的势能已经形成。

如果你在飞轮的外缘挑一个点，并追踪它的运动轨迹，你的视线也会随之开始转圈。每一步不仅仅是序列中的下一步，也是它之前所有步骤的必然结果。根据柯林斯的说法，飞轮之所以转动，是因为它已到了**不得不动**的程度，你只能顺势而为。

吉罗遵循这个逻辑。如果你生产出了卓越的产品，精英运动员就会不禁想穿戴试试。如果你成功让精英运动员使用了你的产品，就会自然而然吸引到主流消费者的注意。如果你吸引了主流消费者的注意，就会顺势建立品牌力量。一旦你拥有品牌力量，利润就必然会提高。

飞轮效应有好有坏。再生农场遵循正飞轮效应。这类农场是为了土壤的健康而建的。飞轮的工作原理是这样的：植物在良好的土壤中达到最好的生长效果，所以你提高了植物的生物多样性；更健康的反刍动物被吸引而来，动物们吃草，然后排便；土壤变得更加肥沃，使得水和有益的微生物被更好地保留下来，进一步促使土壤变得更富营养，最终增加了整个生态系统的活力。

但也有负飞轮，或者说"厄运循环"，其中负性力量的相互作用，会带来不可避免的失败。一个厄运循环可能像这样运作：一家电子商务公司把注意力从用户服务转移到其他领域，这导致信用卡退款增加，网站评分也变低了。这会使得订单量减少、客户的退货申请增多，销售和库存周转率下降，迫使公司向供应商支付滞纳金；供应商则会收紧信用条件并扣留库存；这时公司会更难关注用户的利益，因为它们只想维持收入。请注意，经过这样一番循环，我们回到了原点，但问题已经被放大了。

这些积极和消极的循环每天都在我们的生活中上演。为了充实飞轮的概念，更利于我们开启积极的循环，让我们回到大约 2 500 年前，了解亚里士多德所说的在生物体组织和系统中存在的一股特殊的力量。

亚里士多德发明了"entelechy"（生命的原理）一词，指一个事物有它内在的发展规律，一种推动它走向**圆满实现自己目标**的力量。

人类胚胎虽然依赖于他人（主要是母亲），但从生命伊始就已经有了一个路线图，只要胚胎得到维持生长所需的条件，它就能发展成为一个完全成形的人类，能够推动自己去实现目标。标准的计算机不具有这种精致的设计：它必须靠组装和编程。它不能组装自己的零件，并成长为一个完全超越自己的版本。但对生命来说，树苗成长为红杉是再普通不过的事情。

理解某些事物具有重要的发展规律，而另一些事物则没有，是理解积极的欲望飞轮的一种方式。包含在其中的规律，能够帮助我们实现最终的目标。一旦你建造了一个飞轮并让它动起来，它就开始有了自己的生命，并开始围绕一个目标进行自我组织。[17]

每个人都必须打造自己的飞轮。例如，你的健身飞轮可能看起来和我的完全不一样。只有那些对自己非常了解的人，才有可能建立有效的个人飞轮。你可能非常清楚地知道哪些事情会增加你未来做出某个行动的可能性，哪些事情会降低。关键是要让你的飞轮有一个明确的目标，然后推动它转起来。

策略 5　开启积极的欲望飞轮

欲望是人对一个路径产生依赖的过程。今天我们所做的选择会影响明天我们想要的东西。这就是为什么我们需要尽可能地找出，当下的行动如何影响了未来的欲望。

首先请认真思考一下，对你来说，一个积极的欲望循环会是什么样子的。从最核心的欲望开始。它可能是花更多的时间与你的孩子相处，或者有更多的闲暇时间，或者写一本书。然后请绘制出一个欲望的系统，这个系统能够自己推动核心欲望实现。

你可以把它写出来。我建议画出一个飞轮，每一步都是一个短句，句子里可以包含"想要"（或"渴求"）这个关键词，并能够用一些连词体现出前后的关联，例如："因此"、"导致"或"使得"。

下面是一个电子商务公司的例子，这个公司为它的客户服务团队建立了积极的飞轮，一举改变了该团队自满和没有动力的现状：

（1）我们希望我们的客服团队有一定的决策权，因此，

（2）客户会觉得他们是在和能够解决问题的人交谈，因此希望继续与当前人员沟通，而不是一直要求找到经理，因此，

（3）整个团队会更有效率，使管理人员能够少花点时间与沮丧的客户交谈，并有更多的时间从事管理团队和项目的工作，因此，

（4）我们可以建立一个自由支配的奖金池，管理人员可以拿来奖励那些果断地做出决定，并帮助客户解决问题的客服人员，因此，

（5）客服团队的成员更愿意主动做出决定。

不是每个飞轮都需要5个步骤，但要确保每一步都能不可避免地推出下一步，以及最后的一个环节能够推导回第一步，形成闭环。

消极飞轮要比积极飞轮更常见。在新生堂时，情况尤其如此，这里的人们有更多的共同点，而且他们很接近。就像温暖的海水是飓风形成的温床，模仿一旦在新生堂蔓延开来，海水蒸发的速度会更快。因为每个人都处于反身性环境中，很快会被模仿的线索吸引。

我在拉斯维加斯市中心探索美捷步的企业文化时，曾经陷入了一个消极飞轮。我对这家线上鞋商的首席执行官谢家华所塑造的很多东西都心生向往。例如，扁平的组织结构、愿意用不同的方式做事。他甚至把古怪塑造成了一种企业文化。但当时我不知道模仿欲望是如何运作的，显然，美捷步的员工也没有人意识到这一点。

欲望的破坏性循环

谢家华希望每个人都很快乐。

"你快乐吗？"在我们刚认识的那天，他便这样问我。美捷步的文化当时广受商业媒体的赞誉。每个人都对这家公司的文化着迷。它被描绘得像威利·旺卡的巧克力工厂，谢家华就是旺卡，一个滑稽的超级富有的创始人，带着一群好奇的孩子参观他的工厂，向他们展示自己如何建立了一个幸福的乌托邦。

小威廉姆斯曾经到美捷步总部参观，并与谢家华交谈。我曾经怀疑公司内是否有世界级的公关人员，但事实证明，他们只是年复一年地提供出色的客户服务，最终得到了回报，并获得恰当的关注。

当美捷步公司刚刚起步时，运营的飞轮看起来如下页图所示。

尼克·斯温穆恩于1999年创立了美捷步，当时他只是想让买鞋变得容易。随着电子商务的诞生，他看到了一个机会，能够让之前痛苦的过程变得更容易的机会。[18] 为了使这个商业模式成立，公司需要提高销售额和客户基数，尤其是客户留存率（持续购买更多东西的客户的百分比），这是盈利的关键。[19] 谢家华最初是该公司的投资者，后来成为公司的首席执行官。2003年初，他和公司元老之一弗雷德·莫斯勒意识到客户服务应成为公司的重点。[20] 到了2004

年，他们又认识到，只有专注于公司文化才能真正实现对服务质量的关注。最终，他们发现了美捷步公司文化的原则应该是"传递幸福"。

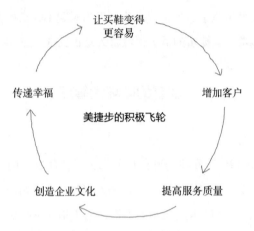

企业文化的原则是为所有相关的人提供幸福：员工、投资者、供应商等。而快乐的人让整个飞轮更容易转动。2008年，该公司的销售额超过10亿美元，比原计划至少提前了两年。

这一成功在很大程度上要归功于谢家华的领导。他对美捷步的工作充满热情，愿意冒巨大的风险让公司起飞，并且让美捷步成为人们由衷愿意工作的地方。

但是当我回首往事时，我发现没有人知道或考虑到模仿的负面影响，它高效地劫持了积极的欲望飞轮，使美捷步成为一个有利可图的公司和一个快乐的工作地点。但变化悄无声息地到来了。没有人觉察到问题，就像温水煮青蛙，没有一只青蛙有从锅里跳出的冲动，直到变成一锅青蛙汤。

回到我和谢家华第一次见面的谈话。

我告诉他我很开心。

"是这样吗？"

"是的，我感觉很好。"

谢家华眯了下眼睛，看起来像笑了。他是一个优秀的扑克玩家，我不知道他这次握着什么手牌。"但是……你**真的**快乐吗？"他又问了一遍。

我想也许我应该抱着他痛哭一场。但我没有那样做，我举起了手。"我想是的！"我说道，伴随着恼火和对自己的不确定，"为什么要这样问？"

谢家华告诉我，他正在读一本名为《象与骑象人》的书，作者是社会心理学家乔纳森·海特。谢家华想知道的是，我是否同意在任何一个时代、任何一个地方，人们所共同追求的一件事就是幸福。

谢家华的逻辑是这样的：只有让客户满意，商业模式才能长期存在，因此，我们越能了解幸福的科学，就越能有效地创立一个成功的企业。至少这在想法上是成功的。

一年后，他以大约 12 亿美元的价格将美捷步卖给了亚马逊。[21]

达成这笔交易后不久，他写了一本书，名为《传递幸福：通往利润、激情和目标之路》。他还宣布启动中心城项目，在拉斯维加斯市中心投资了大约 3.5 亿美元。谢家华计划利用他在美捷步建立的幸福文化，来帮助一个城市。

中心城项目的目标是振兴弗里蒙特街以北的地区。相比于赌博，这片破败的地区更多因阿片类药物成瘾者和卖淫活动而闻名。对于赌徒来说，这块拉斯维加斯市中心的繁华地段就是世界终结之地，没有游客敢冒险前去，除非他们喝了 15 杯冰镇代基里酒。

2010—2013 年，谢家华和他的合伙人花费了约 9 300 万美元购买了约 11 万平方米的土地和建筑，包括空置的酒店、高层公寓还有正苦苦挣扎的酒吧。他们的长期目标是投资这座城市，将美捷步的文化传播给居民，吸引硅谷的优秀企业家，并最终创建一个由企业家驱动的生态系统。

这是一个社会实验，谢家华称之为"城市创业"，目的是建立一座快乐的城市。

把公司出售给亚马逊后，谢家华仍然担任美捷步的领导者，它被允许作为一个基本独立自主的公司进行运作。与此同时，谢家华启动了他的中心城项目。让城市文化融入了美捷步文化，反之亦然。美捷步和中心城项目成为同一生态系统的一部分。

警告的信号从一开始就在响。美捷步的员工告诉我，大家士气低落。因为变化来得太多、太快，包括采用了实验性的扁平化管理结构，这造成了混乱。

中心城项目的情况相同。根据记者内利·鲍尔斯于 2014 年在新闻媒体网 Vox 的爆料，项目启动不到一年的时间，参与这项计划的明星创业者乔迪·谢尔曼，就在他自己的车里开枪自杀了。[22]

谢尔曼去世一年后，奥维克·班纳吉，一个项目关键成员，同时也是拉斯维加斯的第一个"美国创业"①成员，从他高层公寓的露台上直接跳了下来。

奥维克去世后不到 5 个月，美发品牌 Bolt Barbers 的创始人马特·伯曼被发现在自己房间里上吊自杀。

---

① 非营利组织，为青年创业团队和创始人提供培训。

回到新生堂

拉斯维加斯的市中心出了什么问题？美捷步和市中心项目新的扁平化管理结构，造成了没有人预见或考虑过的模仿后果。

据鲍尔斯在爆料文章中引用的消息来源称，奥维克·班纳吉"从来没有一份明确的工作"。"没有人有一份明确的工作，谢家华和这些人说，'出来做事，出来玩乐'，然后当你来到这里时，发现没有任何属于你的位置。"

当焦点从鞋子和客户服务转移到幸福时，模仿对象的数量成倍增加了。你不清楚谁快乐，谁不快乐；到底该模仿谁，不模仿谁；谁是引领者，谁不是。美捷步和中心城项目已经变成了新生堂。

祖宾·达玛尼亚博士在拉斯维加斯市中心经营一家诊所，他也是中心城项目团队的一员，他在鲍尔斯的文章中评论："在一个创业社区里，很多界限都被打破了。人们离开了他们社交的安全港湾。这会产生极大的压力。"

他认为，每个企业家都以为能够主宰自己的欲望，这种自由的错觉是危险的。"创始人是最糟糕的，"他说，"他有一种兰德主义者[1]的感觉，自信地认为自己一定是约翰·高尔特[2]。你可以像你想要的一样获得自由，但很多事情是相互联系的，他们忘记了这点。"

欲望是这个联系网的一部分。当人们否认自己受到周围人欲望的影响时，他们最容易陷入一个不健康的欲望循环，甚至不知道去反抗。

模仿欲望滋生了竞争，而竞争会带来碰撞和冲突。

---

[1] 美国作家和哲学家安·兰德，认为个人的幸福就是其生活的道德目的。

[2] 安·兰德的小说《阿特拉斯耸耸肩》中的男主人公。

每个处于模仿危机中的社区，最重要的一点是失去了多样性，欲望的引领者和模仿者没有被明确地分开，无法生成自己独特的第二种循环（创造性循环）。在中心城项目中，有一个故意设置的环节是使人们更容易发生冲突。在对此没有预期的情况下，这个环节加剧了模仿竞争。

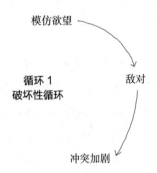

谢家华喜欢使用关键指标来衡量成功率，他称之为"碰撞回报"（而不是投资回报）。据谢家华说，"碰撞"是指两个人之间意外的偶遇，这会带来积极的结果。例如，两位创业者在同一家咖啡店工作，最终建立了合作关系，或者投资人在酒吧痛饮一番后找到了新的投资对象。在谢家华看来，碰撞的回报是衡量文化或社区如何引领价值创造的最佳方式。

"我对偶然性的迷恋始于大学，"谢家华在 2013 年发表于《公司》杂志的一篇文章中写道，"我认为，对大多数人而言，大学是人生中最后一个能够偶然碰到一些重要人物的地方。随着年龄的增长，你开车去上班，每天遇到同样的人，然后回家。只有当人们相遇并分享想法时，最好的事情才会发生。"[23]

他想让拉斯维加斯的市中心更像一座大学，一个新生堂。

但并非所有的碰撞都如预期一样会产生好的结果，如友谊、婚姻和新的商业想法。某些碰撞会导致混乱和无序。

碰撞的回报

　　谢家华鼓励碰撞的策略之一是榨取空间的价值。他想最大程度地增加随机相遇的概率。他和他的同事计划举办一系列音乐会和聚会、黑客马拉松、欢乐时光①、开麦之夜，在奥格登营造了一种大门敞开的感觉。奥格登是拉斯维加斯市中心的一栋高楼，许多美捷步高管居住在这个地方。这里的气氛就像大学宿舍，没人喜欢关上大门，任何人都可以随时冲进别人的房间。

　　一天晚上，我参加了谢家华在顶层公寓举办的以"碰撞"为主题的见面会。我们在一个有硬木地板和落地窗的大房间里，俯视弗里蒙特街的灯光秀。房间里唯一的家具是几十张带连接座椅的可移动课桌，是美国小学三年级会用的那种。在一些课上，老师会经常要求孩子们移动课桌，与其他同学组成小组。而谢家华房间里这些桌子大到适合成人使用，但本质是一样的。每人都有一张自己的桌子。

　　谢家华双手插兜走进房间，叫大家先坐下。他解释说，我们应该尽量在接下来的一个小时里与尽可能多的人见面聊天，这是为创业者准备的"婚恋速配"。我们绕着房间转了一圈，互相"碰撞"，然后开始谈话。他自己坐在一张桌子旁，和我们其他人一起转来转去。

　　我不记得那天我都见到了谁，我只知道，当一切结束，我离开房间时，要比刚坐下时更加焦虑。我现在要拿自己和至少 20 个雄心勃勃的人士做比较，他们中的大多数人住在附近 4 个街区内，剩下的人正计划搬到拉斯维加斯市中心。忘掉那些课桌吧——我们更像是坐在

---

① 酒吧、酒店等地方针对饮食、酒水的打折时段。——编者注

一个看不见的、自我驱动的成人碰碰车里。碰撞一天比一天快，一天比一天更强烈。

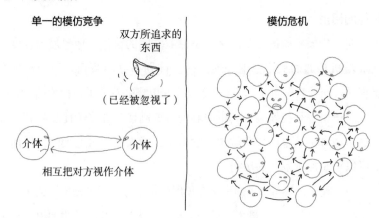

单一的模仿竞争

双方所追求的东西

（已经被忽视了）

介体 ⟷ 介体

相互把对方视作介体

模仿危机

蚁丘之下

中心城项目是美捷步的延伸，美捷步一直被视作一个相对扁平的组织——高管和员工之间几乎没有管理层，但谢家华还想更进一步。

2013 年，美捷步实施了一种新的管理理念，称为"合弄制"。这是三元软件的创始人布赖恩·罗伯逊协助开发的一套管理技术，可以作为"社交技术"和组织的"操作系统"。罗伯逊正在寻找更好的方法来经营自己的公司。他将"合弄制"这个词注册为商标，努力在自己的公司推进这一制度，并在其他机构中进行测试。不久，像美捷步和在线内容分发平台 Medium 这样的大公司也采用了合弄制。

罗伯逊在他的著作《重新定义管理：合弄制改变世界》中描述了他和谢家华如何在一次会议上相识。他刚刚做完报告，谢家华就主动过来攀谈。"美捷步正在成长，"谢家华告诉他，"我们已经拥有 1 500 名员工，我们需要在不失去创业文化或陷入官僚作风的前提下进行规模化。因此，我试图找到一种方法来运行美捷步，让它更像一座城市。"[24] 合弄制就是能帮助他做到这一点的系统。

合弄制以自组织的团队来取代传统的管理等级制度，团队致力于实现特定项目。它的理念是，取消首席执行官或首席运营官等传统头衔，转而选择许多服务于相同组织目的的角色，不同的人可以在不同的时间扮演这些角色。根据组织章程，组织内部的流程会为员工赋予相应角色的权力。

罗伯逊在谈话时告诉我，这样做的部分原因，是将一个人与他所扮演的角色区分开来，以便为组织做出最好的决策。这有助于在任务的关键过程中消除个人的偏狭，但角色与人的脱钩有时会暴露出隐藏的问题。

作为向新系统过渡的一部分，谢家华辞去了首席执行官一职。美捷步以前的管理层级几乎一夜之间就消失了。中心城项目也采取了类似的行动。正如我们后来所看到的，这一切带来了一场模仿危机。合弄制并非像大众媒体描绘的那样，是一个失败的管理系统，但它确实是一个为隐藏的模仿欲望打开大门的系统。[25]

以人为本的经营方式涉及与人的互动，这会带来混乱，也是人性所致。引入与人性格格不入的东西并不能补足人性的缺陷，就像一套组织的"操作系统"并不能规避模仿欲望一样。潘多拉的盒子就这样被打开了。

美捷步已经消除了管理的等级制度，但无法消除欲望的网络，以及人们的欲望必须有人引领的需求。从个人的角度来看，欲望总是有等级的，有些引领者比其他介体更值得关注，有些东西比其他东西更值得追求。我们是等级生物。这就是为什么我们如此喜欢列表和评级。我们需要知道事情如何排列、如何组织在一起。删除一切外在的等级线索会伤害到这个基本需要。

　　当美捷步开始全面推行合弄制，表面上一切可见的角色和头衔都消失之后，它们开始以不同的方式重新出现在地下。[26] "环境变得更加政治化，"记者艾梅·格罗斯这样对我说，她曾在商业新闻网站Quartz上发表过有关合弄制的报道，"人们感到工作不太安全……他们不太清楚如何能保住自己的角色和工作。然而，仍然有一些人拥有至高无上的权力，因为他们与谢家华有着牢固的私交。"这里有一张隐藏的欲望之网，但是没有人能完全破除它。

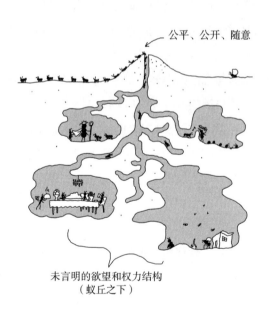

未言明的欲望和权力结构
（蚁丘之下）

　　不知不觉中，模仿竞争的大门被敞开了。当谢家华在2010年出版自己的作品《传递幸福》时，公司的飞轮似乎有了一个新的起点。

在创业早期，"传递幸福"是这个过程的最后阶段。在新版本中，寻求幸福成为整个过程中的**第一步和最重要**的环节。

任何人都自以为是地认为自己可以"给别人带来幸福"，事实上他们甚至无法让自己的爱人更幸福。传递幸福不该是我们的工作，也显然不该是一家企业的工作。

"传递幸福"的任务与以"让买鞋容易"为起点的任务截然不同。它更雄心勃勃，更有意义，但也更危险。

大多数人是通过和别人比较来建立自己幸福的基线的。当飞轮的起点是交付幸福（既包括用户的福祉，也包括企业内的文化），系统围绕着幸福这个模糊的概念旋转，模仿便开始盛行。

当幸福成为一个群体内主导的欲望，而没有人知道什么是幸福以及如何实现幸福时，每个人都会盯着自己身边的人，寻找值得模仿的欲望介体。由于新生堂的每个人都很接近，而且处在一个公平的竞争环境中，这催生了一场针对所有人的冲突。

我看到幸福在这里被当作一个模因来看待，它似乎可以通过一个公式在人与人之间传播或传递。但是幸福不是模因，它不能被传递。人们总是通过寻找幸福的引领者来追求幸福——无论是实现美国梦的人，硅谷的创业者，还是你的邻居。外在的等级只是一个更个人化的系统折射出的可见表面：它是欲望的结构，无形地存在于我们每个人内心中，并通过模仿欲望与其他人相连。

英国作家 C.S. 刘易斯称这个看不见的系统为内圈。这意味着，无论一个人处在人生的什么阶段，无论他多么富有或受欢迎，总有一种欲望藏在内圈中，害怕被显露出来。刘易斯说："这种（在内圈里）的愿望是人类永恒的行动支柱之一。"这是构成我们所知的整个世界的要素，这个世界的完整拼图中包括了斗争、竞争、混乱、贪污、失望和广告……只要你还在被欲望所支配，就永远得不到你想要的。[27]

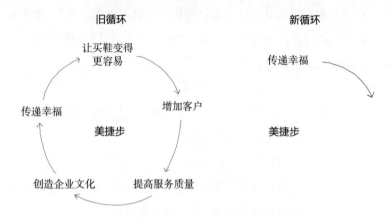

美捷步磨平了刻在外圈的一切可见的标志，但他们忘了还有内圈。

定好价值优先级

谢家华将拉斯维加斯市中心打造成创业中心和幸福社区的计划，本应是一个崇高的项目。它的失败源于对人性的一无所知。

首席执行官、教师、决策者和其他负责塑造环境的人，应该了解决策会如何影响人们的欲望。正如一个城市规划者需要考虑公园、壁画和自行车道对于交通、犯罪率等一切事情的影响一样，一个出色的领导者需要考虑他们的决定对**人类生态**的影响——这是影响人类生活和发展的关系网。在人类生态学方面，模仿欲望被忽视太久了。

我在很早之前的一家公司里犯过一个错误，我认真组建了一支橄榄球队，甚至参加了城市联赛，当时我完全没有意识到它把我们年轻的初创公司分成了几个派系。在工作之余玩得开心和自由交往都不是问题。问题在我，作为首席执行官，我是组织和领导这项工作的人。在我们公司（只有大约 10 个人）的那个阶段，这类想法和组织需要由除我以外的人来做，才不会让人觉得这是自上而下强加的文化期望。我的橄榄球热潮在公司激起了一些对抗，把欲望引向了狭隘的目标上，而不是真正重要的目标。

领导者还应意识到，经济激励并不仅仅是经济激励。如果信号足够强烈，它们就会扭曲欲望，给人们职业生涯的指南针上制造一个"虚假的北极星"。想象一下，一所大学给历史专业的学生发放 1 万美元现金，但任何其他专业都没有。这些现金将扭曲人们对专业的选择。如果几个学生突然意识到他们"想要"成为历史专业的学生，没有人会感到震惊。他们可能真的说服了自己，认为新选择的课程是自我的真实表达。

你现在知道欲望有多么脆弱了。然而，我们一直是这样做的。父母投入巨资，为孩子购买专业的设备和培训，让他们学习一项技能，或者愿意支付某一所大学（或一门特定的课程）而不是另一所大学的学费。孩子们可能并没有足够的心理自由或成熟度，能把他们自己想要的和权宜之计区分开。

有些人会在 20 年后的某一天醒来，想搞清楚他们是如何进入自己的职业生涯的，为什么他们总是在原地踏步。毫无疑问，你可以用经济激励来影响行为，但单靠经济激励并不能解释为什么人们会被某些引领者所吸引。你买不到欲望。当我们资助这些风险时，我们只会产生"谁想要某些东西"的扭曲看法。有时候，那个人就是我们自己。

如果没有明确的价值优先级，营销、金钱和其他介体会扭曲人们的欲望。我在商学院工作时发现，这种现象在商学院的大一学生中非常常见。他们正处于人生的成长阶段。因为我意识到自己会成为他们中许多人的引领者，因此会很小心地发表和某些专业、实习或工作的价值有关的看法，至少我需要提前了解他们自己的想法。当学生在学期开始大约 3 周后来找我，说他们从自己的姑姑、叔叔、朋友或职业顾问那里得到了工作保证：如果选择会计，毕业后就能马上找到工作时，我感到非常沮丧。（虽然我在这里提到的是"会计"，但事实上任何一个专业都有可能。）即使是根本不适合会计专业的学生，也开始猜测他们选择会计专业之后的人生轨迹。这不是他们的错：那个建议他们学会计的人是一位很优秀的引领者。

他们在日常生活中可能就散发着内心的平静感，他们经济稳定，生活幸福。

"会计是你真正想做的吗？"我问。

"我……不知道，"学生说，"也许吧？"

就好像他们在外国吃自助餐，餐厅里有数百种他们从未尝试过甚至从未听说过的食物。他们要做的第一件事，就是跟在一个看起来熟门熟路的人后面，瞧瞧他会吃什么。我们都会这样做。

我会和他们谈谈，询问他们的价值优先级是什么样子，哪些事情对他们更重要，他们是否有 5 条、10 条或 12 条自己的人生信条或法则。

只是告诉我他们关心的所有事情是不够的。他们必须把这些事按某种顺序排列。我要求他们做出决定，并评估不同事情的优先级。古罗马帝国时期思想家圣奥古斯丁称此为"ordo amoris"（爱的秩序）。[28]

价值观和欲望不是一回事。价值观会以克制的方式排列欲望。如果一个爱吃肉的人意识到他的价值观是不再想吃肉，那么当他践行自己的价值观足够长的时间之后，就真的不想再吃肉了。你可以把能想象到的最美味多汁的汉堡放在他面前，但这不会勾起他的任何欲望。

许多人对欲望的排序是无意识的。可能就这么简单：我先照顾最亲近的亲人，然后照顾其他人；我先回复我认识的人发来的消息，然后再回复未经预约的销售的询问；或者如果我今天只有时间打扫家里的一个房间，我就先打扫厨房。

　　不管是否认识到这一点，我们的头脑确实一直以优先级的思维思考问题，这可能影响到我们每天的日程安排，比如选举中不同议题的优先级，甚至是在餐厅点菜的顺序（菜品也有顺序：开胃菜、主菜、甜点）。如果没有帮助形成和引导欲望的价值优先级排序，我们甚至无法开始思考每天要关注些什么，以及需要投入多少精力。

　　大多数公司都有使命口号。这些口号中很多都包含了核心的价值观或一些类似的东西。但很少有企业，不管对内还是对外，明确表达出自己的价值排序。这使得他们很难抉择，当两种价值出现明显冲突时该怎么办，比如保护所有员工的健康和安全该被置于怎样的位置？在新冠肺炎疫情期间，它和保持公司的运营到底哪个更重要？

　　当你必须要在**好东西**之间做出选择时，优先级尤其重要。如果两个东西的价值同样重要，或者你对它们之间的关系没有理解清楚，模仿就成为决策的主要推动力。

　　我的一位大学同学曾说过："我的朋友和信仰对我来说都非常重要。"如果他最好的朋友要在迈阿密的南海滩举办婚礼前的单身派对，时间正好安排在了一个赎罪日，他会怎么做？说两件事都"超级重要"是没有用的。如果没有明确的内心排序，他更有可能根据周围的影响做出选择。他的决定将是以模仿为导向的，而不是以价值为导向。

　　公司在每天的运营中都会面临价值彼此冲突的情况。公司的核心价值观可能既有"包容性和多样性"，又有"建立在信任基础上的关系"。如果公司所处的行业惯例是通过"男人间的社交"进行销售，在小圈子里已经建立了信任，这种情况下，如果在招聘过程中没有更明确地优先考虑包容性和多样性，他们怎么可能聘用一位年轻的女性销售，并鼓励她用不同的方式来建立信任？在没有价值优先级的情况下，招聘经理不知道该怎么做，有可能他们收到的申请中有95%都来自经验丰富的男性。模仿力量将继续主导他们的销售队伍。

策略6　建立和传达清晰的价值优先级

价值优先级排序是模仿行为的解药。如果所有价值观都被视作同等重要，那么赢得胜利的价值观，尤其是在危急时刻，最容易让人模仿。（在新冠肺炎疫情的早期阶段，人们恐慌地购买卫生纸。供应并没有出现问题，问题出在模仿行为上。文化价值观往往受到同样的非理性的约束——人们倾向于恐慌地购买目前对他们来说最重要的东西，而不是做出对公共利益最有利的行动。）

只确定价值是不够的，还需要对价值进行排序。所有价值都相同等于没有任何价值被重视，就好像在书里面把每一行字都加粗，这样根本就找不到重点了。

最好为你的价值观结构构建一个内心的模型（如果你正在恋爱，也需要找到二人的共同价值观），把它写在纸上。如果你是管理者，建议你的公司也这样做。这些排序会随着时间的流逝而改变。但是，通过对你的价值观进行排序，当你必须在复杂情况下做出决策时，就能够权衡利弊，做出符合内心的选择。

请记住，冲突是由相似引起的，而不是由差异引起的。如果一切都同样好或同等重要，冲突的倾向就更高了。不要助长相对主义的暴政，它会让暴君盛行。

　　许多公司缺乏明确、优先的价值观结构，使得模仿欲望能够劫持企业社会责任的概念，并把它变成一个松弛的营销花招。这并不是说承担社会责任所体现出的价值观并不重要。但现实是，人们会感觉到，"社会责任"也变成了一种模仿美德的游戏——人们变得很"社会"，但不够有责任感。[29] 想要避免这种情况，你需要建立自己价值的优先级，并清晰地向他人传达这一点。

　　有些价值是绝对的。你需要识别出它们，确认它们，并且捍卫它们。它们构成了金字塔的底部，或同心圆的中心（这取决于你用什么样的方式描绘层次结构）。[30]

　　在公司的资本结构中，对公司资金的使用总是有优先级的。在初创公司的股权结构表（标明谁拥有决策权，以及获得报酬的分级列表）上可能包含以下几组按优先顺序列出有获益权利的人员组：担保债权人、无担保债权人、优先股股东、普通 A 股持有人、普通 B 股持有人和创始人股票。[31] 如果我们能够参照这个优先顺序明确的人员组名单，列出一个类似的清晰的价值排序，我们的价值观就能告诉我们，什么东西是我们首要的欲望，是我们最起码要做到的。

欲望的崩塌

　　与缺乏优先级的价值体系相比，具有清晰排序的价值体系在危急时刻更有效率。

费鲁乔·兰博基尼有这样的价值体系：保护他的儿子免受赛道上的竞争生活，以及随之而来的伤病或死亡风险，要比不惜一切代价赢得比赛更重要。当模仿逐渐上升到达狂热状态时，兰博基尼做了一件在欲望高峰期很少有人能做到的事情：他辞职了。他之所以能急流勇退，是因为他在用一个清晰的价值观体系检视他的欲望，这有效阻止了它们的失控。

人们只会在亲身经历过车祸后才会考虑车祸的代价。实际上，在欲望的碰撞发生之前，没有人能预见到结果。而对兰博基尼来说，它们是一回事：欲望的碰撞就等于车祸。

谢家华希望最大程度地实现正面碰撞，但他没有考虑到在人内心的隐秘角落里，在模仿的空间中，欲望会发生隐性碰撞。

2020 年 8 月 24 日，《拉斯维加斯评论》杂志证实，谢家华在掌舵美捷步 20 多年后，即将离开这家公司了。[32] 在 2020 年 11 月 27 日，也就是本书英文原版出版前几个月，我得知谢家华在感恩节后的第二天离世了——距离我在他家里与他共进那顿难忘的感恩节晚餐以来，刚好过去 12 年。我敬畏他在自己 46 年的人生中所取得的成就。中心城项目会持续下去，有许多令人钦佩的成果涌现，如独立书商"作家的方格"，以及厨师娜塔莉·杨的餐厅。[33] 不过，在 2015—2019 年，媒体对中心城项目的大部分报道是负面的，其中的一些批评是公正的。但请注意，那些停留在表面上的"管理理论"视角从来说不全真相。

在拉斯维加斯城区，人们对于谁是引领者感到困惑，此时，一个人从人群中脱颖而出，他就是谢家华。尽管他非常富有，你却有可能在中心城项目半径内的任何一家苍蝇小饭店或酒吧里看到他，他和弗里蒙特街相邻街区上刚喝完百威啤酒再玩两把老虎机的赌徒们一样，浑身散发平易近人的气息。

谢家华是个自相矛盾的人物。他真的很希望别人能快乐，但似乎并没有为自己渴求过什么。随着欲望在拉斯维加斯市中心像传染病一样蔓延，谢家华从其他人中脱颖而出。这将是一个巨大的风险，我们会在下一章说到这一点。

你想知道埃及人对他们的猫做了什么吗？

2018 年，一个来自古埃及的石棺被发掘出来，其中有数十只木乃伊小猫。这样的发现至少可以追溯到 1799 年——这可能打破了埃及人是终极猫咪爱好者的神话。真相更加黑暗。

埃及人用他们的猫来做供品、进行献祭，这就是**为什么猫被认为是神圣的**。在模仿理论中，混乱与秩序、暴力与神圣之间有着近乎不可分割的联系。不论是古埃及献祭猫的牺牲仪式，还是今天解雇主教练和首席执行官的仪式，既是模仿传染病的载体，也是控制它的方式。

下面我将讲述模仿周期的第四个也是最后一个阶段，这是使混乱的欲望成为人类社会中有序欲望的一步，名为替罪羊机制。

第四章　替罪羊机制

一项被低估的社会发明

圣人的危机……安全的代价……
祭典上的替罪羊……自我觉醒与矫枉过正

　　我想知道人类本性的某些方面是不是在竞争性群体的背景下进化而来的。我们可能天生就容易受到暴徒的诱惑……怎样才可以阻止由匿名但有联系的人组成的线上群体突然变成一群卑鄙的乌合之众，就像在人类文化的历史上一次又一次发生的那样？

——杰伦·拉尼尔，计算机科学家和哲学家

　　1977—1982 年，在夜幕的掩护下，珍妮·霍尔泽漫步于纽约市街头，在墙上留下一幅幅极具颠覆性的艺术作品。她称这些作品为"煽动性文章"。这些文章是被印在五颜六色的纸张上的平版印刷画，每幅由整整 100 个单词组成，文字被分成 20 行，均为斜体大写，同时以左对齐的形式呈现。

这些内容来自文学和哲学作品，作者都是无政府主义者、社会活动家或极端主义者。其中一篇的前面几行是这样写的：

为灾难喝彩的人好像苍蝇。
抱团的围观者毫无人性
牺牲别人成全自己
多么地短视！
这种下流的爱好快醒快醒。[1]

20 世纪 80 年代中期，霍尔泽把她的艺术带到了时代广场那面大约 74 平方米的彩色大屏上，作为公共艺术基金"启迪民智"项目的一部分。1982 年，时代广场已经被广告的灯光秀覆盖，是纽约旅游和美国消费文化的罪恶中心。霍尔泽用她"真理"系列的 250 幅作品点亮了这块巨大的板子。这些字是在黑色背景上用白色 LED 灯形成的。其中包含一个短句：

保护我
远离
我的欲望

这条信息与周围狂热的色彩、运动和噪声形成了鲜明的对比。霍尔泽的告诫让来去匆匆的人停下脚步，思考它的含义。

她恳求的保护，是让她远离自己渴求的东西，相信你也能感同身受。我们每个人都有一些欲望，如果按照这些欲望去做事，对自己和他人都是危险的。在社会层面上也是如此：失控的模仿行为使欲望蔓延，并催生出激烈的碰撞。

基拉尔看到，几千年来，人类在模仿危机中拥有一种保护自己的特殊方式：他们将模仿性的仇视，投射在一个人或一个群体身上，并将其驱逐或消灭。仇视起到了团结其他所有人的效果，同时为他们的暴力提供了一个出口。他们想要保护自己免受模仿欲望的折磨，而这个愿望把他们带入另一种冲突，使得欲望之火烧向特定的人，激发其余人想要征服对方的意志：必须有人先成为所有人的敌人，他是一个无法反击的人，一只替罪羊。

神圣的暴力

基拉尔看到了模仿欲望和暴力之间的密切联系。"暴力是一种传染病，在世界各地开花结果，"他在自己的著作《丑闻经过的人》一书中写道，"一件事接着一件事，暴力总在重演，非常明显，因为它们都是相互模仿的。"[2]

复仇的循环是如何开始的？模仿欲望打开了这个魔盒。"我越发认识到这一点，"基拉尔在这本书中继续写道，"现代个人主义呈现出一种对事实的绝望的否认，即通过欲望的模仿，我们每个人都试图将自己的意志强加给自己的同伴，虽以爱为名，但更多的却是轻视。"[3]这些人际间的小冲突是威胁着整个世界的大冲突的缩影。而先于世界毁灭的，是我们的家庭、城市和组织。

19 世纪的普鲁士将军兼军事理论家卡尔·冯·克劳塞维茨所著的《战争论》一书，是许多军事学校的必读书目。基拉尔认为克劳塞维茨注意到了大多数冲突的模仿性升级。在《战争论》一书的开篇，克劳塞维茨便设问："什么是战争？"他用书中的其余部分回答了这个问题："战争不过是更大规模的决斗。"[4]

战争是模仿竞争的升级版。那它的终点在哪里？

在人类历史的大部分时间里，战争有明确的赢家和输家，它们的身份通过正式程序得到承认，例如签署和平协议等仪式，当一方承认失败时，冲突就会结束。在今天则不然，恐怖组织可以从一个群体内部涌现出来，并且当其任何成员受到打击时，会像断了头的九头蛇一样重生甚至更加强大。在一场战斗人员伪装成普通公民的战争中，怎么可能有一个明确的结局？基拉尔认为，我们已经进入了一个危险的历史新阶段，克劳塞维茨所说的"升级到极端"的时机已经成熟——冲突中的每一方都希望摧毁另一方，这加强了另一方的暴力欲望并使之升级。

看来，即使在克劳塞维茨的时代，也就是在一战之前，战争就已经走向极端。有些东西已经彻底改变了。没有任何缓冲器或刹车系统，能够控制战争破坏的程度和范围。我们能在今天的世界中看到政治言论和立场中的极端化升级。在人类历史上，我们也第一次拥有了足以毁灭自己的技术武器。目前还不清楚有什么机制能有效地阻止极端的继续升级。

这与早期社会有很大的不同，当时的社会会用一种可怕的创新来遏制冲突的蔓延。

在对历史的研究中，基拉尔发现，人类一次又一次地转向献祭，用以阻止模仿性冲突的蔓延。[5]当社会受到混乱的威胁时，他们**用暴力来驱赶暴力**。他们会驱逐或摧毁一个被选中的人或团体，而这一行动会有效防止更广泛的暴力。基拉尔把这种现象发生的原理称为**替罪**

羊机制。

他发现，替罪羊机制将一场所有人反对所有人的战争变成了所有人反对一个人（或一个群体）的战争。它带来了暂时的和平，因为在人们刚刚把所有的愤怒都发泄到一只替罪羊身上之后，会暂时忘记他们的模仿性冲突。

基拉尔认为，替罪羊诞生的过程是所有文化的基础。我们周围的制度和文化规范，特别是像选举和死刑这样的神圣仪式，以及许多文化禁忌，都是为了遏制暴力而发展起来的机制。

在本章中，我们将看到替罪羊机制如何在我们的世界中发挥作用，即使它已经改变了形式，变得更加具有欺骗性。我们将从其神圣的起源说起。

纯洁的代价

《妥拉》① 中记载了古代以色列的一种奇怪仪式。在每年一度的赎罪日，两只公山羊会被带到耶路撒冷的圣殿。通过抽签，其中一只山羊被选择献给上帝，另外一只山羊将被献给阿撒兹勒，一个居住在沙漠偏远地区的堕落灵魂。

大祭司一边将手放在捆绑好的即将献给阿撒兹勒的山羊头上，一边忏悔以色列人所有的罪过，试图象征性地将它们转移到山羊身上。[6] 在祭司做完足够的祷告后，人们会把山羊赶向沙漠，送往阿撒兹勒那里，同时也将他们的罪孽一同驱赶走。这只山羊在英语中被

---

① "妥拉"可被译为"教义"、"教导"等，犹太教称其为摩西律法或《摩西五经》。——编者注

称为"替罪羊"。[7]

不过，制造替罪羊的想法并非犹太人独有。古希腊人有他们自己版本的替罪羊仪式，只是他们牺牲的是人，而不是动物。在瘟疫和其他灾难期间，希腊人会选择一个"pharmakós"（面目可憎之人），一个处于社会边缘的人作为替罪羊，他通常是弃儿、罪犯、奴隶，或者被认为是过于丑陋或畸形的人。

"pharmakós"这个词与英文单词"pharmacy"（药房）有关。在古希腊，面目可憎之人最初是指被视为社会毒瘤的人。人们认为，他们必须通过消灭或驱逐这个人来保护自己。消除毒瘤是对问题的补救措施，从这个意义上说，面目可憎之人既是毒瘤，也是解药。

人们经常在公共场所折磨和羞辱这些人。[8]经过某种仪式，他们经历了亚里士多德所说的"宣泄"过程，这是一种通过参与一些外部事件来释放强烈的情绪或冲动的过程。亚里士多德认为宣泄是悲剧性戏剧的目的。通过观看这类戏剧，观众可以释放一些悲伤和痛苦，从而给这些情绪提供一个安全的出口。

我曾经工作过的投资银行有一位高管，他在我们香港办公室附近的山上，组织了一次有彩弹射击活动的远足。"啊，那真是一场宣泄。"当我们回到办公室时，同事史蒂夫微笑着说。那次彩弹射击并不是单纯的玩乐。史蒂夫知道，这种让我们在几个小时内跑来跑去，用颜料子弹互相射击的活动就像是一种宣泄，使得我们不太可能再在办公室里互相挖苦和羞辱。每个公司都需要自己的宣泄仪式，这是比醉酒的节日聚会更有效的东西。但是今天很少有公司像古希腊人那样公开他们对宣泄的需求。

对于古希腊人来说，面目可憎之人是一个替代品，或者说替身，承担了他们想对彼此做的不光彩的事。有时羞辱仪式会持续好几天。人们需要时间来释放他们的紧张情绪。

仪式结束后，人们会一同对其实施某种形式的驱逐或杀戮。在古希腊城市马萨利亚（也就是今天的马赛），人群将面目可憎之人逼到高高的悬崖边，并聚集在他的周围，封锁所有的逃跑路线。他们最终会把他逼到悬崖之下。[9]

因为消灭面目可憎之人是一个集体的、匿名的过程，所以其中的利益流向每个人。谁是应对这场谋杀负责的人？任何一个人都是，但又都不是。没有一个人会觉得自己有责任，这种想法似乎免除了他们每个人的罪责；与此同时，整个团体都获得了向某人释放暴力而不受到报复威胁的好处。

共谋的暴力总是匿名的暴力。在行刑队实行枪决时，其中一个人的枪有时会被装上空弹，这样就没有人知道是谁射出致命一枪，也就没有人独自承担罪责。[10]

暴民有心理上的安全感，就像在行刑队中一样。"不是我一个人的责任"总是一个很好的辩护理由——至少能让自己心安。

基拉尔在几乎所有古代文化中都发现了替罪羊仪式，只是形式不同而已。替罪羊往往是随机选择的。但是，替罪羊总是被人们认为是异端，会被标记上一些如同外来者的显著特征，用以引起他人的注意。

替罪羊往往被认为是违反群体内正统观念或禁忌的内部人士。他们的行为使他们看起来是对团结的威胁。他们会被看作违反或破坏了维系群体社会纽带的毒瘤，或可怕的外来者。消灭替罪羊是一种让群体重新变得团结的有效行动。

如何利用替罪羊机制？

危机发生　　　　　　人群做出选择　　　　　　处决替罪羊

　　没有人可以避免被当作替罪羊。在模仿危机期间，感知会被扭曲。在新生堂中，人们之间的差异很小，但即使是最小的差异也会被放大。人们会将自己内心深处的恐惧投射到替罪羊身上，而不是去直面危机。

人群中的社会危机"拯救者"

　　当你身处汪洋大海之中时，是不惧怕电闪雷鸣的。但如果你在游泳池里，一旦闪电落到这里，你的安全就堪忧了。名人堂就像是广阔的大海，而新生堂就像一个狭小的游泳池。

　　让我们做一个假设。在日本海岸一个热闹的海滩附近，一个插着电的巨大电器不小心从游轮中被扔了下来。这个高压插座会将数千伏特的电力直接送入水中，但这些电对于在数千千米外的加利福尼亚海滩游泳的人来说是完全无害的，在日本海滩附近游泳的大多数人也不会有任何感觉。[11] 水是电的优良导体，但在太平洋这样的大水体中，电力也会迅速消散。请记住，在名人堂，人们之间保持着足够的安全距离，因此模仿蔓延的风险很低。

让我们再做一个假设。同样的设备掉进了一个大约 6 × 12 米的游泳池里，池子里有 20 个人。这时可能会发生什么？可以说，这和掉在海里的后果完全不同。

下面的故事将说明为什么模仿的传染性在新生堂中有如此大的危险。这个场景纯粹是我想象出来的，也未必完全符合科学规律。我用寓言的方式讲述，是因为它可以更灵活地被用来阐释各种社会现象。游泳池就是新生堂，游泳池里的人陷入了模仿危机，电代表了这个群体给自己带来的紧急而严重的危机，于是模仿病毒在人与人之间迅速传播，使他们无力独立解决这个危机。[12]

这件事得以展开的逻辑是关键——不是指理性的逻辑，而是模仿的逻辑。

场景是这样的。有 20 个大学生，其中许多人已经喝醉了，没喝醉的也差不了多少，这些人进行了一场激烈的水球比赛。这时有一个人稍稍违反了比赛规则，另一个人则以更大的推搡作为报复。两人之间爆发了一场决斗。喊叫声、辱骂声和拳头接踵而来。其他人很快选好边站好队。

在混战中，其中一个人在泳池边上跌倒，不小心用手臂勾住了离泳池只有几十厘米远的电器的电线，这个电器被莫名其妙地放在了泳池边上。他在不知情的情况下将电器拖进了池子里。

我和你一样，在一个安全的距离内观察着这一幕，清醒地知道即将发生什么事情。与日本海滩上的人不同，泳池里的孩子们遇到了严重的麻烦。电流会在几秒钟内，通过水传导给所有的人。每个人都会成为其他人的电流导体。这就是在模仿性暴行中发生的事情。

英语中的"传染"一词来自拉丁语词汇"contāgiō"，意思是"触摸"。在人群中，传染是在不知不觉中发生的。就像在传染病的社区传播期间，没有人知道谁是那个超级传播者。我们不可能确切地知晓这个无形的敌人是何时渗透进群体防线的。在模仿的危机中，没有人会怀疑自己的欲望被感染了。

我们无法预测群体的智慧何时会演变成暴民的暴力。我们也看不到发生在公园一角或隔壁房间里的暴力互动。我们只是一个大系统中的一小部分，没有人在内部可以掌握整体的动态。群体恶行是在迷雾中萌发的。

作家、记者塔-内西·科茨在 2019 年 11 月发表于《纽约时报》的一篇评论文章中描述了这团迷雾。

> 新兴的"取消文化"是一代人的产物，他们出生在一个没有模糊的神话传说的世界中。在这个世界，曾经只是在街头巷尾暗示、怀疑或口耳相传的严重的血腥行为，现在被以全彩的形式直播出来。没有什么是神圣的，更重要的是，没有什么是正当的，尤其是那些宣称要伸张正义的机构。因此，"正义"被群众钳制住了，但这是不够的。现在我们面临的选择似乎是，要么建立一个能够经受住公众监督的维护公平的制度，要么进一步退缩到一团伪装的迷雾当中。[13]

这些醉醺醺的泳池狂欢者，他们曾经因为热闹的玩耍和打斗而团结在一起，现在则因恐惧而再次团结起来。一股电流穿过站在浅水区的温暖身体。他们还有 5 到 10 秒钟的时间可以离开，否则就太晚了，但他们什么也做不了。他们正被恐惧和不知所措所麻痹，目前还没有什么能促使他们采取集体行动。

然后，一个意想不到的救星来到了现场。一个在群架爆发前去买啤酒的人回来了。他不知道刚刚发生了什么，双手拿着冰啤酒，微笑着站在泳池旁，离电器漂浮在水中的地方不远。他甚至没注意到电流正穿过泳池，产生**滋滋声**和火花。

　　泳池里的人看到他们的朋友站在泳池边上，对方很平静、微笑着，而他们自己却面临着死亡的危险。

　　这时，泳池里的一个人用手指指向他。"是他干的！"

　　拿着啤酒的人不知道发生了什么，也不知道自己被指控了什么。但现在泳池中所有人的目光都落在了他身上。

　　第二根手指伸了出来，第二个声音喊道："是他！"然后是第三个："他要杀了我们！"

　　第四和第五个指控很快就接踵而来。

　　指责是危险的模仿。

　　做出第一个指责是最难的。为什么？因为没有任何根据。只有在证据确凿的情况下，我们大多数人才会指责一个人做了真正可怕的事情。但在极端恐惧或混乱的情况下，标准就会改变。一个人在战争地带会比在秩序井然的教室里更容易呈现出邪恶犯罪者的样子。

　　第一个指控，即使是完全错误的指控，也会改变人们对现实的看法。它影响了一个人的记忆和对新事件的态度。而每一个新的指控，都有**更多的模仿对象**。已有指控的数量说明了为什么第二个指控比第一个容易，第三个比第二个容易，第四个比第三个容易。

　　介体可以扭曲现实，正如我们在史蒂夫·乔布斯身上看到的那样。一个模仿性的指控浪潮，即有足够多的人共同确信另一个人有罪，可以在我们眼前改变一个人的命运。我们看不到这些人的本来面目，因为他们是照出我们自己暴力的一面镜子。在我们的故事中，有一个瞬间，站在泳池外面的人就变成了一个怪物、一个谋杀犯，这是对泳池里的人来说的。而这一切都是因为他碰巧在错误的时间出现在了错误的地点。

基拉尔讲述了提亚那的阿波罗尼奥斯那"可怕的奇迹"的故事，以说明模仿行为的转化。[14] 阿波罗尼奥斯是 2 世纪古希腊以弗所著名的医学家，他的故事被希腊作家菲罗斯特拉图记录了下来。当以弗所人无法终结蹂躏他们社区的传染病时，他们求助于伟大的阿波罗尼奥斯。他向他们保证道："鼓起勇气，因为我会在今天阻止疾病的发展。"他带领他们来到一个剧院，那里有一个瞎眼的老乞丐，住在肮脏的居所里。他说："你们要尽可能多地捡起石头，向这个神的敌人投掷。"[15] 阿波罗尼奥斯开出的处方，就是替罪羊机制。在我们看来，他的做法无法结束由明确的生物机制导致的疾病，这似乎很奇怪。但如果我们认识到这是一场模仿危机，一切就会变得更清楚。

在许多古代文献中，生物性流行病和心理性流行病之间的界线是模糊的。基拉尔认为，关于现实性的灾难故事，如瘟疫，很可能是包含了真实事件的神话版本，它的本质其实是社会危机、断裂的关系和模仿传染。

他在费奥多尔·陀思妥耶夫斯基的《罪与罚》中发现了这种现象，主人公拉斯科尔尼科夫"梦见了一场影响人们彼此关系的世界性瘟疫"，基拉尔这样描述。"没有任何具体的医学症状被提及。崩溃的是人与人之间的关系，整个社会都逐渐崩塌了。"[16] 阿波罗尼奥斯和以弗所人的故事像许多古代故事一样，将源自人们自己社区内部的模仿性暴力隐藏在复仇之神和恶魔的神话故事背后。

于是医者阿波罗尼奥斯开出了他的药方：他让以弗所人通过用石

头砸一个瞎乞丐来解决他们的疾病。起初，人们对阿波罗尼奥斯的指令感到震惊，为什么这个伟大的医师会要求他们杀死一个无辜的人？但阿波罗尼奥斯继续哄骗他们。一开始没有人愿意采取行动，但后来，有人将第一块石头扔了出去。

"当其中的一些人开始出手，用石头扔那个乞丐时，"菲罗斯特拉图写道，"这个似乎失明的乞丐的眼睛突然亮了起来，看向他们，眼中的火焰愤怒地燃烧。"以弗所人现在把他看作魔鬼。

在人们用石头砸死这个人之后，他们在石头堆下发现了一只野兽的尸体。这象征着这个乞丐在众人心中所经历的转变。

城邦恢复了和平。以弗所人在发生事件的地方建立了一个神圣的祭坛。毒药已经变成了解药。阿波罗尼奥斯把以弗所人带到了药房（pharmacy），并提供了一剂解药（pharmakós）。

回到游泳池里，那个首先发现并指控嫌疑人的人现在心中充满了愤怒。他鼓起所有的力气，克服了肌肉的麻痹，走到泳池边，走出了水面。

电代表着危险的模仿传染，将泳池里的人捆绑在一起。除非有什么东西或人出现，激活了更强大的力量，否则这群人将一直被困在原地，替罪羊机制就是打破它的力量。

第一个走出泳池的人是其余人的榜样。当他采取行动时，其他人就有了行动的动力和动机。他们不仅被激活，逃离了致命的电流，而且现在还有朋友把他们拉了出来。

（榜样会刺激人们采取行动，有时这有助于突破性的表现。在2012年伦敦夏季奥运会上，有30多项世界纪录被打破，尽管当时有许多科学家认为原本的世界纪录已经代表了人体能力的极限。2019年，肯尼亚运动员埃利乌德·基普乔格在两小时内跑完了马拉松，在此之前，许多人预测这至少在 20 年内不会发生。现在，我们可以期待看到这一极限在部分模仿欲望的影响下被一次又一次地突破。）

当人们走出泳池，身体也从震惊中恢复过来，他们变得更加愤怒了，同时聚集在那个现在被认为是试图电击他们的人身上。

后者越是抗议，越是对其他人的愤怒做出反应，就越是助长他们的愤怒。"我做了什么？"他喊道，"我只是……""不要试图对我们撒谎！"他们叫道。

大家都同意：是那个拿啤酒的人把电器打进了泳池。还有谁可能做到这一点？游泳池外面没有其他人。

这就是这些人根本性的视盲。他们在泳池外面寻找答案，尽管是他们自己在泳池里面的争斗导致电器被卷入水中的。

替罪羊继续试图为自己辩解，但暴徒们把他说的每句话都听成是他们找到了罪魁祸首的证据。他抗议的声音越大，他们的怒火就越大。

暴民是一个具备超级模仿性的有机体，个体在其中很容易失去自主意识。模仿传染破坏了人与人之间的差别，尤其是人与人之间欲望的差别。当你出现在一个集会上时，你想要的东西，可能和你离开后想要的完全不一样。

群体心理学与个体心理学不同。[17] 想一想人们在狂欢舞会中跳舞，在唱片骑师或乐队的摇摆下如同被催眠一般地移动。20 世纪 30 年代末逃离纳粹德国的作家埃利亚斯·卡内蒂在他的代表作《群众与权力》中写到了这种现象，该书于 1960 年首次出版。卡内蒂写道："一旦一个人把自己交给了群体，他就不再害怕它的触碰。在理想情况下，所有人在其中都是平等的，没有任何区别可言……突然间，仿佛一切都发生在同一个身体里。"[18]

在泳池里打架的孩子们没有一个认为自己有暴力倾向。但现在，在酒精和愤怒的作用下，他们准备对拿啤酒的人施以严重的暴力。

当这只倒霉的替罪羊开始意识到自己所处的困境时，他便开始寻找逃跑路线了。但人群正在向他逼近。

这个故事至少有 3 个可想而知的结局。

在第一个结局中，拿啤酒的人被赶出了群体。他不能再在大家面前出现，每一次露面都伴随着嘲弄。他被迫搬到一个没有人听说过这个故事的地方。

第二个结局内含浪漫主义的启发，这根本不是一个现实的结局，但我们仍然可以想象。在愤怒的高潮，所有在泳池聚会的酒鬼都恢复了理智，他们坐在一起，共同起草了一份社会契约。他们认为，很可能就是那个拿啤酒的人不小心把电器打进了水里，因此他们禁止他在今后的聚会中喝酒，并要求他支付每个人相应的医疗费用。

在第三个结局中，其中一个男孩挥舞着拳头，打在替罪羊的脸上，把他打倒在地。第二个人也加入殴打的行列。紧接着第三个、第四个和第五个加入进来。他们的暴力，像所有的暴力一样，似乎是正义的。他们不是在挑起事端，而是在执行正义。在故事的高潮，他们做了不可饶恕的事情：他们举起遍体鳞伤的受害者，把他扔进通电的泳池里。

在所有这 3 种情况下，都是由局外人，也就是唯一在泳池外的人来承担后果。

而在我们的故事中，暴徒选择了第三个结局：他们夺取了自认为是正义的东西。

替罪羊机制在动荡的历史时期最容易发挥作用。在纳粹崛起之前，德国已经在一战之后陷入了经济和社会困境。其他种族灭绝事件，包括但不限于对亚美尼亚、卢旺达和叙利亚的种族灭绝，也是在社会严重动乱的时候发生的。

还有一些不太明显的例子，包括单一的、局部的替罪羊事件。在这类事件中，往往有一个被普遍视为邪恶的人，他或她的死亡以及被驱逐为其他人提供了一种宣泄。人类学家马克·安斯波在他的著作《反向复仇》一书中讲述了这样一个故事：一个人被大兵们包围，被剥去衣服，被嘲弄和折磨，他血淋淋的尸体被拖过街道，并被人吐口水。你认为那是谁？

手机拍下了男子的死亡，人民为此庆祝，之后，利比亚新的过渡领导人宣布："所有的邪恶已经从这个可爱的国家消失了。现在是时候开始一个新的利比亚了，一个统一的利比亚，一个伟大的民族，一个光明的未来。"

那个被处以私刑的男人是利比亚的前任领导人穆阿迈尔·卡扎菲。

几乎所有人都一致认为卡扎菲是一个坏事做尽的恶人。他确实是。但他不可能是这个国家唯一的坏人。过渡时期的领导人声称所有的邪恶都消失了，这是把卡扎菲当成了替罪羊。安斯波指出："他越是有罪，就越能令人信服地代表所有其他有罪的人，并代替他们成为牺牲品。"

替罪羊机制与替罪羊的有罪或无罪无关。它取决于一个社区利用替罪羊来实现他们所期望的结果的能力：统一、治愈、净化、赎罪。替罪羊具有宗教功能。

最小阻力之路

纵观历史，替罪羊有一些共同特点。他们是那些由于某种原因从人群中脱颖而出的人，如果你和别人不一样，就很容易被挑出来。在我们寓言式的泳池聚会故事中，那个去拿啤酒的人不知不觉把自己置于被视为替罪羊的风险之中，因为他是唯一站在泳池外的人。

在现实生活中，替罪羊通常是由于以下某种组合而被挑出来的：他们有极端的个性、神经多样性（如孤独症）或身体异常，使得他们引人注目；他们在社会的地位或价值方面处于边缘位置（他们被认为是系统外的人，比如阿米什人或选择离群索居的人）；他们在某种程度上被视为异类（他们的行为不符合社会规范，无论是生活的方式、性取向还是某种沟通的方式）；他们无法反击（这甚至适用于统治者或国王——当所有人都反对一个人时，即使是最有权力的人通常也无能为力）。或者他们像变魔术一样出现，而整个社会却不知道他们从哪里来，以及是怎么来的，这使得他们很容易被指责为社会动荡的原因。

所有的替罪羊都有将人们团结起来和化解模仿冲突的力量。替罪羊并没有传统意义上的力量，但他有能力将人们团结在一起。一个死囚甚至拥有连州长都无法获得的能力。对于一个处于危机中的家庭或社区来说，似乎只有这个囚犯的死亡才能给他们带来他们所寻求的治愈。因此，囚犯拥有着一种近乎超自然的品质，其他人无法替代。只有他能治愈那些危机。

基拉尔在 1972 年出版的《暴力与神圣》一书中指出，替罪羊的另一个显著特征是，他们的身份会产生不成比例的两极分化，不是国王就是乞丐，还有可能同时是两者。如果一个乞丐被选为替罪羊，他在死前和死后都具有半神般的品质，因为他被看作是实现和平的工具。他有能力带来人们自己无法带来的结果。这就是为什么以弗所人后来在阿波罗尼奥斯让他们用石头砸死瞎乞丐的地方建了一座祭坛，因为那里发生过神圣的事情。

在《暴力与神圣》中，基拉尔解释了《俄狄浦斯王》的剧情，这是一个关于替罪羊国王的故事。[19] 俄狄浦斯是希腊神话传说中底比斯的国王，当时该城遭遇了一场可怕的瘟疫。但究竟是什么样的瘟疫？在底比斯到底发生了什么？真的爆发了传染病吗？

基拉尔认为，我们不应该对这些故事的表面细节如此信任，我们必须看得更深。在他看来，更有可能的是，这座城市陷入了一场模仿的危机，产生了"上千起个人冲突"。[20] 也许真的曾经存在一场瘟疫，或者当时的社会危机本身可能已经是"瘟疫"了。

俄狄浦斯寻找着杀害前任国王（也是他的父亲）拉伊奥斯的凶手，并认为如果他解决了这一罪行，就可以终结瘟疫。

令他惊恐的真相是，是他自己杀死了素未谋面的亲生父亲，还娶了亲生母亲为妻。在底比斯人看来，他一定是造成这场灾难的原因。但这不是很奇怪吗？俄狄浦斯的罪行是社会性的，不是生理性的。他因与母亲结婚而犯了弑父罪和重大禁忌，但这又怎么会带来瘟疫呢？这表明，我们必须看得更深，超越原本的剧情解释。

在故事的最后，俄狄浦斯挖掉了自己的眼睛，和女儿一起流亡。

我们有理由怀疑俄狄浦斯是否犯有他被指控的罪行。他真的带来了一种微生物性疾病吗？当然不是。然而，在基拉尔看来，在替罪羊机制的作用下，历史会被修正。

如果认为只有生活在很久以前的人才会编造这类神话来掩盖历史，那就大错特错了。你有没有注意到，今天的人们有多么频繁地使用有关自然灾害的语言来描述危机的后果？2008 年，美国人遭受了住房债务的雪崩。[21] 著名的对冲基金经理比尔·阿克曼在美国消费者新闻与商业频道上谈到新冠肺炎疫情时说，在公众开始认真对待这种大流行病的几个月前，他就感到**海啸**即将来临。[22] 白宫在 2020 年 2 月 4 日发布的一份"事实清单"暗示，在总统采取行动之前，移民就开始像**洪水**一般涌入该国。（这份文件还写道："特朗普总统已经采取行动，结束'抓了就放'的做法，并阻止涌入我国边境的移民大潮。"）自 2008 年金融危机以来，当我们提到美国政府向处于危机中的银行和其他公司提供金融生命线时，其实是指这些公司获得了**救助**（bailout）。"bailout"是一个起源于海事的术语，指的是用桶从被淹没和下沉的船只上把水舀出去，通常发生在不可预测的风暴或其他事件之后。

危机似乎总是悄然而至，让人震惊。即使我们倾尽所有的现代技术和智慧，也无法预测和阻止它们。我们会不断陷入自己制造的危机中。

这是因为很少有人意识到自己已在某一时刻陷入了一个模仿的行为过程中。大多数人都坚信自己的欲望是独立产生的，但这是幻觉，是浪漫的谎言。而随着世界的金融和技术系统变得越来越复杂，我们的欲望系统也变得越来越复杂。

我们每个人都占据了多个欲望系统，它们往往是相互重叠和交叉的。本书后半部分的一个关键目标，就是培养读者们了解自己处于哪些系统的影响下，以及该如何处理这些系统。

模仿系统至少和现实中的物理系统一样重要。有些人想知道在日本拍打翅膀的一只蝴蝶是否能导致飓风袭击佛罗里达州的海岸（也即混沌理论中的"蝴蝶效应"）；另一些人则想知道俄罗斯的某个人是否能仅通过一个脸书帖子就让美国社会陷入混乱。前者是一个物理系统，而后者是一个欲望的系统。

下文是一个非常简短的故事，因为没有人理解欲望系统，所以每个人都没有认出它。当人们不知道某样东西如何运作的时候，就会用神话般的语言来描述它。这就是神话的作用，我们需要故事来解释无法解释的事情。当人们发现自己身处混乱之中，却不知道它是如何开始的，也不知道自己在其中扮演的角色时，就会指责任何东西，甚至是蜘蛛。

1518 年舞蹈狂潮

1518 年 7 月，在法国小城斯特拉斯堡，一位名叫特罗菲亚的年轻女子开始在街上不受控制地跳舞。历史学家约翰·沃勒在他的著作《舞蹈瘟疫——关于一个非同寻常的疾病奇特、真实的故事》一书中讲述了这一幕。我的故事的版本来源于此书。这名女子的舞蹈持续了好几天，镇民们开始聚集到她周围。沃勒写道："他们看着特罗菲亚的舞蹈一直持续到第三天，她的鞋子已经被血浸透了，汗水顺着她满是疲惫神情的脸淌下来。"[23] 在随后的几天之内，有 30 多人带着同样无法控制的舞蹈冲动上了街。地方首席法官、主教和医生强行将其中一些人送入医院。但是，没人知道这种不正常舞蹈的产生原因和治疗方法。

关于 1518 年舞蹈狂潮起因的讨论持续了几十年。精神错乱和恶魔附身是两种流行的说法。但这两种说法都不能解释为什么看起来是最初的舞者将这种行为传染给她周围的人的。有什么说法可以解释这种社会传染？

自发的舞者开始在整个欧洲的不同城市中涌现。在一些地方，人们只在一年中的特定时间开始跳舞。在意大利南部的普利亚区，每年夏天都会突然出现歇斯底里的舞蹈者，意大利人称之为"塔伦塔蒂"

（tarantati）。大多数人认为这种舞蹈是某种疾病的症状，人们可能是因被狼蛛（tarantola）叮咬而感染，从而想要模仿蜘蛛的动作的。

这个事件接下来开始往奇怪的方向发展，人们为此创造了特定的仪式，并相信跟随特定的歌曲跳舞、遵循特定的舞蹈礼仪，是治愈该疾病的唯一方法。人们会聚集在一个房间里或城镇广场上，围绕在感染者周围并播放音乐，在他们试图按照蜘蛛的节奏跳舞时为他们加油。人们相信，如果他们跳舞的方式让蜘蛛感到满足，这个奇怪的疾病就会消失。

被感染的人，或者叫"塔伦塔塔"（tarantata），具有一种近乎神圣的特质。患有跳舞病的男人和女人本是贱民，是社会灾难和恐惧的根源，但他们也是唯一有能力恢复秩序的人。

但这里面到底有多少真实的成分？

几个世纪以来，没有人能够指出舞蹈病的真正原因。直到意大利文化人类学家和民族精神病学家埃内斯托·德·马蒂诺在 20 世纪 50 年代来到普利亚，一幅更真实的画面出现在世人眼前。[24] 通过与数百名当地人交谈，他了解到，跳舞的人有一些共同点：大多数人都经历过某种创伤。舞蹈的触发因素似乎是一场危机，比如一场没有结果的爱情、一场被迫举行的婚礼、一次失业、过渡到青春期的时刻，或者其他一些扰乱人们生活动态的事情。这些危机通过模仿行为，被扩散到社区中。

这种痛苦似乎是**关系性**的。马蒂诺的作品暴露了隐藏的权力关系、社会紧张和未被承认的欲望危机。

舞蹈病的出现和治疗其实是一种宗教仪式，具有让人们从社会混乱中恢复秩序的作用。蜘蛛成了替罪羊。将蜘蛛的影响从受折磨的舞者身上赶走的仪式可以把大家聚集在一起，进行一种据说可以清除疾病的宣泄式活动。尽管这个仪式很奇怪，但它的作用是保护社区免于更大的社会危机——避免关系的进一步破裂。狂热的舞蹈可以被看作一声警钟，甚至可能是教堂的钟声，预示着是时候让人们聚在一起，驱除他们心中的恶魔了。

虽然舞蹈仪式逐渐消亡，但其文化遗迹仍然存在。流行民间舞蹈塔兰泰拉（tarantella）是今天意大利南部最受欢迎的民间音乐形式之一，它直接取材自500年前驱魔仪式中使用的舞蹈。

为什么意大利南部的人们会对危机真正的原因自欺欺人？声称人们在被蜘蛛咬伤后有"自发的"跳舞冲动，是一个古老版本的浪漫主义谎言。舞蹈是由模仿欲望引起的，它是一种社会传染病的症状，需要一只替罪羊来恢复秩序。在这种情况下，狼蛛就是那只替罪羊。

顺便说一下，狼蛛和大多数蜘蛛一样，只有在受到不断挑衅的情况下才会咬人。它们的毒液会导致轻度肿胀、轻微疼痛和瘙痒。

"正义"的审判

替罪羊是通过模仿机制被选择出来的，这种选择并不客观和理性。

考虑一下古代石刑的做法：一群人向某人投掷石头，直到他死于钝器创伤，这是古代以色列官方记载的死刑形式——《妥拉》和《犹太法典》将其作为对特定罪行的惩罚，但其起源甚至更早。

石刑最早是自发产生的，它发生在我们现在所知的"正当程序"之外。（复习一下现代"程序正义"的概念：一个人在经过正当法律程序之前不得被剥夺任何自由或受到任何惩罚。这一观点源于1215年英国《大宪章》中的书面记录。）

在西方世界，"投第一块石头"这句谚语几乎人人皆知。是什么让第一块石头如此重要？

这句话来自 1 世纪巴勒斯坦的一位拉比，即拿撒勒人耶稣，他出席了世界历史上最离奇的石刑事件。离奇是因为，这件事中的石刑**从未真正发生过**，但我们对它的了解却比其他大多数石刑事件更多。对这个发生在 2 000 多年前的石刑案件有所了解是非常必要的。为什么它如此重要？因为这是一个关于模仿和替罪羊机制的故事。

在这个故事中，耶稣遇到了一个因通奸被抓的女人，她即将被愤怒的暴民用石头砸死。耶稣出面干预："你们中间有谁没有罪的，可以向她投出第一块石头。"

这句话使一切都脱离了原本的轨道。破坏性暴力的循环被打乱了。站在女人周围的男人们开始一个接一个地放下他们的石头，走开了。先是一个，然后是另一个，然后每个人都放弃了。

发生了什么事？为什么扔第一块石头这么难？因为第一块石头是**唯一没有模仿对象**的石头。扔第一块石头的人，往往在充满暴力感的愤怒中行事，给众人提供了一个危险的榜样。正如我们先前在阿波罗尼奥斯和以弗所人的故事中看到的那样，一旦扔出第一块石头，第二块石头就变得更容易。渴望某种东西，尤其是暴力，总是更容易的，因为它首先被别人渴望过。

第一个扔石头的人为众人指明了方向。第二个人强化了这个欲望。现在，人群中的第三个人被两个引领者的模仿力量击中，投下第三块石头，成为第三个引领者。与前三个人相比，第四、第五和第六块石头扔出去是相对容易的，第七块则是毫不费力的。此时模仿的感染力已经形成。扔石头的人不再受制于任何形式的客观审判，因为他们对替罪羊的渴望已经超过了对真理的渴望。

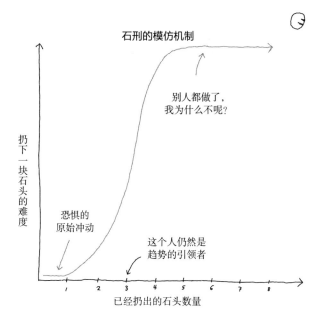

石刑的模仿机制

别人都做了，
我为什么不呢?

扔下一块石头的难度

恐惧的
原始冲动

这个人仍然是
趋势的引领者

1　2　3　4　5　6　7　8

已经扔出的石头数量

愤怒很容易转移和传播。在 2014 年发表的一项研究中，北京大学的研究人员分析了中国微博的影响力和传染力。他们发现，愤怒比其他情绪（如喜悦）传播得更快，因为如果人与人之间的联系很薄弱，愤怒就很容易传播，这是网上的常态。[25]

策略 7　以反模仿的方式做出判断

如果你想在公共场所进行民意调查或投票，那么就不能让人们看到其他人是如何投票的。如果你想获得真实的而不是模仿的反馈，这一点至关重要。模仿的影响力太强了。重要的是要找到方法，让团体中的每个成员通过尽可能独立的过程做出判断，无论是对投资的决定还是法庭陪审团的裁决。

有许多人死于路怒症，据我所知，从来没有人死于"路喜症"。

耶稣用来阻止石刑的策略是剥夺群众的暴力介体，用非暴力的引领者取代它，也即用非暴力的传染对抗暴力的传染。第一个人放下了石头，然后，剩下的人一个接一个跟上。循环一，对暴力的模仿，被转化为循环二，一个积极的模仿过程。

展开哪个循环取决于第一个引领者做了什么。

人们为什么幸灾乐祸

在超过 12 年的时间里，数以千万计的美国人观看了真人秀竞赛主题节目《学徒》，这个节目的每一集在一开始时都火药味十足。节目中的每个人都渴望得到同样的东西：成为胜利者，这将为他们赢得权威人士的赞誉，随之而来的是大众的崇拜。他们每个人几乎都愿意做任何事情来取得成功。

但他们失败了。他们通过互相指责、背后捅刀子，以及背叛来让游戏进行下去。然后，当游戏结束时，他们走进一间巨大的会议室。唐纳德·特朗普坐在一张长桌的中间，皱着眉头。每个参演者都想成为他的下一个学徒，但只有一个人能够获胜。

特朗普任由模仿危机升级，直到它沸腾起来。最后，他用手指着其中一个人说："你被解雇了！"危机得以避免，替罪羊回家了，大家可以继续接下来的比拼了。

与此同时，每当特朗普伸出他的手指并说出"你被解雇了"这句话时，人们对他作为引领者的看法就会更加强烈，因为他知道自己想要什么。

经过十几年的时间，特朗普培养并建立了自己的"大师"地位，以及其他人的"学徒"地位。因此当他成为一个邪教领袖般的人物时，人们并不意外。在共192集的《学徒》（包括收视率更高的《名人学徒》）中，他一心一意地解决了模仿危机，带来了秩序。我们很快就会看到，一个政治家或潜在的政治家要想获得民众的支持，可能没有比解决模仿危机更有效的事情了。像特朗普这样的人扮演的是古代以色列大祭司的角色。

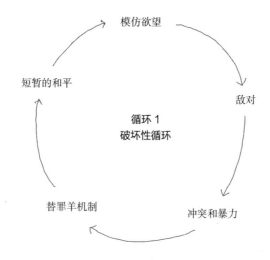

根据基拉尔的说法，替罪羊机制在古代社会是自发产生的。这些社会像举行仪式一样反复地上演替罪羊机制的全过程：先是制造混乱，让模仿危机到达高潮，然后驱逐或牺牲一些象征性的东西（这简直就是今天的真人秀节目的公式）。他们发现，通过宣泄，每个人的灵魂都得到了净化。

仪式因**替代性牺牲**而成功。人类开始意识到他们可以用动物来代替人承受恶果。如今，对动物的献祭又逐渐演变为解雇高管、大规模监禁和社交媒体上的"取消文化"。在满足我们对祭品的渴望方面，人类的聪明才智似乎没有上限。

替代性牺牲已渗透进我们的文化。它们已经进入体育比赛、组织生活、大学教育和文学作品中。

斯蒂芬·金的第一部小说《魔女嘉丽》是一个替罪羊机制脱离正轨的可怕故事。在小说的结尾，那位被欺负的女高中生嘉丽，报复了她的同学。在舞会之夜中受到羞辱后，她用自己的心灵感应能力制造了死亡和屠杀。

在构思这部小说时，斯蒂芬·金思考了他心目中适合扮演主人公的女孩类型。他回忆说："每个班都有一个替罪羊，那个在音乐课上总是没有椅子的孩子，那个后背上贴着'使劲踢我'的纸条的孩子，那个在食堂打饭总是排在队尾的孩子。"他用自己高中班级里"两个最孤独、最遭人唾弃的女孩"作为嘉丽的原型，"她们有着一样的模样，一样的行为，一样的待遇"。根据斯蒂芬·金的回忆，他的这两位同学后来一个在癫痫发作时死亡，另一个在生完孩子后朝自己的腹部开了一枪。[26]

在《魔女嘉丽》这本书中，金的天才之处在于将一个可能的替罪羊变成了一个可怕的人物，她有能力进行报复。而现实生活中的替罪羊并不是这样的。

在雪莉·杰克逊创作于 1948 年的短篇小说《乐透》中，一个村庄每年都会召开抽签仪式，被选中的人会被处以石刑。替罪羊仪式的目的是确保连年丰收，换句话说，是为了维护和平。献祭仪式并不能从字面上给丰收带来神圣的祝福，但它可以解决人类在争夺稀缺资源时的模仿危机。2019 年上映的恐怖影片《仲夏夜惊魂》中也有类似的情节。

威廉·戈尔丁在 1954 年创作的小说《蝇王》中描述了一场模仿危机，发生在被困于偏远小岛的青少年中。其中一个孩子猪崽，一直被要求承担整个群体的罪过，并代替他人受苦。

《饥饿游戏》电影的情节围绕着一个竞技盛事展开，故事发生在一个乌托邦国家"施惠国"中，12~18 岁的男孩和女孩被领导人选中，进行生死较量。游戏将社会中所有的内部冲突集中在少数人身上，他们被迫代表其他人承受暴力。[27]

我不知道这些作家在写作他们的故事时，是否明确思考过替罪羊机制，但这一主题的普遍性引人注目。值得一问的是，它是否指向了一个潜在的真相？基拉尔认为，替罪羊就是历史的真相。

职业体育靠它来吸引球迷。美式橄榄球比赛是一场神圣的仪式，两支球队和他们的球迷群体在其中重演着一场无差别的模仿危机。联盟的结构是为了促进平等：在任何特定的周日，任何球队都有可能获胜。几个小时的赛前分析让开球后的紧张气氛达到高潮。整个赛季就这样在一系列戏剧性的起伏中上演。在最后一场比赛后，输球的球队教练可能会被解雇，有的球员不被续约。美国娱乐与体育电视网会去报道球队内部的戏剧性变化和更衣室的钩心斗角。一旦有人被开除，团队中的瘟神被赶走，球队就可以继续前进，重新获得荣耀。

特雷尔·欧文斯是美国国家橄榄球联盟的明星接球手，在职业生涯的后期，他成为其所效力的每一支球队的替罪羊。在篮球界，大卫·菲兹戴尔是过去 20 年里被作为替罪羊开除的一长串尼克斯队教练之一，他在 2019 年被纽约尼克斯队解雇（任何成为纽约职业竞技队主教练的人都等于签约成为最终的替罪羊）。即使是迈克尔·乔丹和科比·布莱恩特的传奇球队教练菲尔·杰克逊也是作为替罪羊离开的。谁又能忘记史蒂夫·巴特曼呢？在 2003 年全美棒球联赛冠军系列赛期间，这位芝加哥小熊队的球迷干扰了试图在看台附近接球的球员，导致小熊队在比赛最关键的时刻失分。巴特曼不得不因此隐姓埋名，而那颗棒球在 2004 年被一位电影特效专家公开引爆。2005 年，一个餐厅将该棒球的残骸煮沸，收集水蒸气，用于制作意大利面酱。

替罪羊是问题所在，还是问题的解决方案？

希腊诗人卡瓦菲斯的诗《等待野蛮人》讲述了一个处于危机中的社区的故事。因为得到消息，邻国的野蛮人即将发动攻击，人们聚集在城邦的广场上，但野蛮人从未出现过。这首诗的倒数第二行写道："没有了野蛮人，我们该怎么办？"最后一句话是："他们（指野蛮人）似乎是一种解决方案。"

替罪羊的胜利

该亚法是 1 世纪的犹太大祭司，根据基拉尔的说法，他是历史上最伟大的政治家。这个评价并非任何对其道德上的褒奖，只是说明他能够清楚地知道需要做什么来满足任何争端中所有利益相关者的需求，并平息社会动荡。基拉尔认为，该亚法只是将替罪羊机制一直以来的做法付诸政治实践，他将其作为"避免更大暴力的最后手段"[28]。

当耶稣在耶路撒冷被捕时，该亚法组织了一个小型的密谋会议，参与者是大祭司们和代表了宗教及政治的委员会。他们必须想出处理拿撒勒人耶稣的办法。在这个已经很紧张的时刻，拿撒勒人在耶路撒冷制造了更紧张的局势。社会各界都出现了裂痕。有几十个分裂的团体和教派正在形成。耶稣从天而降，他来自一个落后的小镇，生活在社会的边缘，他在打破文化规范，挑战当局的权力。所以该亚法面临的挑战不仅涉及耶稣，更重要的是涉及如何保护整个以色列。

会议召开时，该亚法坐在后面，看着其他人来回走动，他们不断提出各种假设，以及缺乏实质和具体内容的抽象想法，举棋不定。最后他受够了。

"你们什么都不知道！"他喊道，"你们根本不明白，让一个人替所有人去死，要比让整个国家毁灭好得多。"[29]

该亚法可能不知道他所说的这句话的全部意义。基拉尔在他最后的一本书《奋战到底：与贝努瓦·尚特的谈话》中写道："只要我们相信替罪羊是有罪的，这个机制就仍然奏效。但当替罪羊出现时，不会有人意识到他已经是了。"[30]

尽管该亚法不可能想到他的计划就是替罪羊机制的处方，但他一定知道，对一个强有力的象征性人物采取有针对性的暴力，可以有效地平息动荡的人心。杀死耶稣会让人们感到满足，会让他们团结起来，从而防止危机升级。

该亚法的想法赢得了支持。没过几天，耶稣就被钉上了十字架。

该亚法在提出他的建议时，是完全务实的。他建议通过一场献祭仪式来解决问题（增强团结与和平）。这对一个宗教领袖来说完全不意外。"宗教思想的目标与技术研究的目标完全相同，是需要讲求实用性的。"基拉尔在《暴力与神圣》中写道。[31] 他认为替罪羊机制是宗教或祭祀行为的缩影。

基拉尔提出"宗教思维"有实用性目标，并非在以某种方式贬低宗教信仰，他指的是人们在解决问题时所抱有的**献祭心态**。几乎所有人都有一种虔诚的宗教信仰，因为他们在潜意识里相信牺牲会带来和平。

想想看，献祭的想法在我们的心里是多么根深蒂固。如果我们能摧毁另一个政党、另一家公司、那些恐怖分子、那个麻烦制造者、隔壁那个让我胖了 10 千克的快餐店，一切都会好起来的。[32] 献祭似乎总是正确和恰当的。符合我们目标的暴力都是好的暴力，余下的总是坏的。

基拉尔认为，很长时间以来，献祭仪式非常有效，这甚至阻碍了科学进步。他在 2011 年接受加拿大广播公司主持人大卫·凯利的采访中说："我们不是因为发明了科学才停止烧死女巫，而是因为停止了烧死女巫的行为才发明了科学。我们曾经把干旱归咎于女巫，只有我们不再指责女巫，才会去寻找气候的科学解释。"[33]

人性仍然倾向于恢复原始的献祭心态，这种心态塑造了我们的祖先，并使他们陷于暴力的循环。从群体的角度来看，替罪羊机制完全是合理的。因此，当替罪羊成为一种文化所欣赏的神圣中心，当神话和迷信重新成为一种文化的主导力量时，理性就会退居其次。

在基拉尔看来，对替罪羊机制的理解是在犹太教和基督教的历史发展中形成的，既体现在《圣经》故事里对替罪羊清白的澄清，也体现在过去 2 000 年来，替罪羊机制在带来和平方面似乎越来越没用，哪怕是维持表面的和平。犹太教和基督教经文中对替罪羊的描述非常独特。它们的文本与更古老的文本之间的差异是令人震惊的：模仿欲望似乎经过了专门处理，而替罪羊的故事总是从受害者的角度来讲述。这是对传统说法的颠覆，甚至那些非常熟悉这些经文的人，也没有意识到它们有多么不同。[34]

不过，在我们揭示替罪羊机制之前，请注意早在摩西十诫中就有关于模仿欲望的暗示。在《出埃及记》中，第十诫非常引人注目，它似乎直接禁止任何形式的模仿欲望。

> 勿贪邻人的房屋，勿恋他人妻，勿贪他人田庄、仆婢、牛驴等，以及一切凡系他人之物。（《出埃及记》，20：17）

虽然其余的禁止性戒律禁止的是行为，但第十条戒律直接禁止了某种**欲望**。基拉尔指出，通常被翻译为"贪婪"的希伯来语的原意更简单，就是"欲望"。通过欲望的视角，这些圣经故事具有丰富的人类学意义。[35]

但是，如果模仿欲望是普遍的，是我们作为人类的一个组成部分，那么十诫如何能禁止它？第十条戒律禁止了**竞争性**的欲望。上帝禁止它们，因为正如我们现在所看到的，它们导致了暴力。

《圣经》的其余部分读起来就像是这种暴力的演绎，不断伴有警告。在《妥拉》中，替罪羊机制最突出的例子见于雅各的儿子约瑟的故事。约瑟被他的 11 个哥哥卖到埃及为奴，这些哥哥嫉妒他是雅各最喜欢的儿子。这是所有人反对一个人的案例。在任何其他的故事中，比如在我们的泳池派对上，约瑟首先会被指控犯有某些罪行，从而导致他被驱逐和献祭。但在《圣经》的叙事中，每个人都可以清楚地看到，他是完全无辜的。

他作为奴隶来到埃及，想办法摆脱监禁的命运，最终获得了国王的尊重，并拥有了权力。然后同样的事情再次发生。约瑟，这个外国人，被错误地指控为罪犯。然后，他又一次在读者面前被彻底平反了。一次又一次，约瑟其实就是不公正指控和暴力的无辜受害者。

最后，在故事的结尾，约瑟已经成为宰相，权力仅次于法老。他的兄弟们来到埃及，乞求援助，度过漫长的饥荒。虽然他们找到了约瑟，却没有认出他来。

约瑟并不想以牙还牙。他不像大仲马笔下的基度山伯爵那样，小心翼翼地策划着对每一个与他有过节的人开展报复。相反，约瑟宽恕了他的兄弟。不过，他还是给了他们考验。

约瑟陷害了他的兄弟便雅悯为小偷，于是便雅悯被逮捕。约瑟让其他兄弟们相信，他将对无辜的便雅悯施以惩罚。但其他兄弟中的一个，犹大，主动请缨并自愿代替便雅悯受过。这让约瑟看到他们已经改变了。破坏性的循环已经被打破。约瑟被这一行为所感动，向他们透露了自己的真实身份。在这个故事中，约瑟和犹大都拒绝运行替罪羊机制。

基拉尔在《创世记》中看到，替罪羊机制已被揭开了面纱。他将在《圣经》中后续发生的一个特定事件中，看到它被完全揭示。

基拉尔建议每个人，无论他们的宗教信仰是什么（或没有宗教信仰），都要关注耶稣受难时发生的事情。基拉尔主要是以人类学家的身份解读这个故事的。他发现在这个故事里，人类行为的运作方式与他在阅读历史时看到的其他故事不同。

暴徒们试图让耶稣成为他们的替罪羊。但这一机制被彻底颠覆了，这也是它具有如此持久的文化意义的原因之一，即使仅从历史角度来看也是如此。

尽管耶稣被钉死在十字架上，但这没能使一个社区团结起来，一致反对这个替罪羊。结果恰恰相反，这件事造成了巨大的分裂。在很短的一段时间内，这个事件似乎带来了预期的效果。暴民被平息了，秩序暂时恢复了。但在耶稣死后不久，那些熟悉耶稣的一小部分人，站出来宣称他是无辜的，说他还活着。

那些想保留旧的献祭秩序的人，和那些看穿替罪羊机制本质的人之间出现了分歧，前者认为这是一个不公正的献祭机制。

《福音书》的文本与希腊、罗马和其他常见的神话有着根本的不同。在其他神话对一致性暴力的描述中，读者或听众收到的信息是，暴力是因某人有罪而发生的，是对他的惩罚。这是因为替罪羊没能参与故事的讲述。这些故事是站在迫害者的立场上讲述的，他们真诚地相信替罪羊的罪责。[36] 在耶稣被钉死在十字架上的故事中，读者要理解人群的想法，但也**要看到人群的愚蠢**，同时要超越这种意识，最终第一次掌握人类暴力的真相。

我在讲述泳池派对的故事时，用的是一个无所不在的叙述者的视角，我知道那个跑去买啤酒的人是无辜的。如果叙述者是施暴者之一，而不是我，你永远不会知道那个替罪羊其实没有做任何引起人群愤怒的事。你只会听到对这一事件的一种解释，甚至不知道去哪儿寻找另一种解释。每个在泳池里的人都会给出同样的结论：这个受害者是有罪的。

我作为**了解替罪羊机制**的人，以公正的角度来讲述这个故事。《福音书》也是如此。这是人类历史上第一次从受害者的角度来讲述这个故事。基拉尔认为这是一个历史性的转折点——是替罪羊机制开始失去其绝对权力的时刻，这个故事迫使人们正视自己的暴力。人类历史上反复出现的暴力循环的面纱被揭开。[37]

如你所知，这并不代表暴力的终结，但启示会在时间长河中慢慢发挥作用。这一启示是不可逆转的。如果说现代世界似乎正在走向疯狂，部分原因是我们对那些针对无辜受害者的剥削和暴力的发生方式有着超强的意识，但我们根本不知道该如何应对。这就像是我们被告知了一些本不想知道的可怕事情，而且我们无法只依靠自己的力量来解决。而这正是让集体疯狂的秘诀。

我们这些成长于文明时代的人，被灌输了对无辜受害者的关注，以至很容易忘记我们的一些深刻的信念当初是如何形成的。

有些东西一旦被看到，就永远无法不被看到。

自我意识和自我仇恨

"检视我们的历史，多看一看，多走一走，你会发现，我们现代人对受害者的关注，胜过任何地方的任何东西。"勒内·基拉尔如是说。[38] 想想这有多奇特吧。

迄今为止，我们对无辜的受害者有如此之高的敏感度，以至我们每天都能找到新的不公正行为来指责自己。一想到有无辜的人可能被严厉对待，我们就会感到非常不舒服。这种为受害者辩护的热情精神从何而来？

它是否仅仅来自启蒙运动——一种自认为我们已经变得更聪明、更理性，可以从我们自己的高度、启蒙的角度去正确地评判过去的自负？还是说它完全来自其他方面？

基拉尔认为，我们的文化意识来自《圣经》中的故事。这种意识不太可能是通过努力思考而产生的。我们有一个盲点，因为我们是共犯。《圣经》中叙述的事件向我们展示了任何推理都无法达到的效果：受害者的无辜性。

我们就像一个脑袋被插了钉子的人，在大脑中翻来覆去地想是什么导致了自己的头痛，直到有人简单地拿镜子照了照我们的脸。我们的文化在某种程度上被这些故事触动，这些影响对每一个在这样文化中长大的人来说都是成立的，即使你自己并不熟悉这些故事，但它们已经用几千年的时间，深深渗入我们生活的结构中。

西方文化是围绕着对受害者的保护发展起来的。在过去的 2 000年里，用以保护弱势群体的公共政策和法律、经济政策和刑事立法都取得了巨大的进步。民间（而非军事）医院在 4 世纪兴起。³⁹ 中世纪的修道院保护着年老和垂死的人、旅行者和孤儿。这些东西充当了今天我们可能称之为社会安全网的角色。它们保护着受害者。现在，支持生命的运动和支持选择的运动都以自己的方式讲述着受害者的语言。没有哪种语言会比这样的语言更有力量。

许多宗教人士将世俗文化视作模仿的对手。文化战争是一个巨大的模仿竞争，有很多面孔，就像一个有着 1 000 颗头的怪物——任何一方选择从这个竞争中抽身出来都是明智的。

我们所知道的人权发展，部分源于对任何人在适当情况下都可能成为替罪羊的间接承认。在约有 7 500 万人死于二战后，联合国发布了《世界人权宣言》，保护适用于所有人的基本人权，它被翻译成 500 多种语言和方言。《世界人权宣言》的制定，在很大程度上是因为战争期间的无辜受害者数量惊人。

这些发展极大地改变了权力的平衡。以前，大多数受害者完全无力为自己辩护。而在今天，没有人能比被认定为受害者的人具有更大的文化影响力。仿佛地球磁场的两极发生了变化，就像每隔几十万年就会发生的那样。替罪羊机制已经被彻底颠覆，以至出现了某种**反向的替罪羊机制**，即当一个无辜的受害者被确认为受到了残酷的对待时，在这个人周围便会涌起一股支持的浪潮。

最初的替罪羊机制从混乱中带来了秩序，但这种秩序依赖于暴力。而反向的机制则从秩序中带来了混乱。这种混乱是为了撼动以暴力为前提的"有序"系统，直到能采取有效的措施来改变它。2020 年 5 月的乔治·弗洛伊德之死就是一个突出的例子。

很明显，为受害者辩护是一件好事。但同时，它也带来了新的危险。古代宗教中的替罪羊仪式是实用性的，也就是说，它们能够被用来实现或解决某个问题。同样，为受害者辩护也可以被用于实用的目的。詹姆斯·G. 威廉姆斯在为基拉尔最知名的作品之一《我看见撒旦像闪电一样坠落》所写的前言中，试图总结基拉尔在这一点上的思想。"受害者主义利用关心受害者的意识形态来获得政治、经济或精神力量，"他写道，"人们声称自己是受害者，以此来获得优势或为自己的行为辩护。"[40] 受害者现在有能力自己选择新的替罪羊了。

为了防止这种权力成为暴政，一个开放和诚实的记忆是必要的。

古代以色列的先知们被不断地嘲笑和当作替罪羊，他们中的许多人因此被杀害。法利赛人是 1 世纪巴勒斯坦的一个宗教派别，他们敬重那些古代的先知，并为他们建立了纪念碑。法利赛人抨击暴力，一丝不苟地遵守法律。他们声称，如果他们生活在祖先的时代，就不会杀害先知。[41]

然而，他们合谋杀掉了耶稣。

这就是今天活着的人所面临的危险心态，他们回顾纳粹德国、20 世纪 50 年代的美国或更早的中世纪时代的历史，发誓自己不可能参与这种意识形态、种族主义或煽动人心的行为。这正是使替罪羊机制成为可能的原因——认为自己不可能这样做。我们缺乏谦卑的态度，看不到自己其实已陷入模仿的过程。

矛盾的迹象

如前文所述，珍妮·霍尔泽在时代广场的大型广告牌上用她的文字苦苦哀求，"保护我　远离　我的欲望"。它引起了人们的注意，因为它是一个矛盾的标志。通过与周围环境的鲜明对比，霍尔泽的艺术吸引了公众对这条信息的关注。通过它，人们需要对自己的内心进行更诚实的检查。这个信息没有导致竞争、指责和暴力，而是带来了自我反思，甚至是转变。消费文化不一定能决定我们的行为。

耶稣受难的事件同样也位于人类历史的中心，与周围的一切形成鲜明的对比：罗马帝国的政治，对罪犯的暴力处决，以及流行的叙述方式。它促使我们对自己在维持暴力循环中的作用进行诚实的检查。那些新替罪羊们也在敦促着我们，每天都有新的替罪羊产生，如果我们的眼睛能看到的话。

美国作家厄休拉·勒古恩在 1973 年写了一部短篇小说，名为《离开欧麦拉城的人》。故事发生在一个虚构的乌托邦式的"幸福"城市欧麦拉中。没人知道它在哪里，甚至没人知道它处于哪个年代。我们所知道的是，城市的公民们找到了一种方法来构建他们的社会，那就是使所有人的幸福最大化。

所有人的幸福，除了一个人。

在描述市民的一个夏季庆典时，叙述者揭示了一个黑暗的秘密：整个城市的运作，以及所有的幸福，都来源于被囚禁在城市下面的一个孩子被驱逐、禁锢、隔离以及承受的永久苦难。

当欧麦拉的市民到了一定年龄，了解到他们城市的真相时，都感到震惊和厌恶。不过，随着时间的推移，为了城市的幸福，大多数人开始接受这种不公正。

然而有几个市民却出走了。故事的最后，叙述者描述了这几个人出走的目的地。"他们走向的地方是一个比幸福之城更让我们大多数人无法想象的地方。我根本无法描述它，有可能它并不存在，但那些离开欧麦拉城的人，他们似乎知道自己要去哪里。"[42]

全城人都知道有一个孩子被囚禁在城堡下，但只有少数人选择离开。其余的人都妥协了。大多数人都是如此。

"每个人都必须问自己与替罪羊的关系是什么，"基拉尔写道，"我不知道自己与他们的关系，我相信我的读者也是如此。我们只有合法的敌意。然而，（如果我们这样想，那么）整个宇宙都会充斥着替罪羊。"[43]

第二部分

欲望的转化

也许你现在已经能够找出所有的替罪羊，认出每一个敌对的竞争关系，甚至可以嘲笑那些仍然陷在模仿欲望的虚幻阵痛中的人了。但是要小心，替罪羊机制是通过转移注意力来发挥作用的，我们在别人身上看到的越多，就越无法在自己身上看到真相。

当然，我们可以"利用"模仿的欲望，就像我们可以利用其他人的信任、心灵或身体一样。它可能帮助我们发现下一个脸书，成为更出色的社交达人，或者在动荡的股市中赚大钱。

但这将是一场浮士德式的交易，可能让我们陷入竞争之中，并使我们无法看见和追求那些最终能使欲望得以满足的艰苦工作。

小说家大卫·福斯特·华莱士曾经思考过，生活在一个互联网越来越干涉我们生活的世界里，我们能看到越来越复杂的色情作品（如虚拟现实版本），对此，"我们得开发一些真正的机器，放在我们的内脏里，帮助我们处理这个问题"[1]。

这些机器也可能帮助我们更好地应对在 24 小时新闻中看到的图像，应对两极化的政治环境，以及应对其他模仿性的加速器，如消除一切限制障碍的无摩擦技术。

也许我们最终将不得不在自己的头脑中植入一些机器，以抵抗危险的模仿。这代表着我们在某种程度上是"反模仿"的，本书的第二部分将探讨这个问题。

　　这意味着什么？并不是说我们应该（或可以）摆脱模仿的欲望。反模仿并不像纳西姆·尼古拉斯·塔勒布的"反脆弱"——它不仅仅是模仿的反面。反模仿是指有能力、有自由来对抗欲望的破坏性力量。模仿是一种加速剂，而反模仿是一种减速剂。一个反模仿的行动或人，是一个与喜欢随波逐流的文化相矛盾的标志。

　　本书的后半部分是对如何让我们的内心更充实的讲解。这包括如何发展我们自己的能力，以抵制膝跳反射式的社会运动，将自己从震耳欲聋的人群中分离出来，放弃简单欲望的诱惑，渴求更多不同的东西。

第五章 反模仿策略

挣脱欲望系统的牢笼

质疑的欲望……探究源头……勇于放弃

"你在恐惧些什么，公主？"他问。

"囚笼，"她答道，"被困在铁栏之内，直到终老，所有能证明我英勇的机会都不复存在，只剩下苍白的回忆和欲望。"

——《指环王》中的剧情对话

塞巴斯蒂安·布拉斯说："在生活中的某些关键时刻，我们会追问自己一些问题。例如'我过去都做了什么，我今天处于什么位置，我明天想要些什么？'"他是一位著名的厨师，他的旗舰餐厅勒苏奎特尽管地处偏僻，但仍吸引了大量的顾客。

塞巴斯蒂安办公室的窗户能够180度全景式地展现餐厅厨房的全貌。厨房里的工作人员正在为当晚的晚餐服务做准备，但我几乎没有注意到他们。塞巴斯蒂安气势威严，说话很有力度。每当回答我的提问时，他都会首先说明他的回答将包含多少个观点——他用列清单的方式来思考，就像食谱一样。

他想要和我分享职业生涯中的 3 个关键时刻：第一，他的父亲米歇尔·布拉斯于 1992 年在法国南部的欧布拉克高原开了这家餐厅；第二，米歇尔于 1999 年首次获得米其林三星认证；第三，2009 年的某一天，塞巴斯蒂安第一次坐在他现在这把椅子上，这曾是他父亲的位置，标志着餐厅从一代人过渡到下一代。

但现在有了第四个重要时刻。2017 年 6 月，塞巴斯蒂安告诉《米其林指南》，他对他们的评级和意见感到厌倦。这个神圣的、拥有 120 年历史的机构连续 19 年授予勒苏奎特最高荣誉，三颗星。但塞巴斯蒂安主动要求米其林将他的餐厅从指南中删除。

一个人怎么会放弃他一生中都追求的东西呢？

会动的球门

作家詹姆斯·克利尔在《掌控习惯》一书中写道："如果我们不去追求自己的目标，就会把自己交给一个本能的系统。"[1] 从欲望的角度来看，我们的目标就是欲望系统的产物。我们不可能渴求在系统之外的东西。

执着于目标设定是错误的，甚至是适得其反的。设定目标并非坏事。但是，当重点放在如何设定目标而不是如何选择目标时，目标很容易变成自我陶醉的工具。

大多数人并没有对选择自己的目标这件事承担起责任，他们追求的是欲望系统提供给他们的目标。这样的目标往往是引领者为我们选择的，而这意味着目标的球门总是在移动。

设定目标是有一些套路的：不要让目标变得模糊、宏大或琐碎，确保符合 SMART 原则［即 specific（明确）、measurable（可衡量）、assignable（可实现）、relevant（彼此相关）、time-based（有明确期限）］[2]，要契合 FAST 模型［即制定目标要 frequent（频繁讨论）、ambitious（大胆）、specific（明确）、transparent（透明）］[3]，有良好的目标和关键成果[4]，把目标写下来，与他人分享以承担责任。目标设定的方法已经变得非常复杂。如果有人把所有最新的策略都考虑进去，还成功设定了目标，那这一定是出现奇迹了。[5]

不要误会，有些策略可能是有用的。如果我想减肥，制定 SMART 的目标会有帮助。但是，减肥对我来说并不是一件非做不可的事。我为什么要减肥呢？如果我并不胖，想减肥只是因为在网上看到了某个比我更瘦的模特，该怎么办？

人们通过设定目标并制订计划，来到达被称为"进步"的未来节点上。但这是一种进步吗？我们怎么能如此肯定呢？塞巴斯蒂安曾设定一个保持他餐厅的米其林三星评级的目标，并积极地追求着这个目标。直到有一天，他意识到这种追求毫无意义。有些目标原本是好的，但它会过期。

你有没有注意到，目标会成为一个无懈可击的借口？当你想跑一次超级马拉松时，人们会为你的决心鼓掌；当你竞选市政议员时，有人会支持你；当你卖掉自己的房子，然后搬到一辆房车上去住时，太棒了，你活出了自己！没有人会质疑你的目标。

但值得一问的是，目标来自哪里？每一个目标都潜藏在一个系统中。

　　模仿欲望是可见目标背后不成文、不被承认的系统。[6] 我们越是把这个系统暴露出来，在挑选和追求目标时就越难被愚弄。

模仿系统

　　美国的教育体系、风险投资行业、"没论文就走人"的学术界风气，以及社交媒体，都是模仿**系统**的例子：模仿欲望在背后支撑着它们。

　　在美国的中学里，学生们把所有的精力都用来准备有关大学申请的事情上，例如平均绩点、会考成绩和课外活动。许多高中都有100%大学录取率的目标，尽管许多大学生后来觉得他们上大学的投入没有得到回报，甚至最终被债务压垮。

学生们已经忘记了教育系统的目的或终极目标了。[7]当你念五年级时，你清楚地知道自己的目标是升入六年级，然后一直到十二年级，在这期间你至少已经花费了四年的时间，按照精心定义的路线为一个叫作"大学"的东西做准备（你甚至可能请一个大学顾问，根据你的成绩和表现，为你应该申请哪些学校提供建议）。

大学是让目的变得更加不明确的地方。你是为了获得一份好工作，进入研究生院，成为一个能够进行批判性思考的或有文化修养的人，还是成为一个好公民？当我作为一名本科生开始在纽约大学斯特恩商学院学习时，并不知道自己上大学的目的。所以我做了什么？我环顾四周，看看其他人在做什么，他们看起来都有所追求。华尔街看起来是大家共同的目标。于是我为之奋斗，并得到了自认为想要的东西。从那时起，我便开启了自己作为高级 Excel（电子表格软件）和 Power Point（演示文稿幻灯片软件）"纺织工"长达 15 年的悲惨生涯。

传统的风险投资是在一个模仿系统中运作的。投资人需要超常的投资回报来证明他们所承担的风险是合理的。许多人只资助那些有可能在 5～7 年内让他们获得 10 倍投资回报的公司。出于对这一期限的考虑，风投人更青睐能够迅速扩大规模的技术公司，而不是那些可能增长稳定但在二三十年内只能逐步增长的传统行业。他们在寻找的是开袋即食的方便面，而不是做工烦琐的意大利海鲜饭。

风投人这种要求快速见效的投资需求，使得科技行业对创业者更具吸引力。一个模仿性的系统正在形成。它不仅会受到经济激励和财务回报的驱动（这无疑是一个因素），由合适的风投人提供资金本身就能带来更多的声望和认可。让这类人投出支票，就相当于米其林给餐厅授星。而对于风投人来说，投资一些有吸引人的想法的公司，和能够抢占头条的创始人，也是有利可图的。

社交平台因模仿而兴盛。推特通过显示每个帖子被转发的次数来鼓励和评估模仿行为。人们越是对模仿竞争欲罢不能，就越有可能使用脸书，他们能够追踪自己的"死敌"每天发了什么动态，并发表评论。

一个社交平台上的模仿力量越大，人们就越想使用它。如果社交平台为模仿行为建立更多的阻力或缓冲机制，就会降低用户参与度，最终减少收入。因此，这些公司有强烈的经济动机来**加速**模仿行为。如果两个人在社交平台上争论不休，把其他人也吸引到这场争斗中，不难看出平台才是背后的赢家。

欲望的系统，无论是积极的还是消极的，都无处不在。监狱、修道院、家庭、学校和朋友圈都是作为欲望的系统在运作。而当一个强大的模仿系统存在时，它就会一直存在，直到被一个更强大的系统所破坏。[8]

很少有人体验过法国高级菜肴的模仿系统，但它可以为我们带来启示。让我们来看看大厨塞巴斯蒂安·布拉斯是如何进入这个系统，又是如何从中脱身的。

被围观和被评价

塞巴斯蒂安的餐厅勒苏奎特位于法国拉吉约勒郊区一个风景如画的山坡上，离它最近的三个主要城市（克莱蒙-费朗、图卢兹和蒙彼利埃）各需约 2.5 小时的车程。尽管如此，该餐厅在午餐和晚餐时从未出现过空桌，连那些位于巴黎闹市区的米其林三星餐厅都做不到这一点。

拉吉约勒小镇位于欧布拉克地区，这是一片花岗岩高原，横跨法国中南部大约 1 300 平方千米的土地。该地区拥有全法最丰富的植物和野生动物种类。同样令人钦佩的是该镇的手工刀具、漫山遍野的壮实又端庄的欧布拉克牛，以及用这些牛的牛乳制成的奶酪。

我开车从拉吉约勒中部的酒店出发，缓慢爬坡到城郊的一段安静道路上。在车道的尽头，一个牌子上写着"布拉斯"。薄薄的字母印在白色磨砂玻璃质地的牌子上，这块牌子插在一片布满野花、绿草、茴香和各种可以称为"草"的地面上，所有这些地上生长的东西都在菜单上有一席之地。

塞巴斯蒂安的父亲米歇尔·布拉斯在位于该地区海拔最高的一处高地上建造了这家餐厅。在陡峭的车道顶端，勒苏奎特餐厅悬停在那里。餐厅是一座现代建筑，其中一处角落被设计得与另一边不相对称，整个餐厅依偎在山坡上。它的四面都是大落地窗，看起来就像一艘精心设计的宇宙飞船的观景台，搭载着前来寻找肥鹅肝和阿力高乳酪薯泥的异世界探险者。

1980 年，早在这座位于高原上的新建筑建成之前，米歇尔·布拉斯就向世界介绍了他的"温沙拉"，这道菜包含了 50～80 种从欧布拉克地区新鲜采摘的蔬菜、草药和可食用的花朵。米歇尔·布拉斯会先把它们单独备好，再和用高汤煨好的腌制火腿摆在一起。如今，专注于本地原生食材已经成为一种时尚潮流，这种形式能够让食客在一餐中享受各种新鲜又稀奇的草类。[9]

米歇尔·布拉斯是一位有开创精神的人，但他仍然在《米其林指南》的评价体系中舞蹈。而他的儿子塞巴斯蒂安却要跳出这些界线。很少有人能做到这一点。

大多数在法国开了一家新餐厅的厨师，都会战战兢兢地等待米其林观察员走进前门，他们也许之前认识，也许从未相识。

在任何一天，他们从后厨送到餐厅里的数百个盘子中的任何一个都有可能被端到观察员面前。吃完饭后，观察员可能会出示证件，要求参观后厨，也有可能悄悄离开。

观察员的裁决足以改变厨师们的人生。每多一颗米其林星星，都是对大厨职业生涯的认可，也可能让一家餐厅顾客盈门。如果星级调低了，就会启动一个死亡的旋涡。

米其林观察员有点像奥森·斯科特·卡德的短篇小说《无伴奏奏鸣曲》中名为"观察家"的神秘人物。在小说中，一个生活在反乌托邦式的专制社会的小男孩被宣布为音乐神童。他必须遵循严格的规则，按照要求发展他的天赋。一旦他违反规则，一帮被称为"观察家"的匿名者就会不请自来，挥舞着锋利的刀子，要砍掉他的手指。要么你按他们的规则行事，要么你就被永远剥夺参与游戏的能力。[10]

2003 年，米其林观察员们对法国的三星级大厨贝尔纳·卢瓦索发起猛攻。他们对他的餐厅缺乏创造性和艺术性的发展趋势表达了担忧，并暗示他可能会因此失去一颗星。（与此同时，法国的另一个餐厅指南《高勒米罗》刚刚调低了卢瓦索的餐厅黄金海岸的评级，从 19/20 降至 17/20。）没过多久，卢瓦索在结束了厨房里一整天的工作后，自杀了。

早在 1994 年，当时年仅 32 岁的英国厨师马尔科·皮埃尔·怀特成为有史以来最年轻的米其林三星厨师。但仅仅 5 年之后，也就是 1999 年，他就退休了。"我给了米其林观察员太多的尊重，却因此贬低了自己，"他解释说，"我有三个选择：我可以成为自己世界的囚徒，继续每周工作 6 天；我也可以生活在谎言当中，向顾客收取高价，但让其他的厨师代劳；或者我可以把星星还回去，花点时间和我的孩子在一起，重新塑造自己。"[11] 他是有史以来第一个拿了米其林三星后关门大吉的大厨。

巴黎大厨阿兰·森德伦斯厌倦了努力追赶时代的步伐，他关闭了自己的米其林三星餐厅并对其进行改造，这可以让米其林暂时远离他。"我觉得很有乐趣，"他在 2005 年接受《纽约时报》采访时说，"我不想再满足我的自负了。我已经太老了，不能再这样下去。离开了这些欢呼声或指责的声音，我依然可以做出漂亮的菜肴，并且能够把真金白银投入菜肴的开发中。"

我们每个人都有自己版本的米其林评级系统。你会发现，自己很容易变得像法国厨师一样，想要"更多星星"——它们是地位和声望的标志，荣誉的徽章。指出我们所在系统中的模仿力量，是做出更有意图的选择的第一步。

策略 8　绘制出你生活中的欲望系统

每个行业、每个学校、每个家庭都有一个特定的欲望系统，使某些事情变得更加吸引人或令人生厌。你需要了解自己生活在哪些欲望系统中。它们可能不止一个。

2020 年 4 月，企业家兼风投人马克·安德森在其公司网站上发表了一篇题为《生产的时候到了》的文章，他想知道为什么从生产角度来看，这么多西方国家在 2020 年新冠肺炎疫情暴发时毫无准备。呼吸机、检测试剂盒、棉签，甚至医院的防护服都一度严重短缺。这种自满和萎靡似乎延伸到许多其他领域，在大流行病之前就已经存在——教育、制造、运输系统通通有问题。他追问，为什么美国人不再为未来会用到的东西做准备并投入生产？[12]

问题不在于是否有足够的资本或能力，甚至不在于是否对未来缺乏远见。"问题是欲望，"安德森写道，"我们需要'渴求'这些东西。"但他承认，有一些力量在阻止我们的渴求，阻止我们生产需要的东西：监管部门、行业领袖、僵化的政治局面。"这是一种惯性，"他继续说，"我们需要去渴望这些东西，而不是去阻止它们。"

残缺的欲望系统无法适应变化，它会驱使我们倾向于走一条阻力最小的道路。例如相比于去生产那些人类生存和繁荣所必需的基本工具，人们更愿意在优兔上发布热门视频并变现。

如果能了解欲望系统如何左右了你周围人的选择，你就更有勇气看向不同方向，拥有看见更多可能性的能力。

让不可见的东西变得可见。标出你目前世界中的欲望边界，你将获得超越它的能力——至少有超越它的可能性。

米其林的牢笼

《米其林指南》是一个媒介，一个欲望的引领者，成千上万的厨师寻求着它的认可。自 1900 年第一本《米其林指南》出版以来，米其林兄弟一直在转动欲望的飞轮。

米其林采用了模仿式营销。如果这家公司能够将自己定位为欲望的引领者，能够影响人们想要去哪家餐厅吃饭，它就已经从一家销售轮胎的公司，变成了一家销售欲望的公司，就像是从康柏公司变成苹果公司。

在 20 世纪初，马路上的汽车非常少。米其林把赌注提前押在了人们**未来的驾驶欲望**上。《米其林指南》的创作者也许了解欲望的反身性，凭直觉发现他们可以在引导自己所下注的欲望方面发挥重要作用。

到 1920 年，该指南已发展成为法国发行量最大的出版物之一。如今，它已成为世界范围内最有价值的印刷品之一。

毫无疑问，《米其林指南》为数以百万计的人提供了价值，他们通过这本册子获得了难忘的用餐体验，或者是享用了一顿美味的食物。米其林在 1955—1999 年期间的首席执行官弗朗索瓦·米其林堪称领导人典范，他践行了以人为本的经营理念。但是，《米其林指南》的发展是任何人都没有预料到的，这在其早期创立时并无预兆。而现在，它已经逐渐变成了一个限制性的、扼杀欲望的系统。[13]

"你被困在一个可怕的系统中，"塞巴斯蒂安说，"如果你不尊重官方或非官方的准则，不按照《米其林指南》说的做，你就有可能被降级。这对餐厅的声誉、厨师们的士气以及整个团队来说都是很严重的打击。被降级就是被打败。"为了避免这种失败，塞巴斯蒂安又回到了起点。

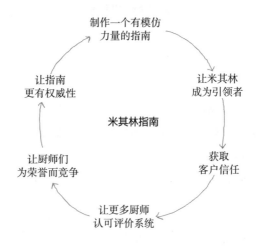

少有人走的路

真相是有史可循的。如果不了解我们的欲望从何而来，就无法真正了解自己。

当我与塞巴斯蒂安在办公室交谈时，他主动回顾起自己的过去。"小时候，我的房间就在我父母餐厅的厨房上方。我在这里醒来，又睡着，下午被厨房的声音包围：备餐的声音，从市场运来食材的声音，忙碌工作的声音，厨师们离开时的欢笑声。"他对厨房的美好印象是这样形成的。

"我还花了很多时间与我的父母在欧布拉克徒步旅行，"他说，"当面临职业选择时，我对自己说：'成为一名厨师，将意味着留在这里，并继续享受乐趣。'我不想离开我的乐园。"

塞巴斯蒂安考验了自己的愿望。他去上了中学，像其他人一样接受教育。"我通过了经济学的学士学位考试，通过这样的方式来确保我真的想要成为一名厨师，而不是为了走捷径。"

他得到了他所需要的确认，在整个中学阶段，他一直渴望成为一名厨师，甚至这一愿望变得越来越强烈了。在成长为这个角色的路上，他继续一次又一次地测试自己，这样他才可以放心，至少自己已经尝试过所有的选项。

随后，塞巴斯蒂安毫无保留地投身于自家餐厅。他热爱烹饪，而且知道自己在做什么。他说："我当时的目标就是帮助父亲让餐厅获得米其林三星，并保持下去。"

当塞巴斯蒂安开始在父亲的餐厅帮厨时，勒苏奎特只有两颗米其林星。获得第三颗星至关重要，米其林只将三星授予世界上最好的餐厅——《米其林指南》上说，这些餐厅值得"专门去一趟"。

由于勒苏奎特地处偏远，它比大多数餐厅更依赖这一殊荣。《米其林指南》上的星星可以让布拉斯家族建立专业声望，使餐厅声名远扬。

1999 年，勒苏奎特获得了第三颗星。在接下来的 10 年里，餐厅的声望和赞誉与日俱增。

但是，在 2009 年，也就是塞巴斯蒂安正式从他的父亲那里接管餐厅后不久，他和妻子开始发现，米其林的系统并不鼓励追求卓越，它只是压力和媚俗的来源。

策略 9　考验你的欲望

不要只看到欲望的表面价值，要找出它们背后的方向。

你可以仔细观察那些彼此冲突的欲望，将它们放到未来的视角去考虑。比方说，你有两个相互冲突的工作机会。如果你有两天的时间来做最后的决定，那就各花一整天的时间来想象每一个选择。第一天，尽可能详细地想象你在 A 公司工作的情形，想象这个职位能够满足你的哪些欲望——也许是到一个新的城市生活，和聪明的人交流，或者和你的家人更亲近。密切关注你在思考时的情绪和身体的感受。第二天同理，用一整天的时间想象你去 B 公司能获得什么。

你可以参照上面的方法最终检验自己的欲望，尤其是与重大人生选择相关的欲望，比如是否要和某人结婚，或者是否辞职自己开公司。不过有所区别的是，在思考这些问题前，你需要让自己的心理处于"临终"的状态。在这样的背景下再去思考：哪种选择能让你获得更多的安慰？哪一个选择会让你感到生命的美好？史蒂夫·乔布斯在 2005 年斯坦福大学毕业典礼的演讲中指出："死亡是生命最好的发明。它是生命的变革剂。它清除老朽，为新生代开路。"人在处于临终状态

时，未被满足的欲望就会暴露出来。现在就把自己送到那样的思考状态中吧，别等到以后，因为那时可能就太晚了。

许多精英厨师在进入三星级餐厅老板的殿堂后，都会感到自己的创新野心受到了限制。他们疲于维持餐厅的星级，因此变得更加厌恶风险。米其林调查员有明确的预期，那么何苦要冒着调查员可能不喜欢的风险来创新？

厨师们知道菜单上必备的元素，那些米其林调查员们喜欢的元素：本地采购的食品、精心制作的奶酪拼盘、多种甜点选择、丰富的酒单。世界级的侍酒师以及训练有素的服务员和员工也在预期之列，尽管这很昂贵。

而这顿饭只是一个开始。如果餐厅不在大城市，就必须设置招待贵宾的客房，否则很难获得米其林星级的最高评级。这意味着厨师们必须成为酒店的经营者才能参与竞争。布拉斯旅店是罗莱夏朵酒店联盟的成员，有 11 间客房和两套公寓，与餐厅相连。

我们终于聊到了我最关心的问题。我问塞巴斯蒂安，为什么决定归还他的星级。他告诉我，米其林试图在自己创造的游戏里，"既当法官又当陪审团"。

"六七年前，"塞巴斯蒂安说，"他们坐在我的办公室里，向我解释他们的新营销战略。他们希望我购买各种商业服务和工具。"每家餐厅表面上可以自由选择是否使用米其林推出的新工具，但塞巴斯蒂安并不喜欢这样。"米其林有能力评判和破坏任何人的声誉，同时又向对方出售营销工具。对我来说，这是不可以接受的。"

他在玩一个没有尽头的游戏，而且他已经筋疲力尽。"最终你不得不停下来。你很可能不是在为自己或你的食客工作了，而是根据《米其林指南》的所谓期待来工作。"

他反问："我选择这个职业，是为了让我家餐厅的声誉取决于另一个机构吗？我们还想在这种压力下再过 15 年吗？"

建立新的心智模式

2017 年父亲节那天，当塞巴斯蒂安在欧布拉克骑山地车的时候，突然意识到他想要的并不是《米其林指南》中的地位，而是别的东西。他想创造新的菜肴，与他人分享家乡的风土，而米其林观察员怎么想并不重要。

塞巴斯蒂安告诉我，他已经很久没有感受到尝试新的烹饪实验的自由了。从他有记忆以来，通过食物创造性地表达出他对欧布拉克的热爱，一直是他最重要和长久以来的愿望。他差点忘了这对他有多重要了，但现在，他想重新点燃这个愿望。

当他骑车归来时，已经下定了决心。虽然还没有和其他厨师谈过退出《米其林指南》的问题，也没有和除妻子以外的任何人讨论过这件事，但他知道是做出决定的时候了。塞巴斯蒂安拨通了《米其林指南》的国际主管格温达·普勒内克的电话，要求给勒苏奎特摘星。

在该指南 120 年的历史中，塞巴斯蒂安的决定是史无前例的。厨师们曾试图通过关闭、搬迁或彻底改革他们的餐厅，来退出这个系统。但塞巴斯蒂安并没有改变属于他的任何东西。同样的菜单，同样的价格。他只是不希望米其林再来。

塞巴斯蒂安得到的回复很有礼貌，但也很模糊。他并没有得到任何这个要求是否会被采纳的暗示。

2017 年 9 月，塞巴斯蒂安在脸书上发布了一段视频，公开要求米其林给自己的餐厅摘星。"今天，在我 46 岁的时候，我想为自己的生活赋予新的意义……并重新定义什么是必不可少的。"他在视频中说，此时他穿着厨师的白衣，身后是拉吉约勒的连绵风景。[14]

"我没有给他们选择的机会。"塞巴斯蒂安告诉我。他在利用社交媒体的力量来获得舆论支持，使之对自己有利。这个方法成功了。在一个星期内，该视频达到了超过 100 万的播放量。

塞巴斯蒂安在随后的几个月并没有收到米其林的任何消息。不过，不难想象他们心中的疑问：如果更多的厨师选择退出该怎么办？这对米其林品牌的长期价值意味着什么？塞巴斯蒂安成了一个先例，他会成为一个引领者吗？

2018 年 2 月，当新的《米其林指南》发布时，塞巴斯蒂安发现勒苏奎特不在其中。他自由了。

"那一年是什么样子的？"我问。

"完美。"

那一年，塞巴斯蒂安有更多时间与他的妻子和两个孩子在一起。他肩上的担子减轻了，感到可以自由地进行创新和游戏。他搞清楚了"想要更多"对他来说意味着什么。

相比其他人，塞巴斯蒂安做出这个决定是否更容易呢？毕竟他有米其林三星的实力。可能是吧。他当然不能被指责为"酸葡萄"。

"酸葡萄"一词是在《伊索寓言》中流传开的。在寓言故事中，一只狐狸看到一串美丽的成熟葡萄挂在高高的树枝上。葡萄看起来已经熟透了，就要爆出果汁来了。它流着口水，试图跳起来抓住葡萄，但没有成功。它一次又一次地尝试，但葡萄总是遥不可及。最后，它坐下来，得出结论：葡萄一定是酸的，反正不值得努力。最后它轻蔑地走开了。狐狸之所以称葡萄是"酸的"，是因为它在自己的脑海中编造了一种解释，以减轻失去葡萄的痛苦。

如果你不加批判地接受这种观念，那么你可能会认为，一个人如果不首先成为富人，就不能合法地指出富人存在的问题；或者一个人在没有被常春藤盟校录取的情况下，就不能说这些学校一句坏话；以及在你没有获得米其林三星之前，就没有资格拒绝它。这样做会被视作是自欺欺人、怨恨和软弱。

不要相信这种鬼话，好像一个人必须花钱参与模仿游戏，并且只有在赢了之后，才有资格问心无愧地选择退出游戏。

如果你拒绝参加电视真人秀节目《单身汉》的邀请，认为这是一个愚蠢的把戏，这是否意味着你是吃不到葡萄说葡萄酸呢？难道你只能在赢了之后才能批评这个节目吗？当然不是。"在你尝试之前不要否认它"，这是一句诡辩。

基拉尔承认，当我们身处一个欲望的系统里面时，怨恨是真实存在的，它主要发生在内部引领者的世界里（也就是新生堂）。[15] 但只有最糟糕的那些愤世嫉俗者才相信，每一次放弃都必然与怨恨有关。

如果塞巴斯蒂安只获得了两颗星，并即将首次获得第三颗星，做出放弃的选择会不会更难？几乎可以肯定是的。这是我们每一个曾经是模仿系统的一部分的人，也就是每个人，所面临的挑战。

在成年后，我们可以自由地挑选我们所处的一些欲望系统，改变我们与他人关系的性质。在这个过程中，我们越早行使自己的主动性，就越容易摆脱欲望系统的限制。

在《伊索寓言》中有一个细节很少被提及：狐狸是孤独的。没有任何模仿力量在它身上运作。如果有第二只狐狸对着葡萄垂涎三尺，它就不会那么容易说出葡萄是"酸的"了。如果有一群狐狸都想要这串葡萄，那这只狐狸就更难放弃了。但当只有它自己的时候，这只狐狸选择做一个浪漫的骗子。

已经阅读到这里的你，应该已经具备了一定的辨别和取舍欲望的能力。如果面对与狐狸相同的情况，你可能早就打消了对葡萄的这种奢望。

我们可以假装一件好事是坏事，甚至可以假装一件坏事是好事。但对我们自己来说，要做的事情比狐狸困难得多，因为我们必须与其他为我们标示出价值的人相抗衡，无论是好的还是坏的价值。

塞巴斯蒂安尝到了葡萄的味道，葡萄确实是酸的。但你需要亲口尝到才能相信吗？

塞巴斯蒂安之所以能够抽身而出，是因为他改变了自己与游戏的关系。

"我们生活在一个总是被要求'更多'的社会中，"塞巴斯蒂安对我说，"要更强，爬得更高，要获得更大的数字，要越来越大，而且越来越高。但我认为人们内心深处有一种渴望，能与自己真正的人生价值重新联系起来。我们常常忘记这些价值。"对塞巴斯蒂安来说，这些价值与他的家庭，和他创造以及分享欧布拉克地区美食的愿望密切相关。因此，对要求米其林给勒苏奎特摘星一事，他问心无愧。

如果塞巴斯蒂安可以成为追求米其林三星的引领者，那么他同样可以成为放弃星级评价的引领者。"我认为我的决定契合那些厨师的深层渴望，他们会发现：'哇，居然有人敢于对系统说不！也许我也可以。也许现在我也可以过自己的生活。'"

当塞巴斯蒂安在脸书上宣布自己的决定后，近一周的时间里，他的电话从早上 7 点一直响到晚上 10 点。塞巴斯蒂安注意到，人们对他的决定往往有两种反应。他说："我和许多三星级厨师交谈过，他们完全理解我为什么要这么做。但也有一些拥有一星或二星的厨师，他们的唯一目标就是再获得一两颗星星，因此他们根本不能理解我的决定。"

2019 年 2 月，在取得最初的胜利整整 1 年后，塞巴斯蒂安接到一个电话。"那是一个星期天的晚上，大约 8 点，在 2019 年版《米其林指南》发布的前一天，电话的另一头是普勒内克。他告诉我，我被重新纳入《米其林指南》中了，而且是两颗星。"[16]

"那你的反应是什么？"我问他。

"我狂笑不已。"

第六章　运用同理心

击碎薄弱的欲望

与杀手在火堆旁的谈话……暗地里运作的嫉妒心……怀着同理心去倾听

薇薇安·瓦尔德：听着，你的提议很好。在几个月前，这完全没有问题。但现在一切有所不同，你已改变这一切。而且你不能再变回来了。我想要得到更多。

爱德华·刘易斯：我知道你想要更多。

——电影《风月俏佳人》台词

唯一真正的发现之旅……不是访问陌生的土地，而是拥有其他人的眼睛，通过另外一个人、一百个人的眼睛来观察世界，观察他们每个人所看到的一百个宇宙，每个人都是一百个宇宙。

——马塞尔·普鲁斯特，法国小说家

戴夫·罗梅罗（化名）有一张名片，上面写着"客户关系专家"。在一个星期五的早上，他没有在拉斯维加斯市中心附近的办公室找到我，就来到我家里。戴夫来自人们所说的"老"拉斯维加斯，在有人造火山作景观装饰的赌场和米凯罗啤酒之前，那里就是一个罪恶的狂野西部。

我的公司与 1 000 多个供应商合作，我与其中差不多 100 家有私人来往。在公司刚成立的时候，我轮流和每一家的销售代表进行了漫长的交流。但随着业务的发展，我转而关注其他事情。现在大多数供应商对我来说都很陌生。仅有的往来就是他们送货过来，我们在网站上销售货品，并在 30 天后向他们支付货款。

直到有一天我欠债了。

那是 2008 年底，在与美捷步的交易失败之后，我刷爆了信用卡，以维持公司的正常运转，同时我想好了下一步该怎么走。尽管计划未能成功，但我如释重负，这份成功本就不属于我。但解脱是短暂的，因为我正管理着一家摇摇欲坠的公司，我必须面对这一令人不快的现实。

为了给自己多争取一些时间，我列出了一份要首先还债的供应商名单。那些严格要求按时付款的公司，被列在名单的最前面。因为如果不按时付款，它们最有可能先找我算账。还有一些公司，对应收账款的管理比较宽松，因此被列在了名单的最后。不过，有一个重要的问题：这份名单中的公司都与我有私人关系。其余公司没有被列入名单，因为我对他们一无所知，所以我无法知道他们的态度。

有一家名为雷火制药（这当然不是它的真名）的公司，也就是戴夫·罗梅罗所服务的雇主，我对其毫无概念。如果我早知道这家公司的创始人有黑社会背景，就绝对不会将其排除在优先偿债的名单之外。据说他们参与了枪支贩运的生意，而且我的某个竞争对手在与他们有过接触后，就神秘地消失了。

　　我是在与戴夫·罗梅罗认识之后，通过多方打听才了解到这些事情的。但那时已经太晚了。

　　戴夫扎着细细的马尾辫，脸色黧黑。他狭长的眼睛和深深的鱼尾纹给人一种一眼就能看穿你的灵魂的感觉。他走起路来很傲慢，充满自信。我能想象到他在西贡的一家酒吧里，是如何一只手拿着破碎的啤酒瓶，面带微笑地斩断了5个越共同情者的手指的。正因为如此，每天早上醒来，当他看着镜子里的自己，都会由衷地脱口而出："我是他妈的戴夫·罗梅罗。"

　　他在早上7点出现在我家前门，当时我正准备出门遛狗。听到门铃时，我以为又是摩门教的传教士，但他们不会在早上7点钟过来。当我打开门，看到的是戴夫·罗梅罗。

　　我曾和戴夫打过三次交道。第一次的电话交谈并不愉快，他告诉我，我的账单逾期了，但我在感到被冒犯后，打断了他，说我的付款记录一向很好。第二次是他突然就出现在我的办公室，与我对峙，告诉我他不是一个很有耐心的人，又往我的桌子上扔了一副骰子，然后离开了。第三次是在一个周日橄榄球比赛期间，他出现在当地的一家酒吧里，我真的不知道他是怎么找到那里的，他撂下一句话，告诉我他"言出必行"，同时用自己的一只拳头击打手掌，就像拿着松肉锤敲打牛排一样。为了以防万一，酒吧的保安把他架了出去。离开时，他用拇指和食指做了一个手枪的形状，并指向我。

　　这次已经是戴夫第四次来访了，我不知道这意味着什么。

　　这次似乎有所不同。他以闲聊开场，问我过得怎么样，随后评论了一下今天的天气。都是这样老套的吗？就像电视剧《黑道家族》里在干掉一个人之前，总会有一种让他开心上路的氛围。他的友善让我更加不安。

我紧张地嗫嚅着回答。我尽可能用身体堵住门，防止我的狗阿克塞尔溜出去，它就站在我身后，毛发都竖起来了。戴夫步步逼近，看起来他想进门。

他走得更近，压低了声音。"你能不能在星期一早上之前解决掉这笔账单，这样我就不需要……呃……再过来了。"他说得很平静，也很有礼貌，同时摆弄着左手上的一枚华美的戒指。

我不可能那么快找来钱。

在我有机会插话之前，他继续说着。"还有，噢，嘿……我听说你明天晚上要在这个院子里举办一个大型的公司聚会，户外烧烤。"

这是真的。我每月都会在家里举办一次聚会，分批邀请公司同事。不过这一次，我邀请了所有人。

我担心，如果事情没有转机，这可能就是我们的散伙饭了。

但戴夫·罗梅罗是怎么知道的呢？

"我……所以，但是你怎么……"

"介意我也过来吗？"他问。

听起来不像是请求。我感到越来越困惑和紧张。我只是想让戴夫离我的门廊远一点。"不，我的意思是，是的，当然欢迎，大家会在7点之后过来，你要是方便的话。"这是我原话。我从来没有拒绝过任何人来参加我的聚会，当然更不会当面拒绝。我不知道该如何拒绝。

但我没想到，我邀请的是一个"前杀手"。

戴夫带着一瓶四玫瑰单桶波本威士忌出现在我家，并强烈建议我享用时只放一小块冰。派对很成功。当最后一滴酒喝完，烤架上的最后一丝火苗也熄灭了，没有人想散场，包括戴夫·罗梅罗。

戴夫和我们几个人围坐在火堆边上。汗水已经浸透了我的两件衬衫，可能到晚上结束时，我还需要再换一套衣服。

在和其他人的聊天中，他对自己出现在这里的真正原因一直含糊其词。我也没有把我们在前一天早上的"友好"互动告诉任何人。除了我，公司里只有少数几个人曾在他们的工作岗位上与雷火制药打过交道。大多数人都不知道他是谁。"我与卢克有合作，"他在被问到时就这样说，仅此而已。没有人刨根问底，也没有人在意这个问题。我偶尔会邀请公司以外的人参加这些烧烤活动，所以人们只是把戴夫当作我的另一位奇怪的朋友。

当我们几个人围坐在火堆旁边时，戴夫基本上保持沉默，而在讲故事的间隙，他开口了。"你曾经做过的最见不得人的事情是什么？"他问。

我承认了我曾在大学时，醉醺醺地吃掉了一个被两个糖霜甜甜圈夹在中间的双层芝士汉堡。保罗说他在泰国生活时，有过很多次没做保护措施的性行为。杰西卡说她曾经吸过笑气，她的丈夫汤姆则分享说，在他们第一个孩子即将出生时，他曾背着老婆将房子反向抵押，投入股市。

"我曾杀了一个人。"戴夫说。

我盯着火焰，看着火苗在原木上跳动，怀疑自己是否听错了。我感觉到戴夫正看着我，其他人正看着他。火焰快要熄灭了，我把一个吃剩的棉花糖扔了进去，看着它烧成灰烬。

戴夫抬起屁股往前挪了挪座位，他的脚向前倾斜着。"如果你们不考虑钱的问题，都会梦想着做些什么？"

"我不知道，"我说，"我没法不考虑钱。"

在接下来的一个小时里，戴夫对围在火堆旁的每个人进行了越来越多的灵魂拷问。这些问题的答案通常会写在悼词上，而不会出现在一个休闲的工作聚会上。你做过的最有成就感的事情是什么？你曾深爱过一个人吗？当你因为痛苦想要麻痹自己时，你会去哪里做点什么？

戴夫问得很动情，所以其他人也敞开心扉。戴夫告诉我们，他想利用他生命中最后的 10 年（他相信现在就是了），来实现他对人们的一些承诺，比如带他的侄子做一次跳伞运动，每月探访一次监狱里的囚犯，以及摆脱他现在的工作。

人群在午夜之后才散去。戴夫是最后才离开的。我和他握了握手，告诉他我会尽快和他联系，我们能处理好这一切。他笑了，把他的手放在我的肩膀上。"你是个好人，卢克，你知道吗？"他拍了拍我的背，跌跌撞撞地走出前门去搭出租车。

在那一周晚些时候，我突然得知，戴夫突发心脏病离开了这个世界。雷火制药公司的人告诉我，戴夫不是普通的员工，而是合伙人，他说我们已经"取得和解"了。我从此再也没听到有关他们的任何消息。

那晚发生的事情，使我意识到什么是**颠覆性的同理心**。[1] 源自无节制模仿的冲突循环被破坏了。就像债主和债务人一样，如果每个人都以牙还牙地回应对方的攻击，冲突就会升级。但如果其中一方以出乎意料的同理心回应，就能打破一切冲突循环，这是超越了当下的东西。

恐惧、焦虑和愤怒很容易通过模仿被放大。一个同事发给我一封看起来很粗鲁或者不够尊敬的电子邮件，我就以牙还牙；我的朋友在争论中提高了嗓门，我也提高了嗓门。消极攻击会像野火一样蔓延，它将超出两个人的范围，贯穿整个组织文化。

勒内·基拉尔用一个握手出错的例子，来说明模仿是多么根深蒂固，以及它如何解释了我们通常认为只是"很自然的反作用力"的事情。握手并不是一件小事。假设你向我伸出你的手，而我没有伸出手，我没有模仿你的仪式性姿态，此时会发生什么？你可能会心怀芥蒂地撤回你的好意，甚至你表现出来的消极行为会比我对你做的更多。"人们认为，没有什么会比这更正常、更自然的了。只需要片刻的反思，就能意识到这种自相矛盾，"基拉尔写道，"如果我拒绝与你握手，简而言之，我拒绝模仿你，那么你现在就会变成那个模仿我的人，通过复制我的拒绝，来模仿我。模仿通常表示同意，但在这种情况下，它也能确认和强化分歧。换句话说，模仿再一次取得了胜利。在这里，我们能看到，即使是最简单的人类关系，相互模仿的结构也是这么严丝合缝，无懈可击。"[2]

这就是敌对模仿循环的开始。不过，我们并没有在谴责这种行为。

在这一章中，我们将学习一种具体的方法来理解人们的想法，这可以减少低质量模仿互动发生的可能性。这需要你学会分享和倾听，尤其是那些有关深刻的实现自我行动的故事。了解它们并与之产生联结，能够使你生成同理心，让你更能理解人们的行为。

当两个人彼此理解，不再把对方视为对手时，消极的模仿循环就被打破了。戴夫以自己独特的行为方式改变了我的思维方式和被动防御的冲动。我们每个人都有一些共有的核心愿望，但往往没有得到满足，那就是了解别人和被别人了解。

管理团队的策略可以模仿，同理心当然也可以模仿。但有所不同的是，前者是一个框架，而后者是一个过程。接下来我要描述的过程，会让你对他人和我们自己的人性更加关注，这远比任何框架都更有用。

同理心比同情心更重要

"我很同情你的遭遇。"你可能以前听过有人这样说。这很正常，部分是因为同情心比同理心更容易实践。

"sympathy"（同情）一词与"empathy"（同理心）同根同源——它们都来自希腊语"pathos"，大致意思是"感受"或某种能引发情感的东西（根据亚里士多德的说法）。这两个词的区别在于前缀。同情以"sym-"开头，意思是"一起"，整个词可理解为"一起感受"。我们的情感与我们所同情的人的情感融合在一起，我们从他们的角度看问题，意味着一定程度的一致。

同情很容易被模仿所劫持。你是否曾经参加过一个这样的团体，人们开始谈论一些事情，并迅速凝聚在某种形式的共识上，也许是关于政治、商业决策，或者是菜单上的某道美味。你发现自己跟着点头、微笑，甚至大声表示赞同。但几分钟后，或者当你那天晚上回家后，你会想，**等等……我真的赞同吗？**

同理心与此不同。同理心的前缀"em-"意味着"进入"。它是进入另一个人的经历或感受的能力，但不会让人因此失去对自我的掌控，反而会让人保持对自己反应的控制和自由行动的能力，以及从自己的内心出发。

真正施展同理心的行为是进行一次有意为之的旅行，就像2018年进入泰国睡美人岩洞救援被困足球队的潜水员一样。他们是自愿进入那个山洞的。在走向被困儿童的过程中，他们保持着对自己的认知，对周围的环境和他们的反应也有高度的警觉，从而避免了迷路或丧命。

同理心是和另一个人分享经验的能力，但**不是去模仿他们**（包括他们的言语、信仰、行动和感受），也**不代表认同他们，从而失去自**己的个性和自我。从这个意义上看，同理心是反模仿的。

如果有人在为你永远不会签署的请愿书收集签名，同理心可能意味着在面对他们的签名请求时，你会微笑着给他们送上一瓶冰水。因为那是一个闷热的日子，你知道那天有多热，你也知道对自己关心的事情充满激情是什么感觉。这不同于我们经常面对异见者时的陈词滥调或敷衍了事；相反，这意味着要找到一个人性的共通点，通过它来连接彼此，而不必在这个过程中牺牲我们自己的诚信。

同理心会打乱模仿的消极循环。一个有同理心的人可以进入另一个人的经历中，分享她的想法和感受，**而不必分享她的欲望**。一个有同理心的人有能力理解为什么有人会想要一些他自己并不想要的东西。简而言之，同理心使我们能够与其他人产生深入的联系，而不至于**变得和其他人一样**。

回顾一下，在模仿危机中，每个人都开始变得和其他人一样，他们失去了自我和自由。高产作者、特拉普派修士托马斯·默顿在哥伦比亚大学读书时就注意到这种现象发生在自己的身上。后来，他写道："真正的内在自我必须像宝石一样从大海的深处被捞上来，从混乱中被拯救出来，从无差别中解脱，从浸泡在普通的、不显眼的、琐碎的、肮脏的、虚无缥缈的事物中得到救赎。"[3]

同理心使我们能够在不牺牲内在自我，保留那些珍宝的情况下与他人互动，而不被海水吞没。它帮助我们找到并培养**深厚的**欲望——那些没有受过度模仿驱使形成的欲望，那些可以构成美好生活基础的欲望。

发展深厚的欲望

发现、发展深厚的欲望，可以防止廉价的模仿行动，并最终创造出更充实的人生。

深厚的欲望就像在地表深处形成的钻石，更接近一个人的核心。深厚的欲望不受我们生活中不断变化的环境的影响。反之，单薄的欲望是具有高度模仿性的，容易传染，而且往往肤浅。

我真希望能告诉你，随着年龄的增长，你的欲望一定会变得越来越深厚，但情况并非总是如此。至少在没有刻意努力的情况下，不会变成这样。有些老年人，他们到了迟暮的时候才意识到自己欲望的单薄。例如，有人期待了几十年退休，到头来却发现退休生活实在让他不满意。这是因为退休的愿望（顺便说一下，退休这种制度直到二战后才被广泛采用）是一个肤浅的愿望，充满了很多有关一个人在理想状态下可做或不做之事的模仿性想法。反过来说，想花更多时间与家人相伴的愿望，是一个深刻的愿望。你从今天开始就可以实现它，退休后同样可以。它会逐年呈复利式增长，时间会帮忙。

仅凭感觉很难区分欲望的深度。在我们年轻时，内心的欲望非常强烈，比如要赚大钱、和性感的人约会或者成名。你的欲望越肤浅，渴求的感觉就越强烈。随着年龄的增长，青春期时的许多强烈的欲望会渐渐消散。这并不是因为我们放弃了这些无法实现的欲望，而是因为我们有了更广的见识，也就知道有些欲望会使我们永远无法得到满足。因此，随着年龄的渐长，大多数人学会了培养更深厚的欲望。

但两种欲望之间的张力始终存在。每个艺术家都有所经历，他们可能一生都渴望追求真实，做有意义、有表达的艺术。然而，又有一个与之竞争的愿望，那就是向人们兜售自己的作品，被市场接受，得到赞美，获得评论，跟得上可能每年、每月、每天都在变化的潮流。后者是单薄的欲望，如果任其积累，深厚的欲望就会被掩埋。

有时我们需要一个特定的事件，让自己抖一抖身子，甩下那些单薄的欲望。

甩掉单薄的欲望

2008 年，在把公司出售给美捷步的交易失败后，我被迫反省自己：到底为什么一开始要创办这家公司？我发现至少有三个深厚的欲望被完全掩盖了，它们被埋在单薄的欲望之下。

第一，刚开始创业时，我只想开创对这个世界有价值的公司，根本不在意是否有人知道我的名字。那么，我是如何开始关心自己的**声望**的？我渴望获得一些奖项或奖品作为认可，渴望拥有一定数量的追随者，在几年之前，这些欲望是我无法想象的。但由于我的同龄人都有这样单薄的欲望，我也开始想要得到认可。我开始争取进入"最佳雇主"的名单，获得其他虚假的赞誉。

"prestige"（声望）这个词来自拉丁文的"praestigium"，意思是"幻觉"或"魔术师的把戏"。（2006 年诺兰的电影 *The Prestige*《致命魔术》就以此为名，该电影描述了两个魔术师之间的模仿竞争，电影名恰到好处。）人们渴求职业声望，获得对其才能的尊重或钦佩，却没有意识到这就是在追求海市蜃楼。

在我创办第一家公司的几年里，我花了更多的时间瞄向周围，而不是向前看。我一直在寻找衡量成功的方法，它们总是出现在我眼前。咖啡馆里面拿着比我还高端的笔记本上网的那个小子，有著名风险投资机构站台的友商创始人，还有那些看起来没那么努力的企业家，他们会说，成功似乎是水到渠成。我暗地里憎恨他们所有人。

对于这种情感，老式的说法是"嫉妒"。"我认为我们之所以爱说荤段子，是因为我们不敢认真谈论嫉妒。"基拉尔说。[4]

嫉妒是破坏性模仿欲望的引擎，几乎没有什么东西可以阻止它，因为它会在暗地里运作。我们常会用别人拥有而自己没有的东西来衡量声望，所以它是嫉妒的温床。

创业是个高风险的职业选择，从心理健康风险，到职业倦怠，到药物滥用，还有不稳定的收入。这些只是放在明面讨论的东西，在这里嫉妒明显缺席了。

第二，我一开始想要主导自己的生活方式（这是创业的最大好处之一），而到了后来，我开始遵循其他企业家的模式了。

当我刚辞去华尔街的工作，开始创办公司时，我渴望给工作和生活建立明确的界线，更好地平衡二者。我想每天晚上有1小时的时间读书，想有更多的时间和我的狗一起散步，有更多的时间和朋友在一起，建立一个充满信任的爱情关系。但作为公司的一把手，我发现自己每周工作超过80个小时，无视了所有的界线和平衡。到底发生了什么？

硅谷的生活方式，创业公司的风气，在很大程度上是模仿带动的。不是每个人都需要搬到门洛帕克，每天穿着印有公司标志的连帽衫和滑板鞋。不是每个人都要用小写字母发送着陈腐、缺乏想象力、平淡无奇的电子邮件，假装自己很忙很重要。（这里有一个反模仿的技巧：当你收到这些邮件时，用一些值得尊敬的、有思想的、美丽的语言来回应。）

对我来说，我被美捷步文化的狂热所感染。谢家华在谈到美捷步文化时，仿佛对其有一种"货物崇拜"——如果你照我说的做，就一定会建立一个成功的企业文化。[5]财务上的成功也会随之而来。没过多久，我公司的办公室开始变得更像美捷步的办公室——墙上挂着奇怪的东西，举行古怪的庆祝活动，访客休息室里的书架上摆满了各种商业书籍。我几乎每天晚上都狂欢作乐。但我自觉还是没跟上潮流，可如果我选择退出，就会被这种文化所抛弃。

第三，我从对传统意义上的智慧的渴求变成了对流行文化、推特和科技新闻的痴迷，这让我在不知不觉中产生了很多模仿的想法。我对博主加里·维纳丘克关于幸福的说法的关注，比对亚里士多德更多。我生活和工作的生态系统看起来日渐同质化。也许我会有勇气站在这个同质化的系统之外，但我怎么可能做到？我对系统之外的事情一无所知。

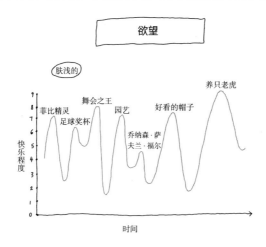

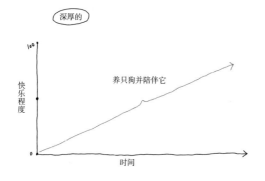

当我认真思考支配我的世界的思想时，我发现它们很单薄。早年间在我心中燃起的探索真知的愿望，到底发生了什么改变？

我必须改变一切。我和戴夫·罗梅罗在火堆旁的谈话，特别是我从他的语调中听到的遗憾，使我相信，我的大部分欲望都是单薄而脆弱的。它们能够像风中的灰尘一样随时被吹走。它们并不是建立生活的坚实基础。

在收到戴夫去世的消息后不久，我关掉了公司的业务。这不一定是因为戴夫，而是因为这似乎是我必须要做的事情，在我经历一切之后，我需要让这一切改变画上句号。

我意识到，我最厚重的愿望之一，是探索人生的大问题——理解人性，而且我要从理解自己开始。[6]

这是我更愿意做的，而不是每周花 90 个小时来梳理我的仓库业务，找到节约现金流的方法，最终拯救一个我不想再领导的公司。

我决定离开业界，休整 3 个月，在决定下一步该做什么之前重新定位自己——主要是重新定位我的欲望。这是我超越模仿欲望生活的头 3 个月。

分享成就故事

是时候把单薄的欲望放在一边，专注于反模仿的、根本的、深厚的欲望了。艰苦的工作才刚刚开始。单薄的欲望没那么容易消失，而深厚的欲望也不会凭空产生。它们需要数月或数年的时间来发展。

最理想的情况是，你可能已经有了深厚的欲望。它们没那么容易被发现。深厚欲望隐藏在支配我们大多数生活的短暂和冲动的欲望之下。美国作家兼教育家帕克·帕尔默写道："在我向我的生活诉说我想做什么之前，我必须学会倾听，由我的生活告诉我我是谁。"[7]

我要教给你的方法是人类学的、哲学的、实践的甚至是灵性的。我喜欢拉比乔纳森·萨克斯对灵性的定义，他写道，灵性只是"当我们向比自己更伟大的东西开放时，所发生的事情"。他继续说："有些人在自然、艺术或音乐之美中找到它。另一些人在祈祷中找到它，履行成人礼，学习神圣的信条。还有一些人在帮助他人、友谊、爱情中找到它。"[8]它可以被描述为一种与自我、他人和宇宙相连的感觉。

正如我们目前为止所看到的，欲望是社会性的，是与他人有联结的。所以我希望，即便你不认为自己是灵性的，这些方法也会有帮助，因为它们是建立在"成为一个人意味着什么"的基本真理之上：我们不完全属于自己，而是身处一个由欲望连接起来的关系网中。

我要向你介绍一种发掘深厚欲望的方法，这也是我所发明并使用的，那就是花时间倾听你的同事（或合作伙伴、朋友、同学）生活中最深刻的成就体验，并与他们分享你自己的经历。我们越是了解对彼此有意义的成就故事，就越能有效地理解如何与对方合作，因为我们知道了是什么打动和激励了他们，是什么让他们在工作中获得满足。

这听起来很简单，但几乎没有人会这样做。问问你自己，在和你一起工作的人中，有多少人能够说出你最有意义的一项成就，并能解释为什么它对你如此重要？

这个练习的一个关键目标是确定核心的内在驱动力。内在驱动力能提供具体而持久的行动力量，它会在你的一生中引导你去追求特定的结果。你也许可以从根本上感受到激励，例如，**获得控制感，唤起对自己的认可，或克服障碍**。由于我们大多数人从未认真思考过动机的本质，所以我们缺乏能够准确描述我们内在动机的语言。这个练习赋予了你这种能力。

内在驱动力是持久的、不可抗拒的、永不满足的。它们或许可以解释你自孩童时代以来的许多行为。把它们看作你的能量来源吧——你一直倾向于某些类型的项目（团队合作还是独自钻研，目标导向还是理念导向）和活动（体育、艺术、戏剧、健身方式），而不是其他的原因。

你的动机中存在着一些相似性，如果你能指出它们具体是什么，就会在理解自己的深刻欲望方面迈出一大步。揭示这个模式的最好方法就是分享故事。

我建议的方式，就是分享你真实的人生经历，向他人讲一讲有哪些你曾经采取过的行动最终深深地满足了你。如今，这是我在所有工作面试中都首先会问的一个问题，因为它有助于穿透肤浅的东西，直达人的内心。我会问："告诉我，在你的生活中，有哪些事情你觉得自己做得很好，并且带给了你一种成就感？"

我已经看到这个简单的问题如何改变了一个人和整个环境之间的互动了。当故事在两个懂得倾听的人之间分享时，讲故事的人和听故事的人都将进入一个从欲望到满足的时刻。分享这些故事是快乐的体验。

一个成就故事，包含 3 个基本要素：

1. **这是一个行动。** 在这段经历中，你采取了一些具体的行动，你是主角，而不是被动地接受一种经验。尽管斯普林斯廷的音乐会是一场荡涤心灵的体验，但这并不是一个成就故事。对开音乐会的人来说，它可能是，但对你来说不是。不过另一方面，致力于研究关于一位艺术家和他们作品的一切，则可能是。

2. **你相信自己做得很好。** 你做得很出色，这是你对自己的评价，而不需要别人的赞美。你在寻找一个**对自己而言很重要**的成就。如果你那天晚上烤出了你认为是全世界最完美的肋排，那么你就做了一件对的事，取得了成就。不要担心这个成就在其他人看来有多大或多小。

3. **它给你带来一种成就感。**你的行动给你带来了深刻的成就感，以及快乐。不是那种转瞬即逝的、暂时的，像荷尔蒙冲动那样的快乐。满足感的定义是：你在第二天早上醒来时，对它满意。现在仍然如此。只要一想到它，你就会感到满足。

这种具有深刻意义和满足感的时刻很重要。它们揭示了关于你是谁的一些关键问题。

亚里士多德在 23 个世纪前写道："行动跟随存在。"他的意思是，一个事物只能根据它的本质属性行动。但就人类而言，我们还需要深入了解其行动的内部机制：这个人采取这种行动的动机是什么？当时的情况是怎样的？行动在情感层面上对他们有什么影响？

想象一下，三位艺术家肩并肩地站在宰恩国家公园的一片高地上，画出同一片夕阳。一位想为比赛磨炼自己的绘画技巧；另一位想在结婚纪念日时把画送给丈夫，因为他们曾在公园里进行第一次约会；最后一位想把风景的纯粹之美保存在她的记忆中。在外人看来，这些艺术家似乎在做着完全相同的事情。但从内部来看，每个艺术家都在做非常不同的事情。

也许我们可以单凭外在表现去理解猫和狗的行动，但人是不同的：了解一个人的内心生活对于理解他们为什么做这些事，以及这对他们意味着什么是必要的。成就故事通过由内而外的审视，抓住了行动的核心。成就故事带来的提问是："**但是，为什么这个行动对你来说意义非凡？**"

问题和回答开启了一个积极的模仿循环。你讲述你的一个成就故事，我以同理心聆听你的分享，并将我在你的故事中听到的、看到的和感受到的东西反馈给你。然后，你也为我做同样的事情。以情动情，以心交心。

大约 10 年前，我第一次被要求分享这些故事，当时我有一个专门研究叙事心理学的朋友，带我体验了这个过程。每当我讲述一个"成就感"的故事时，另一个故事就会浮出水面。在深入研究自己的过去后，我发现了自己已经很久没有想到的事情。不仅如此，我当时甚至没有意识到它们是成就故事。

我在小联盟中投出无安打的那场比赛；

我创办的第一家公司开始起步；

连续 30 天每天写作。

甚至一些事情让我自己都惊讶：

用我奶奶传下来的食谱做出自制的煎饺作为晚餐；

我在五年级的科学课上发明了一台剥橙子皮的机器；

通过自学 PHP（超文本预处理器）和 MySQL（关系型数据库管理系统）来调试我创业公司的网站。

其中有几件事情，当时可能没有被我周围的人认为是"成就"。但对我来说，它们就是——它们给了我极大的满足感。越多讲述它们，我越能感受到一种深厚的欲望模式逐渐开启。

发掘动机模式

我在上文中提供的这个方法可以由任何人在任何地方尝试，所需要的只是善意的倾听和同理心。

说到这里，一个与我合作多年的组织已经将常见的动机模式编入了一套评估量表［以"动机代码"（Motivation Code）或缩写形式"MCODE"为商标］中，确定并定义了 27 个独立的主题。[9]这个工具会问人们一系列关于他们自己的"成就感"的问题，然后根据人们对自己成就中最满意的方面，来寻找其特定的内在动机模式。

每个人都拥有各种动机的组合。关键要学习它们是如何协同作用的，以及在某些情况下，其中一些动机如何比其他动机更容易发挥作用。

以下是 MCODE 定义的 27 个激励性主题中的 3 个，并通过案例说明了它们是如何发挥作用的。如果你想知道所有这些内容，可以阅读本书的附录三。

> 探索：有探索动机的人希望超越他们现有知识和经验的限制，发现对他们来说未知或神秘的东西。

我的朋友本（在这本书里出现的朋友名字都是假名）喜欢在国外旅行，做沙发客，以及了解他所借宿家庭的语言和食物。有一次，他被土耳其市场上众多种类的香料所吸引，花了几个小时品尝和了解这些香料，并给我文字直播了整个过程。一旦香料变得不再神秘，他就转而探索其他东西：手工鸡尾酒、17 世纪的法国文学、加密货币。

本的兴趣范围以及他从一件事转到另一件事的速度可能看起来很轻率。但是，有些人就是有强烈的动机去**探索**未知。事实上，这很正常。每一个核心的内在驱动力本质上都是好的，这就是我们的天性。

不过，每个核心动机也都有其阴影的一面。因为本能够意识到他的内在动机是**探索**，所以他觉察到当自己被新的可能性所诱惑而分心时，就会不去履行现有的承诺。他正有意将他的动力引导到富有成效的、创造价值的事情上来。他现在正在写一本关于旅行见闻的书。（我猜，著名的旅行作家里克·史蒂夫斯也有着相似的核心驱动力：**探索**。）

值得注意的是，**本不会为了掌握**任何一件特定的事情而努力。当本和我一起在意大利旅行时，我们都学了一点意大利语来应付日常交际。我们共同的朋友亚历克斯一心想要掌握这门语言。当我们涉猎意大利语并用学会的新词自娱自乐时，亚历克斯却把自己关在房间里，阅读一本意大利语版的《木偶奇遇记》，直到他知道如何在句子中恰当地使用每一个词，才会感到满意。这是因为亚历克斯从根本上是以**掌握**为动力的。

掌握：以掌握为动力的人希望达到对某种技能、学科、流程、技术或工艺的完全掌握。

亚历克斯与本和我不同，他并不满足于意大利本地人对我们会讲意大利语的溢美之词："Parli molto bene l'italiano!"（你的意大利语说得真好！）直到他能够阅读意大利古典文学，并且能够在罗马鲜花广场上和农贸市场的小贩沟通自如，他才会感到满足。

亚历克斯后来继续攻读物理学博士学位。当我在向他推荐蜗牛邮件乐队的音乐时，他着迷了，直到他记住了每一句歌词，并能用吉他弹出这些歌曲。他的兴趣不多，但他会深入研究自己的全部兴趣，独立摇滚就是其中之一。

亚历克斯从来没有动力以任何方式向他人展示他的精湛技艺。他没有社交媒体账户。在他学会了吉他之后，也并没有任何组建乐队的愿望。对他来说，掌握就是对自己的奖励。

我的另一个朋友，劳伦，有一个不同于本和亚历克斯的内在动机。她喜欢写非虚构作品，因为她的核心驱动力是**理解和表达**。

> 理解和表达：拥有这种核心驱动力的人希望能准确地理解、定义自己的事情，然后以某种方式传达他们的见解。

如果没有一个表达新知的渠道，劳伦会感到束手无措并失去动力。如果她读了一本书，就一定要在她的博客上评论这本书。如果她找不到表达的方式，她就会觉得自己白知道了这么多，或者至少没有理解透彻。她的理解在表达的过程中变得清晰。

对她来说，不仅在思想领域如此，在经验方面也是一样。当她尝试一种新的美食时，比如寿司或西班牙海鲜饭，她并不满足于仅仅在餐馆吃到，而是会学着制作这些菜肴。这不仅仅是一种学习风格，更是一种核心的动力，因为这绝对适用于她生活的每个层面。这体现在她的婚姻中（她试图通过深思熟虑地倾听每个人的意见来理解家庭动态，并给家庭成员写信，表达她对他们的天赋的理解），她如何处理工作中的危机（她是辩论的专家主持人，常常需要引出并传达关键的见解），甚至体现在她如何对待健身（对她来说仅仅做瑜伽是不够的，她必须成为一名瑜伽教练）。

洞察你的核心驱动力将使你理解为什么你会对有些活动很感兴趣，而对其他活动却毫不动心。更重要的是，它们将帮助你了解你是如何去热爱这些事的。

成就故事是了解你最有意义的那些事情的窗口。在分享成就故事时，人们描述了他们感到最投入的行动——在大多数情况下，那也是最深情的自己。

如果我们要求人们讲述那些只是带给他们快乐的行动，那么得到的故事就会是五花八门的。但是当问题是有关真正的成就感时，我们通常能够看到一个人最好的一面。

我听成就故事已经超过10个年头了，现在已经积累了几千个这样的故事。这些故事会让每一个人都由衷地认同，它们是能够给人带来更深刻的满足感的，如：为他人服务，为团队的成功做出贡献，与不公正现象作斗争，组织为公共利益而服务的活动。自私的快乐可能会带来片刻的满足感，也许能持续一整天，但它们不是那种多年后你还记得的事情。

策略 10   分享带来深刻满足感的成就故事

人们很少讲述他们深具成就感的故事，如果有的话，也是被要求的。我们必须有意识地在自己和他人身上挖掘这些故事。讲述、倾听和记录这些故事的做法，为我们打开了应用同理心之窗，让我们能够发现自己深厚的欲望。

分享成就故事就像是为你自己、你的同事和你的整个组织制作了一份讲述欲望如何诞生和形成的传记草图。理解别人是如何被激励的，会让你产生更多的联结感，并有可能以一种最大化激励每一个人的方式来组织团队，因为团队中的每个成员都能够从事满足他们内在动力的行动。

第二种循环是欲望的积极循环。它开始于有人示范了一种不同的

相处方式——一种非竞争性的方式。在这种方式中，对欲望的模仿是为了一种可以充分分享的共同利益。

　　伟大的领导者会开启并维持积极的欲望循环。他们对他人抱有同理心，想了解别人，也渴望被别人了解，不论其在组织中的身份是什么。他们专注于培养深厚的欲望。他们超越了破坏性的模仿循环，打开了一个蕴含新的可能性的世界：一个超越我们眼前欲望的世界。

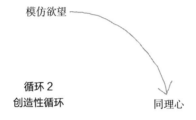

循环 2
创造性循环

模仿欲望

同理心

第七章　超越型领导力

伟大的领导者如何激励和塑造欲望

自我陶醉的冰激凌甜筒……隐秘的渴望……最小可行欲望

如果你想造一艘船，先不要去雇人收集木头，也不要给他们分配任何任务。你要先去激发他们对海洋的渴望。

——安拖万·德·圣-埃克苏佩里，法国作家

苦日子来临，我们需要写作者的声音，他们能够看到不同于现在的生活方案……看到其他的可能，为希望寻找真正的理由。我们需要那些能够记录自由的写作者，包括诗人、预言家，那些在更宏大的现实中进行创作的现实主义者。

——厄修拉·勒古恩，美国作家

惠特尼·沃尔夫·赫德拥有一个价值数十亿美元的约会帝国。她

旗下的在线约会应用程序 Bumble 改变了约会这件事的游戏规则：系统在进行异性配对时，禁止男性主动发起邀约。沟通是否开启，取决于女性。

2019 年底，赫德表示她最重要的项目，是打开印度的约会市场，这个国家在 2018 年被汤森路透基金会评为世界上对女性最危险的国家。在那里，性暴力发生的频率特别高。"印度完全无视妇女的权利，对她们毫无尊重。"曼朱纳特·甘加达拉说，他是印度西部卡纳塔克邦的政府官员。赫德并没有被困难吓倒。"只是因为这里某些东西不像世界上其他地方那样进步，"她告诉 CNN（美国有线电视新闻网），"但并不意味着人们没有这种愿望。"[1]

挖掘未被发现的欲望，是伟大领导人的标志。托尼·莫里森并不满足于只为白人读者写作，她开创了市场上尚不存在的一种图书类型。"我的书，关注的是那些最脆弱、很少被提到，也很难被认真对待的黑人小女孩，这在文学上绝无仅有。她们常常作为工具人物出现，从来没有人认真描写过她们的内心世界，"她在 2014 年接受《NEA 艺术》杂志的采访时说，"我写了一本这样的书，是因为我自己想读它。"

你可能已经了解到，欲望不会凭空产生。它们是在人类互动的复杂世界中产生和被塑造的。必须先有人做个示范。

这一章有关领导力——只有了解了欲望，才能充分理解领导力。领导者有意引领着人们的欲望，增加或减少它们，或让它们与以前大不相同。就是这样，每个公司都是如此。一个企业并不是简单地在"满足"人们对产品和服务的需求。相反，它在引领和塑造欲望方面发挥着关键作用。

当然，欲望可以被塑造为一种自我满足的形式。在过去 20 年里，没有哪个行业能像色情业一样危害着人们的欲望。在线色情产业已经创造了数十亿美元的利润。即使你没有受到影响，你的孩子们也会受到影响。而且，就像我们知道的，所有的欲望最终会交织在一起。我们的文化会受到什么样的影响？我们看待其他同胞的方式会有所改变吗？人们想要从一段关系中获得的东西会被影响吗？许多企业满足了人们当前最基本的欲望，并利用这些欲望攫取利益。

但任何事情都要辩证地看。欲望并不只有肤浅的一面。就其本质而言，欲望是超越性的。我们一直在渴求更多。问题是，我们到底是在帮助人们朝向最深厚的欲望前进，还是在不知不觉中向他们兜售着可悲的欲望陷阱？

在这一章中，我们将讨论为什么模仿欲望是领导力的一个关键因素。胆小怕事、小肚鸡肠的领导人会受到系统内欲望的驱使，这种欲望以自我为中心、循环往复，聚焦于团队的内部。它带来了竞争和冲突。即使在最好的情况下，它也不会带来任何好的结果。慷慨大度、有开创精神的领导者是由超越性的系统外欲望驱动的——这种欲望向外延伸，超越现有的范式，因为引领者来自外部。这些领导人扩展了团队中每个人的欲望宇宙，并引领他们进行探索。

让我们仔细看看系统内欲望和系统外欲望之间的区别，从而了解两种不同的领导力。

系统内欲望

当我还是一个 11 岁的孩子时，游乐场中我最喜欢的游戏是疯狂旋转盘。那是一个看起来像飞碟的设施。你需要走入设施中，靠着墙上的一块软垫板，并用安全带把自己绑在这个板子上。

设备操作员坐在正中间，周围旋转着的一切都与他无关，他自顾自地抚摸着一头油腻的长发，盼着下一次休息时能抽上一口烟。他按一下电钮，圆盘就开始围绕他旋转。紧接着，开始出现金属伴奏，灯光变得暗淡，转盘的旋转速度开始加快。速度越来越快，直到机器达到 24 转 / 分钟的速度，用比重力大 3 倍的离心力把你钉在墙上。你所在的板子开始向天花板上升。

直到游乐设施停止旋转之前，你都被绑在那儿一动不能动。你甚至不能转过头去看看朋友的傻脸。你只是在忍受。

许多人在后来的生活中会发现，自己常常处于这样的悲惨处境中，被欲望的引力系统所俘获。在这个欲望系统中，每个人都在打转，被钉在墙上，无法逃脱，以同样的方式渴望着同样的东西。

当厨师塞巴斯蒂安·布拉斯按照米其林的游戏规则工作时，他就处在这样的系统中。许多公司就像一个"疯狂旋转盘"，领导者位于居中的位置，他们就像操作游乐设备的油腻中年人一样，让一切都围绕着他们旋转。不是每个公司都有明面上的等级制度，但几乎每家公司都有一个神圣的中心，一切都围绕着这个中心转。

这就是一个系统内的欲望系统，在这个系统之外没有引领者，所有的欲望都指向里面。（我们也可以把这称为**系统性的欲望**——也就是说，欲望在系统内部产生。）[2] 这种状态在美国情景喜剧《办公室》中有所体现，故事虚构了一个名为丹德·米夫林的造纸公司的办公室生活。该公司的区域经理迈克尔·斯科特被彻底地困在一个欲望系统中，他几乎无法想象整个世界为何以及如何离他而去。该剧之所以有趣，很大程度上是因为人物的利害冲突极小，人物的世界和格局也非常小。

系统内欲望就像一个"自我陶醉的冰激凌甜筒"。这是美国宇航局艾姆斯研究中心主任皮特·沃顿创造的一个短语，用来比喻美国宇航局的官僚体系。这个短语可以用来指代那些除了维护自己的存在之外毫无用处的系统。[3]可笑的是，一个以探索宇宙为目的的组织，会被卡在自己的肚脐眼里。当一个组织缺少超越型领导力的加持时，这就是常态。

超越型欲望

还有一种与众不同的领导力，内含超越性的欲望。超越型领导者拥有自身系统之外的欲望引领者。历史上最伟大的作家和艺术家都被这种欲望所驱动，这就是他们的作品具有永恒性的原因。他们并不局限于所处时代盛行的表层欲望。

当肯尼迪总统告诉美国人"我们选择登月"时，他塑造了一个超越时代的愿望。他说："我们决定登月，我们决定在这10年间登月，并且做些其他的事，不是因为它们简单，而是因为它们困难，因为这个目标将有益于组织和分配我们的优势能力和技能。"[4]一个极大的欲望为其他所有的欲望提供了模范和秩序，我们之后会详细讲到这一点。

马丁·路德·金寻求实在的正义，这超越了当时大多数人的想象。大多数美国白人只知道满足于种族隔离所带来的舒适感。他将他们从沉睡中唤醒，塑造了一种超越左派和右派、自由派和保守派、世俗和宗教的真正具有变革性的欲望。

但在金被枪杀后的几年里，我们痛苦地看到，欲望是善变的，惯性是强大的。如果没有更多像金这样的超越型领导者——不仅在种族领域，而且在生活的各个方面——我们将跌落到一个缺乏想象力的封闭的欲望系统中。

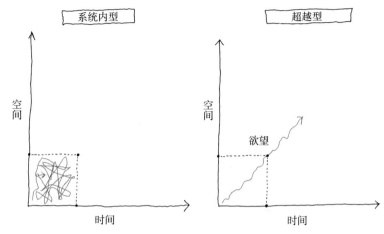

领导力和欲望

系统内型

空间

时间

超越型

空间

欲望

时间

　　超越型领导者将经济视为一个开放的系统。我们有可能找到新的或者尚未被实践的方法，同时为自己和他人创造价值，人和人之间不是彼此冲突的。如果反过来，当经济被视为一个内在的系统时，它就成了一个零和游戏。当人们为同样的东西竞争时，一个人的成功只能以牺牲另一个人的利益为代价。

　　作为一个超越型领导者，医生的工作将不仅是照顾病人的身体，而是要超越身体，看到原本的人。亚伯拉罕·M.努斯鲍姆医生在他的著作《使命传承：一位医生对医学复兴的探索》中写道："但我们可以做的是，不仅把自己看作能够控制身体的技术人员。对于患者来说，有时我们也可以成为园丁、老师、照料者、见证者。"[5]

　　被超越型欲望所激发的领导力并不会被现实所局限，反而会超越它，寻找更有意义的东西。先把自己的生活和工作看成是一个舞台，在这个舞台上，两种欲望在争斗。下一步更艰难，但是也更重要，选择去超越那些现在能提供给你奖励和让你感到舒适的系统。

根据我的经验，超越型的领导者至少有以下 5 个技能。

技能 1：转移欲望的引力场

超越型领导者不会坚持把自己的欲望放在首位。他们不会要求所有人和所有事都必须围绕着自己转。相反，他们会有意识地把重心从自己身上移开，转向一个超越性的外部目标，这样他们就能与自己的团队并肩而立。

玛丽亚·蒙台梭利拥有看透欲望本质的敏锐洞察力，她使用这种洞察力建立了她的教育方法，并改进了针对儿童的工作。1906 年，当蒙台梭利还是一名年轻的教师时，她被赋予一项艰巨的任务：负责教育来自贫民区的 60 名幼童，他们大部分年龄在 3～6 岁，住在罗马圣洛伦佐附近的一个专门为低收入父母提供的公寓区内，那里也是整座城市最贫穷的地方之一。

因为父母要工作，大一点的孩子要去上学，小一点的孩子白天就被丢在家里。他们开始搞破坏，在大厅和楼梯上跑来跑去，在墙上乱涂乱画，使得这里一片狼藉。蒙台梭利在她的回忆录中写道，当她第一次见到他们时，他们是"泪流满面、惊慌失措、害羞的，但又是贪婪、暴力、充满占有欲和破坏性的"[6]。公寓的管理者叫她来帮忙。

几个星期以来，她一直进展缓慢。在"儿童之家"里摆放小桌子和椅子的简单设置，对创造秩序有很大帮助。但是，仍然不算是突破性进展。一天早上，她有了一个新想法。她注意到孩子们很努力想要控制住流鼻涕和打喷嚏。她构思了一个课程计划：教孩子们如何使用手帕。这是一个简单、实用、人性化的举措。

她首先从口袋里掏出一块手帕，向孩子们展示不同的使用方法：

如何折叠，如何擦拭鼻子，如何擦拭他们眉毛上的汗水，如何擦拭他们嘴角的面包屑。

孩子们全神贯注地观看。他们只是在学习如何使用手帕，但这就好像他们在 1906 年得到了一部新的苹果手机，第一次学习到如何开启改变世界的力量。他们的兴奋之情溢于言表。

然后，蒙台梭利为了逗孩子们开心，教他们如何以最不引人注意的方式擤鼻涕。她把手帕折叠，用手拿住，孩子们靠近并试图看清。随后她用这只手捂住鼻子，闭上眼睛，来回扭动手帕，并轻轻吹气，没有发出任何声音。

她以为自己夸张的动作和完全无声的擤鼻涕行为会激起笑声。但没有一个孩子笑出声，准确地说连微笑都没有。他们惊讶地张大了嘴巴。他们相互看着，确认自己没看错。"我差点以为我搞砸了，"蒙台梭利在《童年的秘密》中写道，"他们随后爆发出掌声，就像剧院里长期压抑的喝彩声。"[7]

他们意外反应的背后是什么？根据蒙台梭利的说法，这些孩子有记忆以来的所有时间，都在因为流鼻涕而被责骂和嘲笑，但从来没有人告诉他们如何使用手帕。这堂课让他们感到"过去的羞辱得到了补偿"，"他们的掌声表明我不仅公正地对待了他们，而且使他们在社会中获得了自己的立足之地"。

当学校的放学铃声响起，孩子们排着队跟着蒙台梭利走出了学校。"谢谢你！谢谢你的课！"他们喊着，跟在她身后。当他们走到前门，孩子们开始冲刺。他们无法抑制自己的兴奋之情。他们要跑回家向家人展示自己新学会的技能。

蒙台梭利在那天发现了一些曾经不被承认的，关于孩子们的事实：他们渴望长大，在这个世界上拥有自己的位置，在尊严中成长。

她为孩子们开启了这段旅程。

"K12 教育的最后一项重大创新来自蒙台梭利。"风投人马克·安德森说道。[8] 她创新的不仅仅是一套方法或课程，她从欲望的角度重构了教育。她给孩子们的想象力松绑，让他们按照自己天然的好奇心和探索欲来学习。她允许他们拥有强烈的欲望，尤其是对学习的强烈欲望，而不是在欲望的火焰蔓延和变强之前将其熄灭。（例如，她没有沿着严格定义的、压迫灵魂的、走马观花的线路，把孩子们从一堂课送到另一堂课上，机械地给他们灌输知识。）

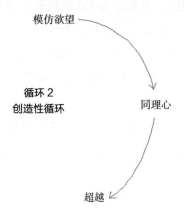

模仿欲望

循环 2
创造性循环

同理心

超越

蒙台梭利在《蒙台梭利方法》一书中写道："儿童早期教育的目标应该是培养儿童自身的学习欲望……我们必须知道如何唤醒潜伏在儿童身体中的那个渴望成长的人。"[9]

成长为更成熟的成年人，而不是作业获得 A、赢得小联盟比赛或因良好行为获得花瓣贴纸，是每个孩子的首要和最重要的事业，是他们每个人私底下最在乎的事情。

好的教师会唤醒孩子们沉睡的欲望并引领新的欲望。蒙台梭利把教师的作用比成一个伟大的艺术家在教另一个人去欣赏人生。"这就好比当我们正心不在焉地看着湖岸时，一位艺术家突然对我们说：'在那片悬崖的阴影下，湖岸的曲线是多么美丽。'听了他的话，先前我们几乎毫不在意的景色，就像被一束突然出现的阳光照亮一样，在我们的脑海中留下了深刻的印象。"

蒙台梭利式的教师会示范如何拥有具体的欲望，然后作为欲望的引领者**退出**，这样孩子就可以直接行动。她说，教师的职责是"提供一线光明，然后（让学生）继续前进"[10]。

一个好的领导者永远不会成为一个障碍或对手。她会与她所领导的人产生共鸣，并指明超越他们之间关系的长远利益所在。她会将重心从自己身上移开。

技能2：理解真相传播速度的重要性

一个组织的健康程度与真相在其中传播的速度成正比。[11] 真相或真理就其本质而言是反模仿的，它不会因为模仿性的受欢迎或不受欢迎而改变。

真相快速和便捷的流动阻击了破坏性的模仿和竞争。模仿是对真相的扭曲、伪装和误解。当真相在一个组织中流动缓慢，或者当它不断被某些人的意志所扭曲时，模仿就会占据主导地位。[12]

还记得百视达（美国家庭影视娱乐供应商）吗？ 2008年，这家现已倒闭公司曾经的首席执行官吉姆·凯斯告诉哥伦比亚广播公司的新闻记者拉雅·阿里："坦率地说，我对大家对网飞的迷恋感到困惑……网飞并没有真正拥有或做过任何我们自己不能做，以及还没有做的事情。"[13]

市场并不认同这个观点。在后续的两年里，网飞公司的股价暴涨了 500%，而百视达的股价则暴跌了 90%。在百视达的会议室里，投资者和高管之间爆发了争吵，他们宁愿把矛头指向别人，也不愿面对事实：视频行业正在发生天翻地覆的变化。[14]

在危机时期，来自公司内部的威胁被低估了。不愿意承担责任的人找到了替罪羊，无辜的人受到牵连。与此同时，来自外部的威胁会给出致命一击。

如果不能勇敢地面对真相，开展有效沟通，并迅速采取行动，公司将永远无法立足现实，也不能对现实做出适当的反应。任何依赖适应能力的人类项目，其成败都取决于真相的传播速度。这对一个班级、一个家庭和一个国家都一样。

策略 11　提高真相传播的速度

真相从 A 点（原点）到 B 点（最需要了解它的人），再到每个人的速度到底有多快？

如果一个销售业务员了解到有关竞争对手的重要信息，这个信息如何能快速传递给首席执行官或关键决策者，并让他们快速做出反应？

在健康的初创企业里，真相的传播速度很快。当关键的新信息出现时，每个人都能在几秒钟内知道。这个消息会直接出现在群发的短信中，或者你身边会有个人直接站起来分享。每个人都能实时地看到和听到。但是，在一所大学里，真相的流动有多快？在一个家庭里呢？在脸书或亚马逊这样的大型科技公司呢？或者在通用电气这样的大型传统公司又会是什么样？

当然，这取决于真相是什么。不过确实有一些方法可以测试各种不同的真相在组织中流动的速度，无论是尴尬的、有启发性的、无聊的还是存在性的真相。那些衡量真相速度并采取措施改善真相传播路径的公司比那些从不衡量真相速度的公司更有优势。

下面提供一个简单的实验方法。在你的组织中选定一个需要了解真相的关键主管或雇员，向他解释你打算做什么，同时让他暂时对其他人保密。然后，让一个外部人士匿名在组织的各个层面植入一些重要信息。准确地测量一下，从不同的起点到达应该获知相应信息的人需要多长时间。

另一种方式是分别观察有老板和没有老板的会议是什么样的。计算大家在会上说了多少次具有挑战性的代表真相的话语。用真相的数量除小时数：这就是每小时的真相数量，或称"真理的速度"。可以据此做一下对比。

在工作面试中，我会问："你曾经为真相做出的最困难的牺牲是什么？"如果应聘者不能回答，或者如果他们要先花一分钟的时间反复犹豫，我就不会雇用他们。他们还没有充分意识到真相的重要性。而且他们会降低真相在我生命中的传播速度。

公司必须学会适应环境才能生存。但如果真相被歪曲、隐瞒或减缓，公司就无法快速适应不断变化的环境。如果你从进化的角度来看待一个公司，只有那些传播真相最快的公司才能快速变异，从而生存下来。

理性对于人类的繁荣至关重要，但我们对其力量的信仰却被大大贬低。1900 年去世的哲学家弗里德里希·尼采是在过去的 200 年中为贬低理性做出最大贡献的人。他强调自由意志的力量，把智慧和理性降到了观点和解释的领域。

在古典哲学中，至少在亚里士多德的传统中，意志和智慧并不是相互对立的，而是共同发挥作用的。智慧为意志提供信息，帮助指导行动，而行动影响了智慧掌握真理的能力。如果你承认了模仿欲望的现实，你将有能力通过有意识的思考选择自己的行动，来抵制你生活中的消极模仿。通过这样做，你可以积累关于模仿欲望的经验，这将远远超过本书所能提供的内容。

对真理的热情追求是反模仿的，因为这是在努力实现客观的价值，而不是模仿的价值。领导者如果接受并亲身示范如何求真务实，在组织内提高真相的速度，就能使自己免受一些伪装成真相的不稳定的模仿运动的影响。想要试一试吗？试着阅读至少过期了一周的报纸。那些伪装的模仿谣言会不攻自破。

技能3：拥有卓越的洞察力

当真相尚未昭显时，会发生什么？

追求真理是反模仿的重要方式，但它有局限性。我们并不总是像自己认为的那样理性。诺贝尔经济学奖得主丹尼尔·卡尼曼、阿莫斯·特沃斯基和理查德·塞勒已经证明人类有多容易被欺骗。理性本身也有局限性，这个世界不只靠理性运作，还有我们的爱人、职业和个人目标。这是一个超越理性的世界，而超越型领导者知道自己该做什么。

"decision"（决定）这个词来自拉丁语"caedere"，意思是"切割"。当我们决定去追求一件事时，我们必然要切割掉另一件事。如果没有舍弃，我们就根本没有做出任何决定。

另一方面，"discernment"（洞察力）这个词来自拉丁语词根"discernere"，意思是"做出区分"。它代表着能看到两条道路之间的区别，并知道如何选择一条更好的路的能力。

洞察力是一项必要的技能，因为它可以使决策**包含理性的分析，同时又超越理性**。这对于选择和舍弃欲望而言至关重要。

当所有的理性选择都被摆出来之后，如果我们还是不知道该如何前进，怎么办？这种情况在生活中经常发生。

电影制作人喜欢这些把戏，因为这种情况在人类经验中非常普遍。在 2008 年的蝙蝠侠电影《黑暗骑士》中，有一个堪称经典的场景。小丑在两艘渡轮上安装了炸药，一艘载有被定罪的犯人，另一艘载有普通公民。每艘渡轮都有一个引爆器，可以炸毁另一艘。小丑告诉两艘渡轮上的人，如果他们不炸掉另一艘，他将在午夜前同时炸掉这两艘渡轮。时间开始流逝。

这是一个经典的博弈论问题。我们可以生成一个所有可能结果的图表，甚至能推测出每艘渡轮先被炸毁的概率。但生活并不等同于数学问题。即使卡尼曼、特沃斯基和塞勒本人都在船上，也无法帮助我们做出万全的选择。

理解这类问题的最好方法，是将其视为欲望的困境。如果你仔细留意问题解决的过程，即使是在电影中，你也会看到它们最终取决于做决定的人最想要什么，而不是漫长严肃的理性分析。

在一幕高潮戏中，罪犯渡轮上的一名囚犯向已经被恐惧所麻痹的监狱长索要引爆器。他说："我会做出你 10 分钟前就该做的事。"监狱长放弃了引爆器，罪犯则把它扔进了河里。

而另一艘渡轮上的一直试图摁动引爆器扳机的男子，意识到渡轮上的罪犯并没有采取行动，因此决定先不引爆炸弹。这为蝙蝠侠到来并拯救一切赢得了足够的时间。

小丑认为每个人都会基于自我利益而行动，但他错了。有些事情超越了小丑的想象，世界不仅仅是他想玩的游戏，不仅仅有理性分析。

关于如何提高一个人的洞察能力的问题，已经有许多书论述过。下面提炼一些关键的要素：（1）在评估不同的欲望时，注意觉察内心的活动——哪些欲望会给你带来短暂的满足感，哪些欲望会给你带来持久的满足感？（2）问问自己，哪种欲望是更慷慨、更有爱心的。（3）假设你即将死亡，问问自己，你会因为遵循哪类欲望而更加平静？（4）最重要的是，问问你自己，这个欲望来自哪里？

欲望需要辨别，而不是选择。洞察力存在于现在和未来之间的边缘地带。超越型的领导者能够在他们自己的生活中，以及在他们周围人的生活中，创造出这个缓冲空间。

技能 4：在沉默和独处中思考

对人类来说，独处是一件好且必要的事情。我指的不是被迫监禁，那在监狱里更常见。我指的是自由、自愿地决定，将自己限制在孤独之中，以便更清晰地思考，找出自己想要什么，以及别人想要什么。

在大约 1 800 年前的埃及，成百上千的人离开城市，到沙漠中过隐居的生活。他们以圣人安东尼为榜样。在 270 年前后，他卖掉了自己的财产，把收入分给穷人，并在孤独的沙漠中寻求神明的启示。这些隐居沙漠的人被称为"沙漠教父"，是后来修道院生活的先驱。就像佛陀释迦牟尼在大约更早的 500 年前所做的那样，他们通过静修来直面自己的欲望。

一些僧侣团体，如被称为特拉普教派的教团，至今仍然遵守极其严格的沉默和苦行的誓言，包括睡在木板上和一年中的大部分时间都禁食。今天，世界上大约有 170 座特拉普派修道院以及约 23 个加尔都西会教派的隐修院，后者的修士与特拉普派进行着相似的苦修，他们在被称为"牢房"的房间里坚守着严格的沉默誓约。

值得一问的是，为什么会有人主动选择这样做。

我们通过沉默，学习如何与自己和平相处。我们通过沉默，了解关于自己是谁和想要什么的真相。如果你不确定自己想要什么，没有比在一段时间中保持完全的沉默更有效的方法了，但不是几个小时，而是几天。[15]

17 世纪物理学家、作家、发明家兼数学家布莱兹·帕斯卡写道："人类所有的问题都源于人类无法独自安静地坐在一个房间里。"如今，噪声已经成了公共健康的危机。政府将永远不会也无法解决这个问题，但我们自己可以选择为其做些什么。

根据我的经验，洞察欲望最有效的途径就是静修。在理想情况下，你至少需要 5 天（最少也需 3 天时间），找到一个偏远的地方，远离所有喧嚣和电子屏幕，并且不要说话。

我曾经在专业的静修中心做过这样的修习，在那里，仅有的噪声来自大自然、公共餐厅中勺子与汤碗的碰撞声（在那里，每个人都在莫扎特或巴赫的音乐声中安静地吃饭），以及每天与导师或静修中心负责人那 30 分钟的交流。

静修是一些宗教传统中的常见做法，但没有充分的证据表明这种做法仅限在宗教背景下使用，定期的沉默和独处是人类的普遍需要。关键是找到一种适合你的 5 天静默生活的方式。最好给自己加一些约束条件，比如遵守一个地处偏远的静修中心的行为准则，这样会更容易执行下来。你需要破釜沉舟，不用给自己留后路。[16]

沉默会让你的感受变得非常活跃。来自世界各地的人沿着圣詹姆斯之路（西班牙语称为圣地亚哥朝圣之路）朝圣，从法国的圣让-皮耶德波尔到西班牙西海岸附近的圣地亚哥-德孔波斯特拉，大约 790 千米的朝圣之旅，许多人沿路默默地行走着。

2013 年，我花了 14 天时间从莱昂到圣地亚哥-德孔波斯特拉，悠闲地徒步走完了这条路的最后 1/3（许多人能够花 30 天左右走完全程）。我希望有足够的时间来暂停、思考和交谈。我没有在沉默中徒步旅行，但当我遇到朝圣者时，我总是能看出他们的沉默。他们很坚定，低着头，一步步向前走，同时做着他们需要做的内心工作。

有些人会参加由寺院主办的静修会，这个会由僧侣们指导。还有人会每年在一个僻静的地方租一个小木屋住上几天。有多少人，就有多少种静默闭关的方式。沉默不应成为一种奢侈品，只允许硅谷大佬和僧侣参与。所有人都可以获得这些体验。

履行沉默的承诺是困难的。那些曾承诺每天要冥想 10 分钟却失败的人知道这有多难。

策略 12　为自己投资几天深度沉默

每年至少留出连续 3 天的时间，让自己安静地待着，什么都不用做。不许说话，不许看电子屏幕，不许听音乐，但可以看书。深度沉默是指，当正常噪声的回响和放松感完全褪去，你在与自己独处时进入的那种沉寂。5 天是理想的静修时间，因为通常直到第三天，世界上的噪声才会从我们的脑海中完全消失（那个时候，静默的好处就会涌现出来）。你可以先试着从 3 天开始。

找一个能够让你远离日常生活中的噪声源（如汽车鸣笛和马路喧嚣，如果你住在城市里）的地方，越远越好。

你也许可以考虑参加有指导的静修，在静修期间，带领者会给出简短的反馈，并帮助个人或团体策划一次静修体验。这些反馈或交流讲解的环节，是静修期间唯一打破沉默的时间。这种静修活动很适合由企业组织员工来参加，其中对冥想体验和反思环节的设置，可以与组织者的目的相一致。

我向所有的公司倡议，让你的员工每年至少有 3 天带薪的静修时间。有无数的静修中心和地点可供选择，其中一些我已在我的个人网站[1]上列出。只需要花不到大多数节日聚会费用的一半预算，就足以获得这类体验。你将从这种沉默的投资中得到回报——获得更加充满活力的、脚踏实地的、有干劲的员工。

这就是为什么需要静修。你必须将自己完全从正常生活中剥离出来，为它设置专门的时间和预算。

想象一下，你花了大量的时间和精力，带你的家人跨过大半个地球去度假。但当你到达目的地时，你的工作开始用它的"海妖之歌"召唤你。在最初的几天里，你不能自控地查看工作邮件。你想过离开，

---

① 作者的个人网站地址为 https://lukeburgis.com/。

早点回去。但是你人已经在那里了，你已经花费了太多，不能马上离开。沉没成本太高了。因此，你决定留下来，好好享受余下的假期，把工作放在一边。当你回头看时，一定会很高兴自己这样做。

技能 5：过滤反馈

超越型领导者不会过分迷恋新闻周期、市场研究或早期反馈。不是说这些东西不重要，也不是说领导者不应该对市场反应灵敏。但他们首先应该对深厚的欲望做出反应，包括他们自己的，以及其他人的欲望。

精益创业的方法论由企业家埃里克·里斯在 2008 年首次提出，这个方法论在 5 年内迅速成为各商学院的教条。[17] 其原理很简单：渐进式地建立你的商业，通过考虑过程中不断产生的反馈，快速验证和调整你所做的事情。

在精益创业的行话中，产品的第一个版本被称为**最简化可实行产品**（minimum viable product，简称"MVP"）。MVP 是"一个新产品的初始版本，它允许一个团队以最少的努力获得关于客户的最大程度的有效信息"[18]。（在欲望的语言中，MVP 对应客户的最小可行的欲望。）在初始版本创建之后，你要进行持续的学习和改进。

精益创业的方法有很多好处。它使理想主义的创业者免于心碎。它防止了时间和金钱的浪费，使产品能更快地进入市场，并为增长开辟新的可能性。种种方面都表明这是好事。一个不给用户提供他们想要的产品的企业家，不会在生意上做长久。

但精益创业技术是一种从根上基于**系统内欲望**的创业模式。这是一种涉及"民意投票"的政治，候选人只需要承诺和兑现公众告诉他们要做的事。这不是引领，而是跟随。有时，是纯粹的怯懦。

托尼·莫里森曾描述过她的学生在写作时有多么依赖他人的意见，**甚至会以此建立自己批判性的思考**。在一次采访中，她若有所思地说道："有一件事我一直很感兴趣，那就是学生们在只有原始资料的情况下，几乎不敢冒险表达任何观点和评论。他们谈论了很多与开创性的批评有关的内容，但不愿意公开发表自己对一些尚未被评论过的书的判断。直到了解了别人的看法之后，比如通过二手资料、他人的批评、老师的评语，他们才愿意做出评价。但令我震惊的是，他们花了这么长时间，才愿意冒险去评价一本他们自己很喜欢但没有听别人评判过的书。"[19] 他们的评价是模仿性的，他们不愿意对任何事情抱有立场。

超越型领导者不惧怕艰难的启动——开启一个不以反馈为前提的项目（反馈通常都由单薄的欲望组成）。他们愿意扎根在深厚的欲望上，倾听其声音。

这并不意味着精益创业方法论有问题。从实用的角度看，它是有价值的。只是这些适应性设计的原则，并不是我们建立公司或生活的基础。

2019 年 11 月 30 日，《华尔街日报》的一篇文章指责埃隆·马斯克回避市场研究。马斯克对梳理市场数据没有什么乐趣。他制造的东西是他自己想买单的，而且他打赌其他人也会想要它们。（这部分是因为马斯克知道他是一个欲望的引领者，他能够通过自己的渴求直接影响人们的需求。）

专栏作家萨姆·沃克称马斯克对市场研究的怠慢态度，在大数据时代是"鲁莽的"。"我不能责怪马斯克先生想成为独角兽，或认为自己是独角兽，甚至宁愿去生产只代表自己品位的东西，"沃克写道，"而不是一些公众的共识。"[20]

沃克认为马斯克是科技时代的一头恐龙。在他看来，自从史蒂夫·乔布斯推出苹果手机以来，世界已经发生了变化。我们有更好的分析工具，更多的数据，世界上所有的信息都在我们的指尖。他写道："传入的海量用户数据，加上人工智能和机器学习的进步，正在帮助企业在人类无法看到的水平上解码人类行为。简单地说，今天的天才们会去研究数据。只有傻瓜才会下赌注。"

当计算机能够筛选出数以百万计的数据时，市场研究就会赢得胜利。那些比别人更懂数据的人会占有优势。但问题是，在我认识的所有企业家中，没有谁对遵循计算机的指示感到兴奋。当然，一个企业家必须能够很好地理解数据，看到别人可能看不到的东西。但企业家的嗅觉要远远超出数据的范围。作为一个企业家，部分乐趣在于领导能力，一种能把欲望引领到一个新的地方的能力。

大数据是创业精神的坟墓。

当代没有哪位经济学家能比英国的伊斯雷尔·基茨纳更理解企业家在经济运行中的作用，他的企业家嗅觉理论抓住了欲望的精髓。基茨纳表示："一个试图理解无限开放的现实世界的经济学框架，必须超越分析视角，分析不能容纳真正的惊喜。"[21]

我对企业家的定义很简单。100个人同时看见一群羊，99个人的眼里是羊，只有一个人看到了羊绒衫。而这种企业家嗅觉并不是来自数据分析。它源于一种意愿和能力，让人想要看得更远，看到比目之所及处更多的东西，然后采取行动。

需要补充的是，在沃克关于马斯克的文章发表后不到10个月，特斯拉的股票已经上涨了超过650%，企业增加了超过2 000亿美元的价值。

　　未来会是什么样子？人工智能是否可以决定哪些新公司需要成立，哪些新产品可以推出？[22] 我们会不会生活在一个不再需要超越型领导者的世界里？

　　未来是人类欲望的产物。我们建造的东西，我们遇到的人，以及我们彼此的争斗，都取决于人们会在明天渴求什么。而一切要从学会如何渴求开始。

系统内领导力	超越型领导力
最终会导致破坏性模仿（循环 1）	超越模仿循环，获得自由
封闭固定的欲望系统 （经济领域的官僚主义）	开放、动态的欲望系统 （经济领域的企业家）
错进错出	识别错误
有关时代产物的艺术 （庞贝古城里的色情涂鸦）	超越时间和空间，有自己风格的艺术家 （卡拉瓦乔）
仅限于牢骚和愤世嫉俗的文学 （爱上囚笼的犯人）	试图说明错在哪里，并为此赎罪的文学经典（米格尔·德·塞万提斯）
谷歌一下	Alphabet X（谷歌的大胆创新计划）
万豪的酒店厨师	大厨多米尼克·克朗
纳斯卡赛车手	麦哲伦
笛卡儿主义者（"我思故我在"）	跳出头脑的世界
真人秀节目	虚拟现实技术
《戴帽子的猫》	《神奇动物在哪里》

第八章　未来的欲望

未来的我们将会渴望些什么

性爱机器人……征服者药丸……像鼬一样生活

> 我们必须重新审视历史，翻开那些已经发生的旧事，确保我们已经洞悉了真相，确保我们的生活不再受制于老套的献祭制度，能够蓬勃发展。通过审视历史，我们能获得更丰富的知识和更广阔的生活方式。
>
> ——勒内·基拉尔

知名企业家、作家兼未来学家雷·库兹韦尔在 2012 年被谷歌聘为工程总监。他声称自己对未来的预测有 86% 的准确率，例如他曾说："我认为'奇点'会在 2045 年到来，那时人类将与我们所创造的智能设备融合，这将会让人类的智慧增加 10 亿倍。"[1]

如果库兹韦尔是对的（他不是唯一预测奇点将会出现的人），我们必须要问：**那时的我们将会渴望些什么？**

另一位知名的未来学者伊恩·皮尔逊有一个想法。他预测到2050年，人类与机器人之间的性行为将多于人与人之间的性爱。[2] 我们会渴望和机器人发生更多的性关系，而它们也会"想"和我们发生性关系（你可以把这个"想"理解成程序化地模仿人类的欲望——一种人工智能形式的欲望）。

我不是未来学家，不知道你我在未来会渴望什么。但我知道，模仿欲望将会塑造未来的渴望。

世界上最先进的性爱机器人，比如马特·麦克马伦公司的情趣玩具工厂Abyss Creations生产的性爱机器人，是具有模仿特征的。它们会学习人类的眼球动作和调情语言，也就是说有人得先在床上调教它们。这些机器人的程序中甚至包括模仿人类的欲望，它们会学习向人类伴侣表达想要做爱的需求。

记者阿莉森·戴维斯在2018年访问了这家工厂，并在《剪报》杂志上记录了她的经历，文章标题为《在和性爱机器人交往后，我学会了什么》。文中提到了她与该公司最先进的产品哈莫尼的互动。"我们体验的目标是与她进行充分的互动，让她开始'渴望'你，然后我会问她，是否想要做爱，我觉得自己像个十足的变态。'还没到那一步呢，'她这样说，'我们还需要相互了解。'"

当这些性爱机器人发出"求爱"信号时，它们会按照程序设置做出嘴唇紧闭、眼睛半开的样子。是的，它们比任何人类的眼睛都要更大、更圆。这种故意的设计，是为了避免出现"恐怖谷效应"，这是日本机器人学家森政弘在20世纪70年代创造的一个术语。森政弘发现，机器人在外形上越像人类，就越有美感，但这是有限度的。一旦机器人看起来与人类过于相似，就像蜡像馆里的人物一样，它们就会变得令人毛骨悚然、心生不安和厌恶。³恐怖谷效应符合模仿理论：让我们感到恐惧的不是差异，而是相似性。

没有哪种相似性比欲望的相似更加危险。当机器人与人类仅仅是在外形上有所相似时，我们都会感到不舒服，所以请想象一下，如果他们开始和我们拥有相似的渴望呢？

当欲望汇聚到同一个对象上，冲突就不可避免了。人工智能真正的危险之处不是机器人有朝一日会比我们更聪明，而是它们开始**渴求**和我们一样的东西：我们的工作、我们的配偶、我们的梦想。

在机器或人类身上设计欲望，带来了有关未来的一系列严肃问题。历史学家尤瓦尔·赫拉利在《人类简史》一书中这样结尾道："我们也许很快就能改造自己的欲望，或许真正的问题不是'我们究竟想要变成什么'，而是'我们究竟希望自己想要什么'，如果还对这个问题视若等闲，那就是真的还没想通。"

我们究竟希望自己想要什么？这个问题令人不安，不仅是因为在一个欲望可能被随意编辑的世界里，我们很难不去怀疑到底是谁在编辑它们。另一点在于，也许我们**希望自己拥有某些欲望**，却不一定具有开启欲望的能力。

当没有人来引领欲望时，我们便很难有所渴求。那些为未来创造的欲望介体，对我们欲望的形成至关重要。

我们在未来会渴望什么，取决于3件事：欲望在过去是如何形成的，在现在是如何形成的，以及在未来将要如何形成。在本书的最后一章中，我们将简要地探讨这3个阶段。

首先，我们有必要理解自己是如何逐步拥有现在的欲望的，不论是个体的欲望还是整个社会的欲望。有充分的证据表明，在过去60

年间，美国文化的模仿特征越来越强。有几个迹象可以说明这一点：政治和社会的两极分化加剧，市场剧烈波动，社交媒体成为替罪羊的生产机器。[4] 可以说，自从出现把人类送上月球的想法之后，再没有哪个大的共识能够凝聚整个世界的集体想象力。（你可能认为还有互联网，但事实上没有什么比互联网更缺乏想象力了，也没有什么东西比互联网更能创造出更多的系统内模仿欲望。）

其次，我们当下正面临一个至关重要的历史节点。人类社会正处于一场模仿危机的急剧升级阶段。模仿欲望已经转向内部，人们将目光对准彼此，紧张局势正在加剧。和过去一样，我们需要寻找一个技术性或务实的解决方案——替罪羊机制正在隐现。我们可能会把这个问题当作**客观**的问题，一个可以用聪明才智和工程技术来解决的问题。或者，我们需要意识到，模仿欲望是人类生存境况的一部分，想要转化我们和欲望的关系，将是更为艰苦的工作。

最后，欲望的未来如何产生，取决于我们将如何在个人生活，以及自身所处的欲望系统中掌控模仿欲望。

未来的我们将渴望些什么，取决于当下的我们如何选择。每当你躺在床上准备睡觉的时候，你就已经改变了明天的路线，也许让路线变得更容易了，也许是变得更艰难了。而且影响的不只是你自己，所有人都会受到影响。

停滞与颓废的社会文化

当今世界上最强大的公司之一，是受大学花名册启发命名的脸书。

大多数人都已经发现，脸书不仅仅是一个被动扩充朋友圈的地方，它更是一个塑造身份的工具，不管是真实的还是渴望的身份。（你真的是一个户外徒步旅行的狂热爱好者，还是说那张精修的度假照片其实是你在第一次出门远行时拍下的？）脸书用其他人精心策划的生活，为我们提供了无穷无尽的欲望引领者。这是它吸引我们的原因，也是我们对它有着复杂感受的源头。脸书的出现，象征着世界进入了新生堂时代，在这个时代，我们大部分时间都在低头看屏幕，其实是在偷瞄我们的数字邻居。

脸书并不是这一变革的开创者。尽管互联网通过连接世界创造了巨大的经济价值，但它加速了模仿竞争，转移了人们对其他领域创新的注意力。

少数互联网公司的非凡成功，掩盖了人类在其他领域缺乏重大突破的尴尬。

在阿尔茨海默病和其他退行性神经疾病的治疗领域几乎没有什么医学进展，然而在 85 岁以上的美国人中，近 1/3 会受到这些疾病的困扰。癌症仍然是不治之症。世界上许多地方的人的预期寿命都在缩短，生活质量也在下降。

协和式飞机在 2003 年进行了最后一次商业飞行。火车、飞机和汽车的速度仍与 50 年前差不多。自 20 世纪 60 年代初以来，通货膨胀调整后的工资对大多数美国家庭来说早已停滞不前——虽然工资的绝对数额已经增长，但购买力却几乎没有增长。[5]

我喜欢烹饪，会在雨水充沛的周六下午收看电视上的烹饪节目。但我不禁想，这些节目的泛滥——成千上万的节目和烹饪比赛在美食频道上 24 小时不间断地滚动播放——是我们文化停滞和颓废的症状。我们无法想象超凡脱俗的东西，只能去寻找新的方法来切鸡蛋或收看"大胃王"吃面的节目。

即使在技术领域，相比人们的期望，创新的进展也**比人们预期的**要缓慢。截至本文撰写时，苹果手机和它在 2007 年面世时，并没有什么大的变化，虽然软件和硬件都更丰富了，但用起来的感觉还是一样的。商业竞争退化成一种仪式，而不是真正的创新和创造的过程。我们生活在一个味同嚼蜡的无趣时代。

人们的精神仿佛也停滞了。世界的模样变得让人失望。[6] 从 20 世纪 60 年代开始，在美国和欧洲，宗教开始成批消亡，一直持续到今天。[7] 这一趋势通常被归结为政治变化、理性主义的上升，或教会自己内部暴露出的问题，如性虐待。但事实更为复杂。从我的角度来看（作为一个宗教研究者），人类最深厚的欲望正在被批发甩卖——这是格雷欣法则的一种形式，即劣币驱逐良币。在这种情况下，肤浅的欲望赶走了深厚的欲望。

当一些宗教领袖卷入琐碎的政治和文化战争时，数以百万计的人开始把他们深厚的欲望托付给谷歌的搜索框，而不是牧师、拉比或僧侣。谷歌总是在那里，在一天的所有时间里，至少能提供看起来是匿名的、非评判的和有点道理的答案。

纽约大学斯特恩商学院教授斯科特·加洛韦认为，四大科技公司中的每一家都挖掘了人类内心深处的某种需求。[8] 谷歌就像一个有求必应的神灵，回应我们的每一个问题（或者说"祈祷"）；脸书满足了我们对爱和归属感的需求；亚马逊给我们带来了安全感，使我们能够随时获得大量的商品（即使在新冠肺炎疫情期间，亚马逊也没有中断服务），它确保了我们的生存；而苹果则满足了我们对个人魅力以及与其相关的地位的需求，人们通过与一个具有创新、前瞻性思维的昂贵品牌联系起来，证明自己是有吸引力的。在许多方面，四大科技公司比教会更能满足人们的需求。[9]

巨头们也在想办法处理欲望问题。绝大多数人考虑的不是单纯的生存问题，他们在试图弄清楚自己下一步想要什么，以及如何才能得到它。四大科技公司为这两个问题提供了答案。

作家罗斯·杜塔特在自己的著作《颓废社会》一书中写道："太空时代的结束与发达国家的内向化相吻合，这并非巧合。信心危机出现，乐观主义退潮，人们对制度丧失信心，将兴趣转向治疗哲学和虚拟技术，放弃了意识形态上的追求和宗教中的希望。"[10] 我们陷入了经济停滞、政治僵局和文化衰竭的困境，就像那些吃完了所有万圣节糖果的孩子，呆呆地坐在地板上问："现在该怎么办？"

杜塔特在"舒适的麻木"一章的结尾写道："如果你想体验一下西方社会的动荡，那绝对有一款适合你的手机应用，一款令人信服的模拟游戏能够满足你。但现实世界更加令人拍案叫绝，西方社会有可能真的靠在一张安乐椅上，挂着一些令人迟缓的点滴，不断播放和重复着它狂野而疯狂的青年时代的意识形态至上的磁带，在想象中激起昂扬的情绪，事实上，它已陷入舒适的麻木状态。"[11]

虽然杜塔特没有明说，其他人也并未深究，但模仿似乎是我们停滞和颓废的主要原因。我们缺乏一个系统外的具有超越性的参照系。与此同时，每个人或多或少都在模仿着别人。我们的文化被卡住了，因为我们都在争夺同一个水池的空间，尽管旁边就是大海。但没有人敢公开谈论这种模仿。它是推动我们文化发展的隐秘力量，谈论它却是禁忌的，就像我们不愿公开谈论嫉妒。

就好像每个人都试图否认万有引力的存在，却又想知道为什么人们会跌倒。[12] 没有人敢说自己是模仿者，也没有人敢指出，驱动他们的决定、想法或集体行动的动力就是模仿。

美国制度的记录者亚历克西·德·托克维尔在 1835 年写下的《论美国的民主》一书，描述了一个看上去很像是模仿危机的阶段。他认为天真地设想独立是危险的。在一个越来越自由、强调个人主义和高度平等的社会里，人与人之间的细小差异会更加引人注意，这时会发生什么？与一个平等程度较低的社会相比，它将可能使人与人之间的敌意程度更深。托克维尔写道："当所有条件都不平等时，就没有哪种不平等能大到令人感到不快了。而哪怕是最细小的差异，在普遍一致的社会中，都会令人震惊。当所有人都出奇的一致时，这种景象终会令人难以忍受。"[13]

平等在某些领域确实重要，例如基本的人权和公民权利，或者每个人追求深刻欲望（在美国，这被称作追求幸福）的机会。但在为这些事情而奋斗时，我们也开始为一些**无关紧要的**平等所困，也就是那些肤浅的欲望：和别人赚同样多的钱，拥有同样多的粉丝，希望和地球上的 80 亿人中的任何一个拥有相同的地位、被尊重感和职业声望。

对重要事物的追求和对那些无关紧要之事的欲望是彼此交错、相互影响的，因为模仿欲望具有模糊界线的作用。它把我们的注意力从深厚的欲望转移到肤浅的欲望上。当对平等的渴望被模仿欲望劫持时，我们看到的只是想象中的或表面上的差异。[14]

我们可能会发现自己处在一个破坏性欲望的循环之中。但是，这本身并不是致命的。有人认为它是致命的，因为他们似乎认为自己别无选择。我们的社会是颓废和停滞的，因为它缺乏希望。希望是对某些东西的渴求，这些东西：（1）发生在未来，（2）是好事，（3）难以实现，（4）但是有可能实现。第 4 点很关键。如果不相信愿望有可能实现，就没有希望，就会因此否认自己的愿望。希望是深厚欲望生长的土壤。如果缺乏远见，人们就会灭亡。[15]

韩国流行音乐靠模仿美式流行风格起家，并在之后成为席卷美国的文化潮流

有史以来最具模仿性的总统，会在推特上 @ 他的竞争对手

54 俱乐部中充满了闪亮迷人的正在蹦迪的欲望引领者

伊丽莎白·霍姆斯模仿史蒂夫·乔布斯，但没有创造任何新东西

照片墙上的健身博主在寻求被模仿的过程中相互模仿

模仿

情景剧《办公室》中的迈克尔·斯科特过着枯燥无味的模仿生活

真人秀《周六夜现场》里面充满了模仿戏码，但真的很好笑

股市中的"非理性繁荣"是美联储前主席格林斯潘描述模仿的方式

（亚历克·鲍德温在模仿特朗普）

电影《谋杀绿脚趾》中的混混杜爷会把他听到的每一件事重复念叨 15 分钟

MBA（工商管理硕士）项目在批量生产蹩脚的毕业生

没人相信自己能赶上潮流

服饰品牌 H&M 让兜里只有 20 块钱的 14 岁孩子穿得像模特肯德尔·詹娜（但一动就会破）

新

埃隆·马斯克要上火星，这并不新鲜，但确实有趣

萨尔瓦多·达利以"活在自己的世界里"和充满想象力的画作闻名

甘地，一位言行合一的和平主义示威者（"容忍屈辱"）

鲍勃·迪伦，始终站在模仿融合创新的十字路口上

这个面具极具创新性

电影《星际迷航》中的星舰科学家斯波克：纯粹理性 + 绝不模仿 = 无聊?

我是如此高高在上

笔名为埃琳娜·费兰特的神秘作家撰写了朋友之间相互模仿的故事

蝙蝠侠面具的灵感来源于蝙蝠

反模仿

长袜子皮皮不想长大，她壮得单手就能举起一匹马

茱莉娅·蔡尔德通过模仿法式烹饪，创造了独特的美食。谢天谢地，她模仿的不是速食品牌"贝蒂妙厨"

阿米什人生活在我们的世界，但又没有完全生活在我们的世界

他即使出局了也玩得很开心

看看电影《老板度假去》——是时候举办一场尽情狂欢的反模仿派对了

为了打破模仿的循环，我们需要找到值得希望的东西。

改造与转化欲望

人们通常采取两种方法来逃离破坏性欲望的旋涡。

第一种方法是**改造**欲望，这是硅谷、独裁政府和所谓"专家"推崇的方法。前两方利用信息和大数据来集中规划一个系统，在这个系统中，人们渴望得到的，是其他人希望他们得到的东西——可以让特定群体受益的东西。这种方法对人类的主体性造成了严重的威胁。它也缺乏对人们渴望自由的尊重，人们理应能够做出对自己或自己所爱的人最有利的选择。那些"专家"所宣扬的"遵循这 5 个步骤就能让你获得幸福（或者别的什么东西）"，同样缺乏对人类复杂性的尊重。

另一个选择是**转化**欲望。改造就像砍伐森林、大规模使用杀虫剂以及用大型机械耕种土地，然后用季节性产量、保质期和均质性来衡量成功。转化的方法有点像生态农业，它可以根据生态系统的规律和动态，将一块贫瘠的土地变成肥沃的土壤。在我们的案例中，这是有关人类自身的生态学，而欲望是它的命脉。

欲望的转化是通过人际关系来实现的。而改造欲望是在实验室里操作的，所用工具是冰冷的、没有生命的仪器。

改造欲望

科技公司有改造欲望的能力，因为这类公司越来越多地成为人们和他们所追求的东西之间的介体，占据了欲望引领者的位置。亚马逊引领了人们对物品的欲望，而谷歌引领了人们对信息本身的欲望。谷歌一开始只是一家搜索公司，帮助人们在网上搜索和访问网页。后来，这个公司意识到，它的搜索结果不仅仅是人们在任何时间碰巧想要查找某些东西的数据点，而是关于人们想要什么的早期指标——关于他们的欲望的信息。对于这一点，谷歌是最先知道的。谷歌开创了哈佛大学教授肖珊娜·祖博夫所说的**监视资本主义**。[16] 按照这种模式运作的公司，将人们的私人经验转化为行为数据，以此来改造他们的欲望，或者至少利用人们的欲望来获取利润。[17]

在 2011 年的一次财务电话会议上，谷歌联合创始人拉里·佩奇将谷歌的新使命解释为**从搜索过渡到满足**。"我们的最终目标是改变谷歌的整体体验，使其变得非常简单，几乎完全是自动化的，因为我们了解人们想要什么，并能立即提供解决方案。"[18]

肖珊娜在她的书《监视资本主义时代：为人类未来而战》中讲述了以下故事。2002 年的一个早晨，谷歌的工程师团队发现一个奇怪的短语在全球搜索查询榜中冲到了第一名——"卡罗尔·布雷迪的婚前姓氏"。为什么突然有人对 20 世纪 70 年代情景喜剧中一个角色的家庭背景感兴趣？每隔 1 小时，这条搜索请求就会在第 48 分钟时飙升至查询榜第一名，这个情况持续了 5 个小时。

工程师们很快就找到了原因。在前一天晚上播放的真人秀节目《谁想成为百万富翁》中，主持人向其中一名参赛者提出了这个问题。这个节目有数百万观众观看，随着节目在不同时区滚动播放，这个问题在每 48 分钟后会重复出现。

因为谷歌可以获得有关人们欲望的早期指标，他们几乎是在用内幕信息进行交易。在 2018 年出版的《谷歌之后——大数据的衰落和区块链经济的崛起》一书中，技术专家乔治·吉尔德写道："谷歌的致富之路是，只要有足够的数据和足够的处理器，它就能比我们更清楚什么能满足我们的欲望。"[19] 这是真的，只要我们的欲望有规律可循，就是可以预测的。

如果你想知道卡罗尔·布雷迪的婚前姓氏是什么，只需两秒钟，谷歌搜索就可以免费告诉你。事实上它并不是完全免费的，每次我们在搜索框中输入东西时，都会将我们"需要什么"的信息作为报酬支付给它。有时我们会透露一些永远不会告诉别人的事情。谷歌会在0.59秒内给我们提供大约283万个结果（至少这是我在思考晚餐计划时搜索"柠檬鸡"得到的结果数）。在这0.59秒内，我们把愿望交给了谷歌。

这是一个非常高昂的代价。

对欲望的统治

关于政府可以在多大程度上改造人们的欲望，存在长期的政治争论。只是这个问题从来没有被清晰表述出来。

我并非要深入探讨欲望和政治的关系，但我将提出一个理解政治问题的视角，很少有人会这么想：一个制度或政策，如何影响了人们的欲望？它对欲望有什么影响？

专制政权只有在能够控制人们的欲望时，才能继续存在。我们通常认为这些政权是通过法律、规定、暴力机构和惩罚来控制人们能做什么以及不能做什么。但它真正的胜利不是其能决定人们的行为；相反，专制的胜利来自它决定了人们的欲望。他们不需要把囚犯关在牢房里，而是会让这些囚犯学会热爱他们的牢房。当人们不再渴望变化时，专制的权威就到达了高潮。

"再教育"的目的，不是要重新学习如何写作、阅读或理解历史，甚至不是关于如何思考，它从根本上是对欲望的再教育。俄罗斯学者卡特里奥娜·凯利和瓦迪姆·沃尔科夫在文章《定向欲望——规矩和消费》中指出，俄国向苏维埃的过渡是通过他们所说的**定向欲望**实现的。有一场微妙的运动去引导人们渴望某些东西而拒绝其他东西。"文化行为"（kulturnost）①的想法，一种文化上的精炼和提纯，开始出现了。这是一种创造的共识，基于苏维埃核心文化价值观的正确生活方式。[20]

二战期间，燕京大学的年轻美国教师兰登·吉尔基被逮捕并被关押在山东潍坊的日军集中营。他在那里与商人、传教士、教师、律师、医生、儿童、妓女等各种不同的人在一起，被关押了两年半。吉尔基对集中营影响他欲望的方式感到震惊。他在1966年出版的《山东日军集中营》一书中写道："我惊叹于我们欺骗自己的方式，我们披上专业和道德的伪装，以便向自己隐藏真正的渴求和愿望。随后，我们向全世界展现了一个客观和正直的外表，以此欺瞒自己的真实情感。"[21]这个集中营扰乱了每个人的欲望，使他们更容易被负责人秘密地引导和操纵。

意识形态是欲望的封闭系统。它们提供了哪些欲望可以被接受，哪些不可接受的明确约束，无论是一个政党的纲领，一个公司的指导思想，还是塑造一个家庭系统的意识形态。

任何意识形态的突出特点都是它所掩盖和制约的暴力。换句话说，意识形态能够使一个群体免于外部入侵者极具"传染性"的病毒思想的侵扰。但同时，这个群体也没有任何反对它的余地。基拉尔曾将意

---

① 源于俄语，意即通过有意识的引导，使特定群体学习其他文化群体的言行举止，令其更趋向于后者。——编者注

识形态定义为"一切事物非好即坏的观念"。[22]

策略 13　求同存异

拉丁文中所谓的"对立统一"（coincidentia oppositorum）有助于我们超越意识形态的影响。对立和共识可以同时存在，比如双歧图[①]，还有那些做着彼此矛盾的事情的人。有人既温顺又莽撞，还有人既谦和又自信。世界上有很多完全违背预期的存在。有时候，一些人或者事情会让我们十分诧异，这些东西怎么会同时存在？但事实就是如此。

对立统一代表了一种超越性。有些事情看起来无法共存，是因为我们没有办法用自己的经验理解它。它们在我们理解世界的意义地图和心理模型上没有一席之地。这是一个信号，表明我们需要走得更远，需要重新评估，需要更深入地理解。这些矛盾指向的是我们目前所处位置以外的东西。

有智者曾说，最好只与昨天的自己做比较，而不是与今天的其他人攀比。这是摆脱攀比陷阱的一个良好开端。

但仅这样是不够的。昨天的我不是一个值得模仿的引领者。我只能象征性地回头看看他（但在我看来，这并无意义）。

我需要的是一个未来的引领者，一个超越现实的引领者。他能帮助我清除对立的悖论和矛盾，同时能让我的欲望不再处于持续的、无法解决的紧张状态之中。每个人都需要这样的引领者。

对立统一的概念是一个标志，能够为我们指明正确的方向。

---

① 一种心理学上的视错觉图像，当人们以不同的视角审视同一幅双歧图时，会看到不同的画面。

能够允许两个相互冲突的欲望或两个对立的想法同时存在，而不是立即拒绝其中一个，是一个人成熟的标志，只是还需要时间进行仔细鉴别。背负着欲望生活就是与矛盾共存。

征服者药丸

1930年，波兰作家斯坦尼斯瓦夫·伊格纳西·维特凯维奇出版了一部名为《贪得无厌》的讽刺性小说。[23] 在这部小说中，波兰被一支来自亚洲的军队征服了。人们悲痛欲绝，直到穆尔提-宾出场。宾是一位来自征服军的哲学家，他找到了一种方法，用一粒药丸就能向人们传递一种新的生活哲学。

士兵们很快开始在街头巷尾兜售"穆尔提-宾药丸"。波兰人对这种新药上了瘾。这些药丸可以改造他们的欲望，让人们可以很容易地接受被征服后的新生活。

但由于这些药丸并不是从人们内心深处自然生长出来的欲望，服用这种药丸的人出现了人格分裂。他们变得疯狂，自己和自己对立。[24]

征服者药丸是《黑客帝国》电影的先驱，与阿道司·赫胥黎创作的《美丽新世界》中的药物索玛有一些相似之处。这些文学作品已经开始设想：人们的欲望可以由外部力量人为塑造。我们也应该面对这样一种现实的可能性：我们很快就会有，或者已经有了征服者药丸。

你会吞下它吗？

转化欲望

有两种不同的思维方式，分别对应了改造欲望和转化欲望，它们是**计算思维**和**存在思维**。我从哲学家海德格尔的作品中粗略地总结出

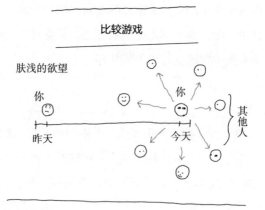

了两者的区别。[25]

计算思维是不断地寻找、探求、策划如何达成一个目标，如从 A 点到 B 点，在股市大赚，获得好成绩，赢得辩论。根据精神病学家伊恩·麦吉尔克里斯特的说法，这是我们技术文化中的主流思维模式。它引导了人们对目标持续不懈的追求，但通常没有分析过这些目标是否真正值得追求。[26]

一位在修道院负责培训新人的修士告诉我，近年来，他注意到年轻的预备僧侣在小教堂祈祷时常带着一摞书。他们习惯性地认为，没有"持续的输入"就没有"输出"。计算思维的蔓延是我们技术发展的产物，人类在模仿计算机。

计算思维也反映了一种改造欲望的心态。计算型领导人通过建立一套算法来理解欲望，以便更好地预测它们，创建一个应用程序来驱赶它们朝着一个或另一个方向发展，或者构建一套僵化的"公司文化"来推动它们。我有时会想，自上而下的公司文化崇拜与神圣罗马帝国的口号"称霸一方，宗教唯我"所展现的现象有什么不同，在当时的情况下，不同的国王或统治者有权将他们喜欢的宗教信仰强加给民众。[27]

想要控制一切并没有错，但有些东西是需要控制的（比如摩托车），而有些东西则不需要（比如人性）。

计算思维已经成为主导的思维模式，挤占了存在思维的空间，最终导致某种形式的社会工程、技术操纵和同理心的丧失。"从对亚美尼亚人的屠杀，到柬埔寨的赤色恐怖，以及卢旺达的浩劫，所有人都被无情地谋杀，有时甚至是统治者极力推动的。"基拉尔写道。[28]盲目的算计让替罪羊机制恣意成长。

策略 14　练习冥想

奥古斯特·图拉克是获奖作品《约翰修士：僧侣、朝圣者和人生意义》的作者。20世纪80年代初，他是全球音乐电视台的一名销售主管，当时这个频道才刚刚起步。我曾到他位于北卡罗来纳州的牧场拜访他，他给我讲了下面这个故事。

某天，图拉克与一名电视台高管一起乘坐纽约市地铁，那个人是一位杰出的思考者，喜欢给朋友和同事出难题。他问图拉克："给你一串数字，14,18,23,28,34。告诉我，下一个数字是多少？"

图拉克对自己的解谜技术十分自信。"我绞尽脑汁,"他告诉我,"18 减去 14 等于 4,23 减去 18 等于 5,我以为应该是这样,但结果对不上。"他最终放弃了。

正说着,同事指了指第 42 街区地铁站牌上巨大的"42",此时他们的列车正停在那里。原来这些数字指的是列车经过的各站:第 14 街区、第 18 街区、第 23 街区,等等。图拉克说:"我拼了命地算,从始至终都在盯着这些标牌,上面写着他在题目中给我的数字,而我还是没有看到。"

在这个故事中,图拉克一直在"计算",这使他错过了近在咫尺的答案。而冥想则可以帮助我们专注当下,注意到**各种不同的可能性**,而不是趋向于一种结果(也就是"用数学的方法解决这个问题")。冥想对于辨别欲望也至关重要。[29]

开始练习冥想的最好方法是给自己倒杯茶,然后看向近处的树。保持一个小时,整整一个小时。这个练习除了学习如何没有目标之外,没有任何目标。当你看着这棵树时,注意你观察到的一切。你会发现,自己的计算思维在慢慢地让位于存在思维。如果没有,请多练几遍。

和计算思维不同,存在思维是耐心的思考。它与冥想并不完全一样。存在思维是一种慢下来、不急躁的觉察状态,不需要对外界的刺激立刻做出反应。就好像在你听到一个消息,或经历了一些令人不快的事情后,不需要立即寻找解决方案的状态。相反,它会提出一系列问题,帮助提问者进一步专注当下。发生了什么?它背后的原因是什么?存在思维让你有足够的耐心,等待真相自己显露出来。

存在思维打开了转化的大门。当大脑中负责计算的模块冷静下来,存在思维将会接管我们的行动,它会为我们带来新的经验,帮助我们用新的方式去理解现实。

计算思维只能用现有的心理模型解决问题，而存在思维将会**创造新的模型**。如果我们把所有的时间都花在计算思维上，我们的人生就会浪费在重复地解决那些旧问题上。对欲望而言，这是致命的。

这两种思维模式适用于不同情况。如果我思考的是买哪只股票，运用计算思维是更合适的。而如果我试图理解一个新的事物或者意想不到的突发情况，或者探索深厚的欲望，就需要借助存在思维的力量了。计算思维根本无法驻足当下，等待任何深刻的东西浮现出来。

存在思维是模仿文化的解毒剂，因为它允许我们花时间来发展深厚的欲望。当我花了足够的时间与我的欲望相处，能够认出它们，叫出它们的名字，并且确切地知道我是否想和它们一起生活时，转变就会发生。

计算思维是加速模仿的思维形式。但只是了解思维模式是不够的，我们生活在与他人的关系之中，关系才是承载模仿欲望的地方。

转化欲望的三个关键领域

许多关系是由模仿性的纽带维系的：球员之间争夺教练的重视，同事之间争夺职场地位，学者之间攀比履历。

即使在总体上健康的关系中，也可能有模仿竞争的影子，比如配偶之间、父母与子女之间或同事之间。甚至你和你最好的朋友也不例外。健康的竞争是有益的，只是我们在此探讨的是模仿竞争。重要的是，我们要识别出一段关系中的模仿竞争的标志，并学着面对它们。

转化欲望会改变我们与他人关系的性质。让我们从大多数人花费最多时间的三个地方开始：家庭、想象力，以及我们的工作。

家庭

家庭是人们最初学习如何渴求以及渴求什么的地方。

当你还是孩子的时候，你的欲望清单——你可以选择想要或不想要的东西——主要限于你的家庭向你展示的物品、对你的要求或教育，以及对你做出某些行为的奖励。这些要求或教育可能包括做一个没有情绪的听话的孩子，以哥哥姐姐或者别人家的孩子为榜样，做好一个自由主义者或保守主义者，做有信仰者或无神论者，或者包含在家庭价值体系设定中的其他内容。

当孩子很小的时候，父母是他们唯一的引领者。父母想要什么，孩子就会想要什么。除了父母，年长的兄弟姐妹可能是孩子的次级引领者。但是，通常要到 3 岁，或者当孩子意识到自己的父母不是神的时候（以哪个先出现为准），他们才会开始四处寻找其他的引领者。此后，几乎任何对象都可能引领他们的欲望。

记者雅各布·格什曼在 2015 年发表于《华尔街日报》的一篇新闻报道，讲述了这样一件事。在新奥尔良州，一个名叫格雷森·多布拉的两岁幼童，对刑事律师默里斯·巴特的广告十分着迷。在格雷森能够说话后，他就常常大声喊道："巴特！巴特！"因此，在他 2 岁生日时，母亲为他举办了一个以默里斯·巴特为主题的派对，精心准备了一个画着默里斯·巴特的蛋糕、一个默里斯·巴特的剪影，以及以默里斯·巴特为主题的礼物。格雷森在家庭之外找到了他的第一个引领者，只是这个人远在名人堂。

当孩子们十几岁时，已经把他们童年的偶像抛在脑后了。青春期开启了一个过度模仿的阶段，即使是最朴实的孩子也会受到影响。每个人都在试图回答一些基本问题：我是谁？我想成为谁？

通过这些探索，父母可以帮助孩子认识到，他们的欲望哪些是深刻的，哪些是肤浅的，并鼓励他们培养深厚的欲望。父母可以通过引导孩子关注那些能带来满足的事情（例如，指出孩子去年在音乐会上精彩的钢琴演奏，让父母也开始爱上音乐），来使他们忽视那些无法满足的愿望（例如，当孩子因自己最好的朋友考试得了 A 而心生嫉妒时，帮助他们调整心态）。

最重要的是，父母有责任帮助孩子塑造健康的人际关系。这意味着父母要先仔细关注自己的模仿冲动，包括那些以看似无辜或微不足道的方式展现出来的行为。比如：在餐桌上对每一条政治新闻做出的模仿性反应，对孩子在学校或比赛中遭受的每一个不公正的细节做出的反应，或将孩子作为与其他父母竞争的棋子（比如买一辆比他同学的父母更好的车，以显示你的地位）。所有这些事情都创造了一种竞争性氛围，在这种环境下，模仿行为会成为默认的规范，并被孩子习得。

大多数人都倾向于模仿他们周围的人。父母的模仿行为往往会被他们的孩子学会和应用，包括他们选择替罪羊的行为。我们应该觉察到孩子正在学着爱或恨谁。

想象力

盲人会梦到什么？答案取决于他们何时失去视力。一个在 8 岁以后失明的人能够记起自己在能看见时接收到的所有感官输入，这些就可能成为梦的素材。一出生就失明的人则不同，他们不做有图像的梦，因为他们的大脑没有图像可供利用。相反，他们用感觉和声音做梦（掉进窖井和被看不见的车撞是很常见的噩梦）。简而言之，我们只能用已经接收过的记忆素材来做梦。[30]

在面对欲望时，我们都是盲人。我们会向那些被认为比自己"看"得更清楚的人——欲望的引领者寻求帮助，以获知什么是值得关注和追求的。每个人都有一个欲望的宇宙，它的大小和我们的想象力相匹配。

想象力是如何形成的？

生活中的许多东西都是由隐性知识构成的，哲学家迈克尔·波拉尼称之为"无言的理性"。这些是我们知道但无法解释的事情。我们知道很多事，但当想把它们清楚地传达给另一个人，甚至是我们自己时，就会陷入困境。[31] 我在第一次尝试教我的妻子克莱尔如何玩滑雪板时经历了这种情况。事情进展得不怎么样，我指的不是她的滑雪技术，而是我笨拙的教学尝试。

我们在山顶上绑好了滑板。我跳了起来，本能地将重心转移到脚跟边缘，以防止我们在小坡上滑下来（这是我的第一个错误：没有在平地上课）。"在这里，只要靠着……"嘭！我的话还没说完，克莱尔就想站起来，结果一屁股坐在了地上。在接下来的一个小时里，我试图描述我是怎么做的，但都没用。然后，她通过不断地试错，自己找到了调整重心的方法。她告诉了我自己所有的摸索心得，这些我**本来**都可以教给她，让她避免在开始的 60 分钟内跌倒不下 50 次。但事实是，我不知道自己曾经是如何做到这些的。我不记得我第一次学习玩滑板时是什么样子了。

我想起了一个有关蜈蚣的寓言故事。有一天，蜘蛛看到了一条蜈蚣，为它的灵巧而着迷。蜘蛛问，你是如何在同一时间协调 100 条腿运动的？蜘蛛只有 8 条腿，它无法想象当还有 90 多条腿时得怎么移动。"嗯，好吧……让我们看看，"蜈蚣说，"我先移动这个……不，等等，这个……不，也许这个……然后我……不，这样不对。"蜈蚣发现自己根本讲不明白。他只是有隐性的知识。

外语、幽默感、情商和审美情趣都是我们可以熟练掌握但无法完全讲清楚的东西。生动的想象力也是如此，这是你在很小时就被欲望所引领的东西。

从孩子们听到第一个童话故事开始，想象力就被高尚的理想和梦幻般的冒险所吸引：英雄主义、牺牲、美丽、爱。这些都是编织人类情感的核心要素，但我们很难解释清楚它们为什么如此重要。

文学是影响想象力的主要因素之一——它是欲望的学校。年轻的头脑从这里进入别人的欲望故事，无论是真实的还是虚构的。它让孩子们接触到模仿的力量，并常常激起他们的欲望（读过《哈利·波特》的孩子，都渴望能够在某一天成为巫师），你可以把它当作处理和辨别能力的训练场，用以帮助我们理解哪些欲望带来了什么结果。好的小说，总是有影响人心的故事。

我们的欲望可以很大，也可以很小，这取决于欲望的引领者。小说中塑造的那些有着伟大、深厚欲望的人物，足以抗衡现实生活中那些孱弱肤浅的欲望。

我们的教育已经不再关注人文领域，转向更加专业化的技术和知识，也就是计算思维。这对未来几代人的欲望有什么影响？我们的教育系统是如何塑造了学生的想象力，从而塑造欲望的？我不知道。但这永远是一个重要的问题。

工作

我相信工作的目的不仅仅是赚更多的钱，还包括成为一个更好的人。工作的价值不能仅用客观回报来衡量，你必须考虑自己在工作中的成长和转变。

两个医生在同一家医院工作，每天一样地例行去查房。10年之后，一个人可能会因为长时间的工作、糟糕的食堂、无法兑现的福利、病人的忘恩负义而变得痛苦和怨恨；另一个人可能会经历同样的事情，但因此成了一个更有仁心、更有耐心、更善解人意的医者。

雇主有责任思考工作带给人的主观改变。公司制度和岗位的设置是如何促进员工的全面发展的？

2015年，万有引力支付公司的创始人兼首席执行官丹·普赖斯自愿放弃了近百万美元的年薪，这样他就可以在未来3年内将公司的最低工资标准提高到7万美元/年。在他做出这个决定时，公司的平均工资是4.8万美元/年，基本相当于市场平均水准，也就是同行业的竞争对手愿意为类似工作支付的工资。但在物价高昂的华盛顿西雅图，这样的工资并不能让员工维持生计。许多员工感到生活不够稳定，甚至无法组建家庭。

在普赖斯做出这个决定后的5年里，公司开始蓬勃发展，交易额从38亿美元增加到102亿美元。更重要的是，员工们都很幸福。员工人数增加了一倍多，而且员工能够追求他们更有价值的欲望了，比如养育孩子。在最低工资调整之前，该公司的员工家庭中每年只有0~2个婴儿出生。最低工资调整后，这个数字变成了40。

有时，市场并不能很准确地反映人们的需求。对于肤浅的欲望，它善于发现一个合适的价格，但对于深厚的欲望则不一定。

改变工作中的欲望并不是通过修补现状来实现的。当有人跳出模仿系统，如薪酬中的"行业标准"，并以更全面的眼光看待生活和人性时，这件事才会实现。

有许多别出心裁的方式可以用来奖励员工出色的工作，但很少有企业家愿意对此进行探索。

企业也有能力让更多的可持续发展模式变得更令人向往。可悲的是，大多数公司并没有履行塑造欲望的使命。如果每一个从涸泽而渔的做法中获利的公司，都能有两个创造可持续发展的机会，同时能成为让他人的欲望变得更深刻的竞争对手，会怎么样？

优乐乐食品公司（Yolélé Foods）在美国引进了西非的原料和美食。[32] 它的旗舰产品是福尼奥小米，这是一种古老的、抗旱的谷物，在萨赫勒地区已经种植了几千年之久。但是，塞内加尔和西非其他地区的许多人瞧不上它。如果离开它的产区，没有什么人了解这种谷物——这种对价值的认识在很大程度上建立在模仿的基础之上。

优乐乐的联合创始人，塞内加尔厨师皮埃尔·蒂亚姆告诉我，在塞内加尔有一种普遍的看法，那就是"来自西方的东西是最好的"，任何本地生产的东西都被认为是廉价的。在 2019 年的一次交谈中，蒂亚姆向我解释了这种想法是如何被殖民者灌输到塞内加尔人的脑海里的。由于塞内加尔人被迫种植花生等单一作物来出口，当地土生土长的作物被取代，法国殖民当局不得不从当时的印度支那半岛进口碎米让塞内加尔人食用，他们从此不再种植自己的粮食。

优乐乐有意让西非食材和食品的形象在美国流行起来，通过这样的方式引领西非人民的模仿欲望，让他们更加乐于重新去种植和食用福尼奥小米等本地作物，并且能够获得经济上的回报。

每个企业都应该认真思考，自己的使命是如何引领人们的欲望的。

制约模仿欲望的发明

在生命的最后阶段，勒内·基拉尔越来越担心，在人类可见的未来，模仿会愈演愈烈——这是一场没有终点的战争，技术会助长我们最强的模仿本能，而全球化是模仿危机的加速器，我们没有能够控制冲突的有效手段。

历史上曾经有两个重要的社会发明减轻了模仿欲望的负面后果：替罪羊机制和市场经济。会有第三项发明吗？

欲望的演化

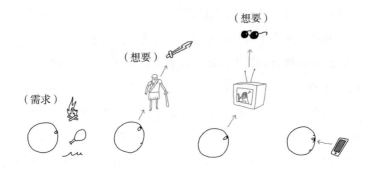

第一项发明

替罪羊机制能够阻止一个处于危机的群体从内部自我毁灭。它以一种自相矛盾的方式发挥作用：以暴力遏制暴力。不是所有人针对所有人的战争，而是所有人对一个人的战争。尽管这不公平，但基拉尔认为替罪羊机制在早期社会中有促进稳定的作用。

在现代西方文明中，替罪羊机制已经变得不再有效，就像人们已经对毒品麻木了。它带来的负面后果在 24 小时的滚动新闻、电视报道和社交媒体中随处易见。在替罪羊被牺牲后，只需要几天时间，有的时候甚至只需要几个小时，就会有新一轮的暴力和荒谬上演。

我在第四章中提到，这种有效性的丧失是替罪羊机制被揭发的结果。我们不再完全相信自己所做的事是公正的。我们失去了对替罪羊的信念，导致了这个机制的失效。替罪羊就像作家尼尔·盖曼在其著作《美国众神》中讲述的神明一样——只有当人们相信他们时，他们才会存在。

第二项发明

当替罪羊机制失效后，现代市场经济应运而生，取而代之。[33]

市场经济将模仿欲望引导到生产活动中。在一个估值 10 亿美元的初创公司中，当才华横溢的首席技术官开始嫉妒联合创始人时，他并没有领导一场政变，砍掉对手的头插在木桩上，而是选择离开并自己创业。尼古拉·特斯拉和托马斯·爱迪生并没有竞争领土或在物理上的支配地位，他们竞争的是声望。而这些选择，总的来说，与直接和暴力的身体冲突相比，是一件好事。

经济竞争不像它所取代的原始制度那样血腥。与此同时，它也产生了自己的受害者：无法进入市场的穷人、被剥削的工人，以及赢家通吃的制度。它加剧了在职者和非在职者之间的差异。

尽管消费主义有很多问题，但它把竞争和欲望引向了一些安全的地方，负面影响主要集中在那些放纵自己肤浅欲望的人身上。如果你每天都去连锁牛排馆大吃特吃，你可能会长胖，或者说明你很无趣，但至少你不用在街上和人决斗，以保持自己的社会地位。

只要我们还在竞争最漂亮的车子和房子，就不会试图用武力吞并我们邻居的土地。

第三项发明

替罪羊机制是解决欲望问题的第一项重大社会发明，消费主义是第二项。但这两项都不能有效保护我们在未来免受模仿危机升级的影响。

人类的未来可能取决于第三项发明——一个尚未被发现或正在被发现的发明。人类必须找到一种新的方式与欲望共处，以富有成效和非暴力的方式引领欲望。如果没有这样的方法，模仿欲望将失去控制。我们还不知道这种还未出现的社会机制可能是什么，但我愿意提供一些简短的猜测。

人类可以创造一种技术框架，它所发挥的作用与古老宗教仪式中的替罪羊相似：它能将暴力通过数十亿的比特和字节，扩散到尘埃之中。它可能是一项带来货币进化的发明，让它更容易衡量和奖励每个人创造的价值；也可能是一项加速空间探索和殖民化的发明，使人类专注于探索新的世界，因此将减少彼此的冲突；或者它可能是教育领域的一项发明，使每个人更容易发展自己独特的才能。

有没有可能，随着互联网的出现，这项发明已经在生成了？当产生了一个问题时，人们会本能地在谷歌上搜索答案。互联网替代了直接的群体暴力，做出了裁决，并将人们引向了 1 000 多个不同的地方，在那里，他们可以找到一种为自己量身定做的宣泄方式，无论是在Reddit论坛（美国的互联网社交论坛）还是在脸书的发帖中。

但我很怀疑互联网可能是第三项发明的想法。在我看来，它所加剧的暴力比它所平息的更多。

在新的发明诞生之前，我们必须要先做好自己现在就能做到的事情，从塑造和管理自己的欲望开始。

最大的满足

据《华尔街日报》称，投资服务机构天使名单的创始人纳瓦

一只鼬可以教给我们很多生活的哲学。我不可能比迪拉德讲得更好，所以我决定引用她的一些话。

迪拉德讲述了这样一个故事：一个男人把一只正在天空飞翔的老鹰射了下来。当男人检查老鹰的尸体时，他注意到一只鼬的颌骨牢牢地锁在鹰的脖子上。一定是鹰俯冲下来把鼬从地上抓走的。但鼬以完美的时机，在最后一刻转过头来，把牙齿咬进了鹰的脖子。

当鹰飞向高空时，鼬紧紧咬住鹰脖子上的肉，直到最后——鬼知道那只鼬在鹰的脖子上挂了多久，不管是鹰还是风，最终把鼬干枯的骨头挑散了，只剩下一个颌骨的残骸还挂在上面。

迪拉德写道："这个故事提示我们，关键是要以某种熟练又灵活的方式追踪你的那个重要的愿望，找到其中最柔软活跃的地方，死死咬住不放口……我也认为，要抓住最重要的事，别放手，无论它将你带向何方都顺其自然，这就是正道。之后无论你去往何方，无论如何生活，即便是死亡，也不能将你们分开。"[36]

我们没有鼬的直觉，靠本能就能咬住鹰的咽喉。但我们必须决定什么是值得我们投入精力的。否则，直到你的尸骨被模仿力量风干，你都没有对触及我们生命深处的东西提出任何要求。

追踪你最大的欲望。当你找到它，你所有的小欲望都将被转化，为最大的欲望服务。迪拉德写道："牢牢抓住它，就让它带着你升入空中，直到你的眼睛爆裂脱落，你的血肉洒落成泥，你的骨头散落在田野和树木上，就这么轻松地从高空坠落，从和鹰所飞高度一样的高空中。"[37]

把握住你最大的愿望，必然意味着选对引领者。没有引领者，我们就无法得知自己的欲望。我们最好始终追随那些对我们来说最真实的引领者——那些生活对我们有借鉴意义的引领者。

因此，请跟踪你最大、最崇高的愿望，但你需要先找到一个这样的引领者。今天就是一个契机，当阅读眼前这些文字时，你想到了什么？可能是书中的一个人物，一位领袖，一名运动员，一位圣人，一个罪人，一位荣耀勋章获得者，一段爱情，一场婚姻，一次英雄的行动，一个你能想象到的最伟大的理想。

但引领者不会是终点。因为它是外在的，它不能自动产生内在的转变。想要超越引领者，我们需要内在的转变。如果内在的转变没有发生，我们追逐引领者和欲望的过程，就会变成一个永无止境的"打地鼠"游戏。当内在转变发生时，肤浅的欲望会开始消失，而深厚的欲望开始生根。

外在的引领与内在的转变或蜕变之间并不是对立的。关键是要确保当你追求一种外在目标时，这种追求同时也在影响着内在的转变，这将有助于你选择新的和更好的引领者。

爱与责任

肤浅的模仿欲望比比皆是，它们每时每刻都在向我们兜售自己。我们也可以咬住它们，甚至可以死咬不放，但问题是它们不会把我们带到自己真正想要去的地方。

我们面临的选择是，要么过一种无意识的模仿生活，要么做培养深厚欲望的艰苦工作。后者可能需要我们忍受一种焦虑，即随时都会担心自己是不是错过了周围人拥有的某种生活的焦虑。

我相信，当我处于生命的尽头时，自己最害怕错过的事情，就是对深厚欲望的追求。如果我曾为之倾尽全力，那么一定会因此感到满足。如果我将死于追逐的疲惫，人固有一死——我希望那不是因为我追逐了一些肤浅的欲望，而是因为我抓住了一个最大的欲望，坚持到底，直到投入自己的一切。

当人们确信自己的欲望具有绝对的首要地位时，破坏性的循环就会发挥作用，他们甚至因此愿意牺牲别人来满足自己的欲望。但在积极的欲望循环中，人们尊重彼此的欲望，就像尊重自己的欲望一样。更重要的是，人们主动与他人合作，帮助他们实现自己最大的愿望。在一个积极的循环中，我们在某种意义上都是彼此深厚欲望的助产士。

策略 15　为别人的欲望承担责任

在人际关系中，我们能以 3 种方式帮助其他人拥有欲望：帮助他们渴求更多，帮助他们渴求更少，或者帮助他们以不同的方式去渴求。

我们遇到的任何人——即使是在一天内最无趣的互动中，我们都有可能以这 3 种方式中的任意一种来帮助他们转化欲望。这些变化通常是难以察觉的。就像在推动一个巨大的飞轮，我们在轻轻地将其他人的欲望推向一个或另一个方向。

一个人若带着对模仿欲望的认知生活，自然承担了化解竞争的责任，并且每天以自己微小的方式去示范积极的欲望过程。

爱最简洁的定义，就是希望别人好。意大利人有一种说"我爱你"的方式，特别具有启发性。他们说"Ti voglio bene"，意思是"我希望你好"，或者"我渴求对你有益的东西"。

我们有责任塑造自己的欲望。正如我们所看到的，离开他人，单靠我们自己是无法做到这一点的。塑造我们欲望的责任，与关心我们和他人关系的责任是相辅相成的。

当我们不那么关心自己的欲望是否获得满足，而更关心别人的欲望是否得到满足时，欲望的转化就会发生。我们会惊喜地发现，这恰恰正是满足我们自己的途径。

欲望的积极循环之所以有效，是因为我们可以相互模仿关爱自己的方式。这是推动每个美好的婚姻、友谊和慈善行为的来自模仿欲望的积极力量。

归根结底，欲望是爱的另一种表达。爱同样也是模仿性的。

"我们可以随心所欲地生活，"迪拉德在文章的最后写道，"人们发誓要甘于贫穷、纯洁、顺从甚至是沉默，这是他们的选择。"她注意到自己和鼬之间有一个明显的区别。"鼬的生活别无选择，而我们生活在众多选择之中。我们厌恶命运，厌恶那样卑贱地死在鹰爪之下。"[38]

你的选择，究竟是屈服于每时每刻对自己的欲望提出要求的模仿力量，还是全身心投入那个最大的愿望之中并放弃一切？做你注定要干的一件事，用所有的时间，一次又一次，直到你发展出能把你全部的生命压上去的足够深厚的欲望。

同时，可能在任何时候，有一些温暖的东西沉淀了下来：你已经拥有了自己渴望的东西。

后　记

　　勒内·基拉尔写道："作者的初稿是一种对自我辩解的尝试。"任何事情的初稿——无论是书籍、公司、关系还是生活计划的——往往都是为了弄清我们想要什么。[1]

　　基拉尔认为，最好的小说家在阅读他们的初稿时，会直接将其看穿。他们知道自己的第一稿只是一个"骗局"——他们在其中无意识地欺骗读者甚至自己，假装自己的欲望有多么错综复杂。（斯蒂芬·金曾说，他从自己的第一个恐怖故事的主角魔女嘉丽那里学到的最重要的东西是，"作家对自己创造的一个或多个人物的原始认知可能和读者一样是错的"。）[2]

　　基拉尔说："阅读初稿的经历使作者备受打击，他们会感到失望，自尊心和虚荣心也会被打击。而这种存在主义的衰落将使伟大艺术作品的诞生成为可能。"[3]作者会重新出发，但这一次没有了蒙蔽他们眼睛的浪漫主义谎言。

　　在这之前，作家创造的角色非善即恶。而在此之后，人物开始产生细微的差别，他们要与模仿欲望和模仿竞争作斗争。作家会看到，生命是欲望不断演化的过程。

如果我在本书的任何地方提到了你的名字，无论是以积极的方式还是以批评的方式，可能是因为你是我的某种引领者。你引领了我写一本关于模仿欲望的书的愿望，而相应的，我也希望自己引领了别人写一本更好的书的愿望。

为了与你竞争，我可能已经在努力了。

致 谢

这本书是在勒内·基拉尔教授宽阔而崇高的肩膀上写成的，与此同时，也有许多其他人把他们的肩膀借给了我，包括他们的眼睛和耳朵，在某些情况下，还有他们的欲望。没有他们，我不可能写完本书。

我的妻子克莱尔在这一年内听到"模仿"这个词的次数比其他任何人五辈子听到的都多。她比任何人都更愿倾听我最疯狂的想法。谢天谢地，其中一些没有被写进这本书，这要感谢她。她也是一位不知疲倦的、聪明的编辑和对话者，她一直鼓励我，为使这本书圆满完成，她做出了最多的贡献。

本书中有一些想法是对他人作品的衍生，我模仿了他们，所以要感谢这些引领者：吉姆·柯林斯，他对飞轮的比喻使我对欲望周期的思考更加清晰；纳西姆·尼古拉斯·塔勒布，他对"极端斯坦"和"平均斯坦"的区分，使我产生了区分"名人堂"和"新生堂"的灵感。许多研究基拉尔的学者和实践者，他们在过去50年中的思考塑造了我的想法，尤其是保罗·迪穆谢尔、让-皮埃尔·迪皮伊、詹姆斯·艾利森、辛西娅·黑文、马莎·赖内克、桑多尔·古德哈特、安德鲁·麦克纳、乌鸦基金会的苏珊·罗斯、史蒂夫·麦克纳、安·阿斯特尔、吉尔·贝利（他独创了"颠覆性同理心"一词，我在本书中只是对其进行了阐述），以及沃尔夫冈·帕拉弗。

我很感谢吉姆·莱文在图书出版的整个过程中给予我的支持。他是我所遇到的最好的作品经纪人，同时也感谢亚当·格兰特把我介绍给他。吉姆是一位睿智的导师，在全球疫情的形势中还能始终如一地推进工作。

圣马丁出版社的蒂姆·巴特利特就像一位伟大的体育教练，他知道如何在正确的时间给予我正确的提示，从而激发我的潜能。他意识到了本书的重要性，并以巧妙的方式将我的写作工作引导到了最后。圣马丁出版社的其他所有人（太多了，无法一一列举），感谢你们为这本书的面世所做的所有工作，我很自豪能成为你们的合作者。

梅甘·胡斯塔德的见解和对稿件结构的建议非常宝贵。我的同事丽贝卡·泰蒂向我展现了她日常工作中的优雅、智慧和毅力。感谢其他帮助我完成这本书的人：罗德·彭纳、布赖恩·威廉森和普鲁维奥的其他员工，本·卡林，我那不知疲倦、令人惊叹的像瑞士军刀一样好用的助理格雷迪·康诺利，克里斯蒂娜·希恩，还有我在华盛顿特区、纽约市和世界各地的酒吧、餐馆和咖啡馆遇到的所有好人——很遗憾，其中许多餐馆现在已经关闭，我曾经常在深夜和清晨坐在那些店里写稿。

特别感谢利亚娜·芬克，她的插图为这本书增添了活力。与她一起研究各种想法并找到视觉上呈现它们的方式是我在整个创作过程中最有意义的部分之一。绘画所带来的思考以一种积极的方式影响了我的写作。我很感激有机会与如此有思想、有才华、善良的人合作。

感谢我的同事、伙伴和朋友，他们帮助完善了我的想法：约书亚·米勒博士、安德烈亚森·维德默、弗雷德里克·索泰、托尼·坎尼扎罗、迈克尔·埃尔南德斯、戴维·杰克、布伦丹·赫尔利神父、约翰·索德、迈克尔·马西森·米勒、卡洛斯·雷伊、格雷戈里·索恩伯里、安东尼·德安布罗西奥、路易斯·金、布兰登·韦迪亚纳坦，以及其他许多我无法以这种方式适当感谢的人。

还要感谢所有为本书的观点做出贡献的人，以及那些愿意接受我采访的人。厨师塞巴斯蒂安·布拉斯、彼得·蒂尔、吉米·卡尔特雷德、特雷弗·克里本·梅里尔、厨师皮埃尔·蒂亚姆、伊麦登·尤尼斯和雷姆·尤尼斯、迪安·卡纳泽斯、艾梅·格罗斯、安德鲁·梅尔佐夫博士（特别感谢）、马克·安斯波、布鲁斯·杰克逊（他慷慨地提供了基拉尔的照片）、罗兰·格里芬斯博士、纳雷什·拉姆昌达尼、泰勒·考恩、王丹、乔纳森·海特，以及其他一些由于篇幅问题被我忽略或不公正地遗漏的人。

最后，感谢我的父母，李·伯吉斯和艾达·伯吉斯，以及我的祖母韦尔娜·巴特尼克，他们给了我生命、信仰、希望和爱的礼物。

感谢上帝。

此刻，我的欲望和意志之轮已经开始转动，它被爱驱使，这爱同样让日月星辰彼此平衡地转动。

——但丁·阿利吉耶里

任何时候，都会有其他人来重复我们正在说的东西，而且他们会把事情推进到我们能力所及的范围之外。因此，书籍本身并不重要，即使在最简单明显的情况下也是如此：书的出现本身将比我们所写的任何东西都更有说服力，并将确立我们难以描述的真理。

——勒内·基拉尔

附录一

术语表

在本书中以特定含义发明或使用的术语会用星号（*）表示。

- **反模仿（Anti-mimetic）***
  个人、行动或者事物抵消了模仿欲望的负面影响，这并非在刻意地违背文化，像嬉皮士那样，更像是一种神圣的行为。

- **名人堂（Celebristan）***
  由外部引领者组成的世界。

- **核心驱动力（Core Motivational Drive）**
  一种独特而持久的行为驱动力，能够引导一个人追求独特的结果。理解核心驱动力可以帮助人们识别出深厚的欲望，并更好地使他们的欲望与驱动力保持一致。

- **欲望的第一种循环（Cycle 1）***
  破坏性的模仿欲望导致冲突升级的过程。

- **欲望的第二种循环（Cycle 2）***

  一种建设性的、创造价值的欲望过程。

- **欲望（Desire）**

  人类生活中的一种复杂而神秘的现象，人们被吸引到他们认为值得追求的某些事情上。欲望不同于需求，因为欲望需要一个介体。"人是不知道该渴望什么的生物，他为了下定决心而看向他人。"勒内·基拉尔写道。欲望同时也是使人类追求超越性事物的动因。

- **洞察力（Discernment）**

  一种包含了理性分析同时又不仅限于理性分析的决策过程。它的拉丁文原意是"区分不同的事物"。洞察力包括了感知的力量、隐性知识，以及理解欲望的能力。欲望缺乏客观理性的判断标准，因此需要仔细分辨，才能知道哪些欲望值得追求，哪些欲望需要放弃。

- **颠覆性的同理心（Disruptive Empathy）**

  能够帮助打破欲望的第一种循环的同理心。

- **双重束缚（Double Bind）**

  当模仿者和引领者把对方视作终极的模仿对象时，每一个人都既是模仿者，同时又是引领者了。

- **外部引领者（External Mediation）**

  当一个人的模仿欲望来自和他有时间、空间或社会分割的对象时，他几乎没有机会接触到这个欲望介体。在这种情况下，引领者从模仿者的世界之外引领着欲望。

- **新生堂（Freshmanistan）***

  由内部引领者组成的世界。

- **成就故事（Fulfillment Stories）**

  这些故事是关于一个人在自己的生命中采取行动，并且相信自己能做得很好的那些时刻。成就故事能给我们带来深刻的满足感，也有助于我们发现自己的核心驱动力。

- **价值优先级（Hierarchy of Values）**

  由价值所构成的一个优先级排序结构，这些价值彼此关联并共同构成了系统的一部分。

- **模仿（Imitation）**

  把某人或某事当作自己行动的模板。儿童擅长模仿，成人则羞于承认它。模仿在儿童的成长、成人的学习以及美德的培养方面都可以发挥积极的作用。模仿是中性的，我们可以模仿好的东西，也可以模仿坏的东西。

- **内部引领者（Internal Mediation）**

  当一个人的模仿欲望来自和他在时间或空间上彼此有交集的对象时，他就有机会频繁接触到这个欲望的介体。在这种情况下，引领者从模仿者的世界之内引领着欲望。

- **欲望的引领（Mediation of Desire）**

  欲望在主体和介体的动态关系中形成的过程。

- **模因理论［Meme（Memetic）Theory］**

  别把它和基拉尔的模仿欲望理论搞混了。模因理论是从达尔文进化论的角度研究信息和文化如何保存和发展。"模因"一词是由进化生物学家理查德·道金斯于1976年在其著作《自私的基因》里提出的。模因是基因在文化领域的等价物，它通过某种复制和模仿的过程，使得单词、口音、想法和曲调在人们的大脑之间传播。[1]

- **对欲望的模仿（Mimesis）**

  一种复杂的模仿形式，通常在成年人身上是隐形的。在模仿欲望理论中，模仿具有消极的含义，因为它经常带来敌对和冲突，这也是为什么基拉尔选择参考希腊语将其英文命名为"mimesis"，以此和普通的"模仿"（imitation）相区分。人们在做普通的模仿行为时可能是有意识的，但对欲望的模仿更多是无意识的。这种模仿的结果可能是积极的也可能是消极的，但当它被否认和伪装起来的时候，常常带来消极的结果。

- **模仿危机（Mimetic Crisis）**

  当竞争性的模仿欲望在社区中蔓延时，人们之间的差异消失，模仿危机就会爆发。模仿危机会带来混乱，甚至会使社区四分五裂。

- **模仿欲望（Mimetic Desire）**

  通过模仿别人已经渴望的或被感知到的欲望所形成的欲望。模仿欲望是指我们是通过第三方，即欲望介体的影响，来选择欲望对象的。

- **模仿竞争（Mimetic Rivalry）**

  模仿欲望发展成为一种竞争性的对立状态，有着这种关系的两个人或群体会因追逐同一个渴求的对象而竞争。

- **模仿欲望系统（Mimetic Systems）**

  依靠模仿欲望运行并维持的系统。

- **模仿欲望理论（Mimetic Theory）**

  对模仿在人类行为中的作用，特别是欲望的模仿及其后果的解释性理论。该理论揭示了模仿欲望、竞争、暴力、替罪羊机制，和用来防止模仿危机的宗教、文化、禁忌、规定之间的关系。

- **镜像模仿（Mirrored Imitation）***

  镜像模仿发生在一个人想要通过与竞争对手渴望不同或者相反的东西来区分自己和对方时。

- **误判（Misrecognition）**

  在模仿欲望理论中，误判是指人们或群体陷入模仿欲望的阵痛之中，试图扭曲自己的认知，并将某人或某事指认为问题的根源。这种误判使替罪羊机制发挥作用。在基拉尔的理论中，误判（法语为"méconnaissance"）是一个非常重要的概念，但我很难在保持原意的情况下将它转译为其他语言。最好的诠释来自哲学家保罗·迪穆谢尔在其著作 *The Ambivalence of Scarcity and Other Essays* 中的文章"De la méconnaissance"。

- **介体（Model）**

  改变或引导了其他人的欲望的人、事物或群体。

- **动机模式（Motivational Pattern）**

  成就故事中揭示的核心动机驱动模式。一个人的动机模式是贯穿其所有成就故事的线索。

- **反身性（Reflexivity）**

  一种感知与环境彼此影响的双向反馈回路。在模仿竞争中，任何一方的行动都会对另一方的感知和欲望造成影响。

- **浪漫的谎言（Romantic Lie）**

  认为我们的选择完全是自主的、独立的，是由自己做出的。在浪漫谎言的影响下，人们会否认自己的行为是模仿性的。

- **替代性牺牲（Sacrificial Substitution）**

  通过某些具有象征性的物品或祭品的牺牲，来替代另一方（通常会更加血腥）的牺牲。

- **替罪羊（Scapegoat）**

  当模仿危机爆发时，为了解决冲突，而从社区中选择的应该被驱逐或消灭的人、事物或群体。替罪羊承受了所有模仿升级带来的紧张和暴力，在此之前事态是混乱且没有方向的。替罪羊通常在由模仿驱动的判断过程中随机选出。

- **替罪羊机制（Scapegoat Mechanism）**

  人类历史上通过驱逐或消灭替罪羊来解决模仿危机的过程。替罪羊机制的初次运行是具有模仿性和自发性的。而在此之后，它以仪式的方式反复上演，重新创造并解决了最初的危机，并为参与者提供了暂时的宣泄。

- **深厚的欲望（Thick Desire）***

  深厚的欲望比肤浅的欲望更难受到模仿的影响。它们需要很长时间，或者会在某人的一段人生核心经历中建立和巩固。深厚的欲望让人充满意义感，并带给人持久的动力。

- **单薄的欲望（Thin Desire）***

  单薄的欲望植根于短暂的、肤浅的事物上。它们是转瞬即逝的模仿欲望。当人们在生活中对其丧失觉察时，它就会支配我们的大部分生活，并且很容易被模仿现象所激发。

- **超越型领导力（Transcendent Leadership）**

  一种领导方式，拥有这一能力的领导者会将欲望的建立和引领视为其首要的以及最重要的目标，这也是组织文化和健康的首要驱动力。

附录二

阅读清单

我认为，一个人建立智慧的过程是存在路径依赖的。我有一系列想要推荐的有关模仿理论的书。话虽如此，每个人都应当根据他们自己的兴趣和动机，从不同的书中获取信息。有些人会想直接跳到 *Things Hidden Since the Foundation of the World* 这本基拉尔的巨著中去。下面清单中的书所涵盖的知识是循序渐进的，如果我要设计一个学期的模仿欲望课程，这份阅读清单的顺序就是我会安排的进程。

1. *Deceit, Desire, and the Novel: Self and Other in Literary Structure*, René Girard (1961)

2. *I See Satan Fall Like Lightning*, René Girard (1999)

3. *René Girard's Mimetic Theory*, Wolfgang Palaver (2013)

4. *Things Hidden Since the Foundation of the World*, René Girard (1978)

5. *Evolution of Desire: A Life of René Girard*, Cynthia L. Haven (2018)

6. *Violence Unveiled: Humanity at the Crossroads*, Gil Bailie (1995)

7. *Mimesis and Science: Empirical Research on Imitation and the Mimetic Theory of Culture and Religion*, Scott R. Garrels, editor (2011)

8. *Evolution and Conversion: Dialogues on the Origins of Culture*, René Girard (2000)

9. *Resurrection from the Underground: Feodor Dostoevsky*, René Girard (1989)

10. *Battling to the End: Conversations with Benoît Chantre*, René Girard (2009)

如果想要继续和我讨论，可以访问我的个人网站 lukeburgis.com 或者关注我的推特账号 @lukeburgis。

附录三

动机主题

以下是"动机能力识别系统"（SIMA）中确定的27个动机模式的主题。MCODE（动机代码）是一种利用该系统的潜在发现设置的在线评估工具。它采用叙事、讲故事的方法进行，大约需要45分钟才能完成。

如果你对评估感兴趣，可以访问我的个人网站了解相关事项，并获得读者折扣。

实现潜能（Achieve Potential）：识别和实现自己的潜能是你生活的一个持续关注点。

进步（Advance）：你喜欢在完成一系列目标时取得进步的体验。

成为独特的人（Be Unique）：你试图通过展示一些独特的才能、品质或不同的地方来脱颖而出。

成为中心（Be Central）：你想要成为那个把事情联系在一起，赋予其意义和 / 或方向的关键角色。

掌控（Bring Control）：你想把自己的命运牢牢握在自己手里。

完成（Bring to Completion）：当你看到一个完成的产品或最终结果，知道你已做完了自己的工作，或者这件事已经达到了你设定的目标时，会感到满足。

理解和表达（Comprehend and Express）：你的动机侧重于理解、定义和交流你的见解。

合作（Collaborate）：你喜欢参与人们为一个共同的目标而一起努力的活动。

学习新知（Demonstrate New Learning）：你有动力学习如何做一些新的事情，并且能够证明你真的做得到。

发展（Develop）：你被从头到尾启动和发展一件事的过程所激励。

寻求认可（Evoke Recognition）：你很想去吸引别人的兴趣和注意力。

理念（Experience the Ideal）：你有动力具体表达对你来说重要的某些概念、愿景或价值观。

建立（Establish）：你有动力为一件事打下稳固的基础并建立它。

探索（Explore）：你想超越自己现有的知识和／或经验的限制，探索未知或神秘的事物。

卓越（Excel）：你想要比所有人做得都好，或者要做到最好。

占有（Gain Ownership）：这项动机的本质是通过努力获得你想要的东西，以及展示和行使你的所有权与控制权来表达的。

改善（Improve）：你因能发挥优势把事情做得更好而快乐。

影响行为（Influence Behavior）：你渴望从人们那里获得积极的反馈或回应，尤其是关于你如何影响了他们的思维、感受和行为。

打造影响力（Make an Impact）：你希望对你周围的世界产生影响或留下个人印记。

做对（Make It Right）：你始终如一地建立或遵循你认为"正确"的标准、程序和原则。

修复（Make It Work）：你的动力集中在修复故障或功能不佳的东西上。

达到标准（Make the Grade）：能激励你的是通过获得认可进入某个你想要加入

的团体之中。

掌握（Master）：当你能够完全掌握某项技能、学科、程序、技术或过程时，你的动机就得到满足了。

挑战（Meet the Challenge）：你的成就感来自回顾你曾经历或通过的挑战。

组织（Organize）：你希望建立并维护能够平滑运行的系统或操作。

克服（Overcome）：你的动力集中在克服困难、克服劣势或克服与自己对立的不利影响上。

服务（Serve）：你被激励去识别和满足需求、要求和期望。

下面是一个访谈示例和 MCODE 评估的部分结果。我通过询问玛丽亚（化名）几个简单的问题来引出她的成就故事，她就职于一家数字营销公司。以下是对我们交流的文字整理。

柏柳康："你一生中做过的哪件事是你认为自己做得很好，并且能带给你成就感的？它可以来自你人生的任何时刻，不管是你 7 岁还是 37 岁时。"

玛丽亚："在我参加越野跑的第四年，以一个强劲的赛季结束了我的职业生涯，我取得了前三的好成绩，这让我得以参加新英格兰地区赛。"

柏柳康："能说说你当时做了什么吗？你采取了哪些具体行动来实现目标？"

玛丽亚："我严格控制饮食，早上 5 点就起床训练，减少社交活动以使自己专心备战，这才保证了我生命中最好的状态。"

柏柳康："对于你来说，最让你满意的成就是什么？"

玛丽亚："我赢得了教练和队友的尊重。在这次比赛之前，我想他们只认为我水平一般。并且我也喜欢去参加新英格兰地区的比赛。"

在最后的回答中，她特别描述了给她最大满足感的是什么：赢得教练和队友的尊重。

玛丽亚从坚持训练计划、获得喜人成绩以及和队友一起去新英格兰参赛中获得了满足感。但这些事情对她来说都不是最重要的。赢得教练和队友的尊重是她获得最大成就感的原因。这就是她想要的。

接下来，为了更全面地了解玛丽亚是如何真正受到激励的，我需要更深入地探索，以便在她的核心驱动力中找到一个模式。我请她再分享 2 个她生活中不同时期的故事。以下是玛丽亚的答案，我将其放入表格中，以呈现我是如何组织信息的。这是她对自己最重要的激励主题的详细描述。

第二个故事

成就	我做了什么	满足感来源
我和我的丈夫一起工作来偿还我们的学生贷款	我想出了一个节约、做预算和辛勤工作的好主意，和丈夫一起集中我们的资源，在短时间内还清了债务。我们是一个团队，我必须非常有创意才能做到这一点	它给我的生活和未来带来了自由感。我觉得这是大多数人在同样的情况下无法做到的

第三个故事

成就	我做了什么	满足感来源
我参加了马拉松训练和比赛	生了第二个孩子后不久，我决定进行全程马拉松训练。我必须恢复体形，从几乎不跑步到长跑。我的成绩比自己预料的还要好	我觉得自己很强大，能够在我生命中本该软弱的时候做这样的事情。我感到特别自豪，因为我不仅完成了比赛，而且在比赛中表现得很好

玛丽亚的前三大动机主题

以下内容直接取自玛丽亚的 MCODE 结果，是对她个人的前三大动机主题的一般描述。其中有没有与你相似的？

1. 卓越

你想要比所有人做得都好，或者做到最好。你在竞争中茁壮成长。也许你会与自己竞争，努力测试自己的极限，激励和拓展自己，尽你所能地发展自己的技能、理解力或专业知识。某些取得卓越成绩的标准、效率或质量可能是你竞争动力的主要焦点。也许你最喜欢的是与别人正面竞争。在任何情况下，你都可以识别出挑战，这些挑战可以让你明确地超越自己以前的努力、他人的努力或出色的表现。在有了明确的目标后，你会把自己的能力集中在努力超越他人上。对你来说，成就意味着超越工作、责任或职位的要求。你想要建立一种声誉，以证实你工作的卓越性。一般来说，你想做得比别人更好，例如，做出最快或最有效的行动。

2. 克服

你的动力集中在克服困难、克服劣势或克服与自己对立的不利影响上。决心、毅力和竞争精神是你的天性。你喜欢持续、全力以赴地战胜问题、困难、障碍或对手。你的叙述可能以成就为特色，比如在全职工作和养家糊口的同时获得学位。尽管受了很痛的伤，你依然可能在体育比赛中表现出色。尽管缺乏经验、技能不足或教育背景不足，你依然可能会努力承担艰巨的工作责任。可能有这样一个故事，你通过努力证明了别人对你的嘲笑是失败的。为此，你可能付出了大量的努力。你有动力与对你不利的因素斗争，直到你克服它们。

3．掌握

当你能够完全掌握某个技能、学科、程序、技术或过程时，你的动机就得到满足了。你希望你的知识、执行力或对复杂细节的控制是完美的。你关注的焦点可能是销售技术、生产程序，或者在贸易、工艺中使用的核心方法。你可能想掌握高尔夫、网球或滑雪等运动。你可以专注于工程问题背后的原理，或者专注于一些经济、科学或哲学概念。你可能会寻求对系统、过程的影响因素，或多方面工作职责的各种要素的控制。你对完美的追求可能是你性格或天性中的某些元素。无论如何，在你的成就中充满了这样的例子。你的思维和才能是为了掌握，你将"完美"作为自己的目标。

注　释

导读

1.　"Peter Thiel on René Girard," ImitatioVideo, YouTube, 2011. https:// www.youtube. com/watch ? v = esk7W9Jowtc.

序言

1.　Tony Hsieh, *Delivering Happiness: A Path to Profits, Passion and Purpose*, 191, Grand Central Publishing, 2010.

2.　这里的灵感来自塔勒布出色的作品。（正文中的"表现得有城府一点"，英文为 "skin in the game"，源自塔勒布一本著作的书名。——译者注）我人生的那个阶段，正处在塔勒布称之为"脆弱"的状态之下，当时债务问题限制了我能做出的选择。更重要的是，我的欲望系统也是脆弱的。

3.　这是我从心理学家让-米歇尔·古里安那里学到的。他是基拉尔的密友，他将模仿欲望形容成能够让人们汇聚在一起，亦能让他们分开的愿望。

引言

1.　Peter Thiel and Blake Masters, *Zero to One: Notes on Startups, or How to Build the*

Future, Crown Business, 2014.

2. Paul J. Nuechterlein, "René Girard: The Anthropology of the Cross as Alternative to Post-Modern Literary Criticism," *Girardian Lectionary*, October 2002.

3. 基拉尔使用"欲望"（法语为"désir"）这个词，因为欲望在 20 世纪中叶的法国哲学界是一个被激烈争论的议题。二战后，"欲望"问题主导了法国文学界和知识分子的生活。当基拉尔开始探索这个话题时，西格蒙德·弗洛伊德、让-保罗·萨特、亚历山大·科耶夫、雅克·德里达和其他杰出的学者已经展开了讨论。因此，基拉尔接受了他们的问题（或者说"欲望"）并改造了它。对基拉尔来说，欲望是人类状态最明显的特征，而模仿则是人类行为最根本的方式。

4. 按照社会学家埃米尔·涂尔干的说法，模仿欲望可能是一种**社会事实**。在 *The Rules of Sociological Method*（Oxford Reference,1895,1964）中，涂尔干将社会事实描述为社会生活的某些方面，它塑造或限制了一个人的行为。

5. James Alison, *The Joy of Being Wrong: Original Sin Through Easter Eyes*, Crossroad, 1998.

6. Sandor Goodhart, "In Tribute: René Girard, 1923–2015," *Religious Studies News*, December 21, 2015.

7. René Girard, *Conversations with René Girard: Prophet of Envy*, ed. Cynthia Haven, Bloomsbury, 2020.

8. Cynthia Haven, *Evolution of Desire: A Life of René Girard*, Michigan State University Press, 2018.

9. Haven, *Evolution of Desire*, 288.

10. *Apostrophes*, episode 150, France 2, June 6, 1978.

11. René Girard, Jean-Michel Oughourlian, and Guy Lefort, *Things Hidden Since the Foundation of the World*, Stanford University Press, 1987.

12. Thiel and Masters, *Zero to One*, 41.

13. Trevor Cribben Merrill, *The Book of Imitation and Desire: Reading Milan Kundera with René Girard*, Bloomsbury, 2014.

14. René Girard and Benoît Chantre, *Battling to the End: Conversations with Benoît Chantre*, 212, Michigan State University Press, 2009.

第一章

1. James Warren, *Compassion or Apocalypse: A Comprehensible Guide to the Thought of René Girard*, Christian Alternative, 2013.

2. Jean-Michel Oughourlian, *The Genesis of Desire*, Michigan State University Press, 2010.

3. Francys Subiaul, "What's Special About Human Imitation? A Comparison with Enculturated Apes," *Behavioral Sciences* 6, no.3, 2016.

4. Sophie Hardach, "Do Babies Cry in Different Languages?," *New York Times*, November 14, 2019. Also: Birgit Mampe, Angela D. Friederici, Anne Christophe, and Kathleen Wermke, "Newborns'Cry Melody Is Shaped by Their Native Language," *Current Biology* 19, no.23, 2009.

5. Adapted from the first paragraph of Andrew Meltzoff's essay, "Out of the Mouths of Babes: Imitation, Gaze, and Intentions in Infant Research—the 'Like Me' Framework," in *Mimesis and Science: Empirical Research on Imitation and the Mimetic Theory of Culture and Religion*, ed. Scott R. Garrels, Michigan State University Press, 2011.

6. A. N. Meltzoff and M. K. Moore, "Newborn Infants Imitate Adult Facial Gestures," *Child Development* 54, 1983, 702–09. Photo credit: A. N. Meltzoff and M. K. Moore, "Newborn Infants Imitate Adult Facial Gestures," *Science* 198, 1977, 75–78.

7. A. N. Meltzoff, "Out of the Mouths of Babes," in *Mimesis and Science*, 70.

8. Marcel Proust, *In Search of Lost Time,* vol. 5, *The Captive, The Fugitive*, 113, Modern Library edition, Random House, 1993.

9. A. N. Meltzoff, "Understanding the Intentions of Others: Re-enactment of Intended Acts by 18-Month-Old Children," *Developmental Psychology* 31, no. 5, 1995, 838– 50.

10. Rodolfo Cortes Barragan, Rechele Brooks, and Andrew Meltzoff, "Altruistic Food Sharing Behavior by Human Infants After a Hunger Manipulation," *Nature Research*, February 2020.

11. A. N. Meltzoff, R. R. Ramírez, J. N. Saby, E. Larson, S. Taulu, and P. J. Marshall, "Infant Brain Responses to Felt and Observed Touch of Hands and Feet: A MEG Study," *Developmental Science* 21, 2018, e12651.

12. Eric Jaffe, "Mirror Neurons: How We Reflect on Behavior," *Observer*, May 2007.

13. Sue Shellenbarger, "Use Mirroring to Connect with Others," *Wall Street Journal*, September 20, 2016.

14. Larry Tye, *The Father of Spin: Edward L. Bernays and the Birth of Public Relations*, Henry Holt, 2002.

15. Adam Curtis, director, *The Century of the Self*, BBC Two, March 2002.

16. From the documentary film *The Century of the Self*.

17. Tye, *The Father of Spin*, 23.

18. 说到通过模仿理论的视角来理解性别和女性气质，没有人比美国北艾奥瓦大学哲学与世界宗教系教授马莎·赖内克研究得更深入了。她对模仿理论的研究工作是广泛的，而对女性的研究尤其做出了切实与关键的贡献，这一点尤为可贵，尽管这些成果并未得到与基拉尔的思想同等的关注程度。

19. Tye, *The Father of Spin*, 30.

20. Podcast *Entitled Opinions* with Robert Harrison on the website stanford.edu. See episode from September 17, 2005, "René Girard: Why We Want What We Want." https://entitledopinions.stanford.edu/ren-girard-why-we-want-what-we-want.

21. From the story told on the *Entitled Opinions* podcast, September 17, 2005, beginning around the 15:00 mark.

22. Adam M. Grant, *Give and Take*, 1–3, Viking, 2013.

23. David Foster Wallace, "E Unibus Pluram: Television and U.S. Fiction," *Review of Contemporary Fiction* 13, no.2, Summer 1993, 178–79. 他在这本杂志的第 152 页写道："电视，从深处看，是关于欲望的。用一种文艺的语言来表达就是，欲望就像人类食物中的糖一样。"

24. The *BBC Business Daily* podcast, "Tesla: To Infinity and Beyond," February 12, 2020.

25. 经济学中的信息理论借鉴了信息论创始人、数学家克劳德·香农的研究成果，展示了信息在经济中的核心地位，以及遏制和促进信息流动的力量及其对价值创造的影响。技术专家乔治·吉尔德在他的著作 *Knowledge and Power: The Information Theory of Capitalism and How It Is Revolutionizing Our World* 一书中以信息理论的视角为资本主义辩护。在我看来，信息论本身是不完整的，因为信息在强大的人类生态学中作用有限。它需要补充对模仿欲望作用的理解，以及其他的一些视角。数学家本华·曼德博在他与理查德·赫德森的合著作品 *The Misbehavior of Markets: A Fractal View of Financial Turbulence* 中，为证明市场的非理性和传统金融理论的愚蠢提供了案例。

26. Jason Zweig, "From 1720 to Tesla, FOMO Never Sleeps," *Wall Street Journal*, June 17, 2020.

第二章

1. Yalman Onaran and John Helyar, "Fuld Solicited Buffett Offer CEO Could Refuse as Lehman Fizzled," *Bloomberg*, 2008.

2. Walter Isaacson, *Steve Jobs*, Simon & Schuster, 2011.

3. "催眠"这个词来自 19 世纪的维也纳医生弗朗兹·麦斯麦，他被誉为"催眠之父"。麦斯麦相信有一种力量会将某些人吸引到其他人和事物上。他是第一个开始思考在心理或社会现实中可能存在类似于牛顿物理定律的运动定律的人之一。他写道："人们必须给予牛顿最大的赞誉，因为他已经在最大程度上阐明了万物相互吸引之理。"（Oughourlian, *The Genesis of Desire*, 84.）麦斯麦在随后的个人和团体治疗中，会用手指挥患者，并通过吹奏口琴结束治疗。他的许多病人都反馈自己奇迹般地痊愈了。你可以说他们受到了安慰剂效应的影响，但这一说法可能会低估医患关系对治疗的作用——麦斯麦本人的魅力，以及他对病人期待的暗示。现代催眠基于催眠师对受试者的暗示能力。催眠师是欲望的引领者——催眠师引入了什么，患者就会渴望什么。毫无疑问，有史以来时间最长、最成功的催眠师表演，是女催眠师帕特·柯林斯在好莱坞的一家俱乐部举行的。出席她的节目的人都是那种拼命想"成功"的人，他们比大多数人更愿意接受引领者的建议。

4. Michael Balter, "Strongest Evidence of Animal Culture Seen in Monkeys and Whales," *Science Magazine*, April 2013.

5. **引领者**和**介体**说的是一回事。引领者所做的就是创造欲望，给予追随者们新的视角，让他们从新的角度看待和评价事物。

6. Tobias Huber and Byrne Hobart, "Manias and Mimesis: Applying René Girard's Mimetic Theory to Financial Bubbles," *SSRN*, 24.

7.　See René Girard, *Deceit, Desire, and the Novel*, 53–82, trans. Yvonne Freccero, Johns Hopkins University Press, 1976. 我一直在想，他为什么不使用"本体论欲望"这个词，这个词似乎更直接地指明了欲望的存在主义属性。我还没有找到一个更好的词汇去替代这个词。然而，我确实认为，如果我们把基拉尔对形而上欲望的解读看作"在物质之后"，就可以很容易地理解它——当我们有形而上的欲望时，就不能满足于任何物质对象了。基拉尔写道："随着形而上学在欲望中的作用越来越大，物质的重要性也越来越小。"这是人类独特的地方，拿我的狗来打比方，只要我给它喂了一顿好饭，它就会躺下睡觉。它绝对不会抬头看看星星，号啕大哭，对未来的生活感到迷茫。

8.　今天，"形而上学"通常指的是第一原则，即构成所有其他事物的基础的东西。埃隆·马斯克声称，第一原则是他决策过程的关键。《华尔街日报》的记者蒂姆·希金斯写道："这位亿万富翁将自己的商业成功归功于名为'第一原则'的科学方法，该方法植根于亚里士多德的著作，它拒绝用模仿的方案来解决问题，而依赖于将问题还原为本质，即使最终产生的解决方案看起来可能违反直觉。"Elon Musk's Defiance in the Time of Coronavirus," *Wall Street Journal*, March 20, 2020.

9.　René Girard and Mark Rogin Anspach, *Oedipus Unbound*, 1, Stanford University Press, 2004.

10.　René Girard, *Anorexia and Mimetic Desire*, Michigan State University Press, 2013.

11.　THR Staff, "Fortnite, Twitch . . . Will Smith? 10 Digital Players Disrupting Traditional Hollywood," *Hollywood Reporter*, November 2018.

12.　René Girard, *Resurrection from the Underground: Feodor Dostoevsky*, trans. James G. Williams, Michigan State University Press, 2012.

13.　Virginia Woolf, *Orlando*, Edhasa, 2002.

14.　House of Lords, October 28, 1943. 1941 年 5 月，英国的下议院厅遭到炸弹袭击，建筑被严重损毁，丘吉尔当时要求将其完全修复至原样。 Quote found in Randal O'Toole's "The Best-Laid Plans," 161, Cato Institute, 2007.

15.　消极模仿与消极关系有关，在这种关系中，人们基于另一方的观点形成自己的观点。Girard, *Deceit, Desire, and the Novel*.

16.　《宋飞正传》最具模仿性的剧集是《灵魂伴侣》（第 8 季第 2 集）和《停车场》（第

3 季第 22 集）。在读完这一章之后，我建议你备点小酒，好好看一下这两集，它们能为你的模仿欲望和工作中的模仿竞争提供一个有趣的例证。基拉尔评价《宋飞正传》道："为了取得成功，艺术家必须尽可能接近一些重要的社会真理，同时不会在观众中引发痛苦的自我批评。这就是这部剧的作用，人们不必为了欣赏而完全理解，他们不需要理解，只要认同这些角色即可，因为他们自己也会这样做。他们因此认识到一些普遍却真实的东西，只是无法定义它。也许莎士比亚的同时代人会欣赏他作品中对人际关系的描绘，就像我们欣赏《宋飞正传》一样，但他们不会理解他对模仿互动的敏锐觉察。我必须要说，《宋飞正传》比大多数社会学研究都捕捉到了更多的社会现实。"（René Girard, *Evolution and Conversion: Dialogues on the Origins of Culture*,179, Bloomsbury, 2017.）

17. 来源可疑。似乎马克斯是在给他所属俱乐部的辞职信中写了这句话。

第三章

1. Tribune Media Wire, "Man in Coma After Dispute over Towel Sparks Massive Brawl at California Water Park," *Fox31 Denver*, August 26, 2019.

2. 关于费鲁乔·兰博基尼的大部分材料来源于我在意大利发现的一本罕见的书（2013—2016 年，我在意大利生活了 3 年），该书作者是费鲁乔之子托尼诺·兰博基尼。这本书只有意大利语版本。从书中摘录的所有对话都是我自己翻译的。这本书是托尼诺于 2016 年出版的 *Ferruccio Lamborghini:La Storia Ufficiale*，这是一个儿子对父亲的致敬。当然，故事都来自单方面叙述。我搜索了作家卢卡·达尔·蒙特近 1 000 页的传记 *Enzo Ferrari:Power*, *Politics*, *and the Making of an Automotive Empire*（David Bull Publishing, 2018），发现没有任何一个章节提到兰博基尼。也许是一个明显的遗漏，或者事情背后还有一些隐藏的故事……

3. Lamborghini, *Ferruccio Lamborghini*.

4. "The Argument Between Lamborghini and Ferrari," WebMotorMuseum.it. https://www.motorwebmuseum.it/en/places/cento/the-argument-between-lamborghini-and-ferrari/.

5. Nick Kurczewski, "Lamborghini Supercars Exist Because of a 10-Lira Tractor Clutch," *Car and Driver*, November 2018.

6. 但兰博基尼的动机并非意气用事。进军汽车制造业具有商业意义。豪华汽车的利润率和拖拉机可不一样。他还看到了高性能汽车市场的缺口，没有人曾生产出能与法拉利在赛道上的动力相匹敌的汽车，何况是配有更加豪华的内饰的。这将是他的市场定位——兰博基尼将使他的超级跑车成为一辆豪华跑车，或者说是一辆旅行车，它的动力与法拉利相当，但在舒适性方面却超越了法拉利。

7. Lamborghini, *Ferruccio Lamborghini*.

8. Austin Kleon, *Steal Like an Artist: 10 Things Nobody Told You About Being Creative*, 8, Workman, 2012.

9. 这里涉及一个小知识，与普遍的看法相反，公牛的冲锋与它对红色的憎恨无关。公牛是色盲，可能它们只是被斗牛士挥手的动作激怒了。

10. Girard, *Deceit, Desire, and the Novel*, 176.

11. Lamborghini, *Ferruccio Lamborghini*.

12. 模因理论专家苏珊·布莱克莫尔对模因的作用有明确的认识。我把她的书 *The Meme Machine*（Oxford University Press, 2000）推荐给任何想了解模因的人。

13. 道金斯最初阐述模因理论时很少说明为什么某些模因首先被选择用于模仿。他说，模因"通过随机变化和进化选择的一种形式"发生变异（Olivia Solon, "Richard Dawkins on the Internet's Hijacking of the Word 'Meme,'" *Wired UK*, June 20, 2013）。在模仿欲望理论中，欲望的对象是通过对选择的模仿而选定的——也就是说，人们选择某个欲望是因为引领者首先选择了它们。

14. James C. Collins, *Good to Great*, 164, Harper Business, 2001.

15. James C. Collins, *Turning the Flywheel: Why Some Companies Build Momentum . . . and Others Don't*, 9–11, Random House Business Books, 2019.

16. Collins, *Turning the Flywheel*, 11.

17. Aristotle, *Metaphysics*, Book IX (Theta), trans. W. D. Ross, Oxford University Press, rev. ed., 1924. See also http://classics.mit.edu/Aristotle/metaphysics.9.ix.html.

18. 在谢家华的书 *Delivering Happiness: A Path to Profit, Passion, and Purpose* 第58页中，美捷步的创始人尼克·斯温穆恩在描述他是如何获得最初的想法时说："我认为，买一双鞋不应该这么难。"当时的买鞋体验并不能让人感到快乐。谢家华在第56页写道："他的想法是建立一个鞋的亚马逊，并创建世界上最大的网上鞋店。"

19. 谢家华在书中分享了他在 2000 年 10 月写给美捷步所有员工的一封电子邮件，他在其中说明了关注毛利润、增加网站新的优质访问者以及增加回头客比例的重要性。他的电子邮件包括以下建议："我们做的所有事都要考虑如何在未来 9 个月内提高我们的总毛利。这将意味着，我们曾经追求的一些项目将不得不暂停，直到我们实现盈利。一旦实现盈利，我们将能够考虑更长远、更大的前景，并对如何统治世界有更多的奇思妙想。"

20. 谢家华在 *Delivering Happiness* 第 121 页中写道："午餐结束时，我们意识到，我们最大的愿景是将美捷步打造成最好的客户服务品牌。"

21. 这是成交当天的交易价值。因为这是一项全股票交易（美捷步收到的是亚马逊股票，而不是现金），所以交易的价值与亚马逊股票在任何特定时间的价值挂钩。亚马逊股票在 2009 年 10 月 30 日的收盘价为 117.30 美元 / 股，截至撰写本文时，约为 3 423 美元 / 股。美捷步的这笔交易很划算。

22. Nellie Bowles, "The Downtown Project Suicides: Can the Pursuit of Happiness Kill You?," *Vox*, October 1, 2014.

23. "Tony Hsieh's "Rule for Success: Maximize Serendipity," *Inc .com*, January 25, 2013.

24. Brian J. Robertson, *Holacracy: The New Management System for a Rapidly Changing World*, Henry Holt, 2015.

25. 对于许多外围人员来说，合弄制带来了混乱局面。一旦人们失去了可以依附的结构，无法获得有关组织层级的信息，就会感到无所适从。毕竟，人类的组织从自我开始，并围绕自己来建立等级结构，这一切都是合弄制想要抛弃的。但是合弄制对谢家华来说很自然，这是从他一贯的管理方式中自然延伸出来的。和硅谷的许多人一样，谢家华拥有热情之火——他是火人节的狂热信徒，火人节是每年在内华达州西北部布莱克罗克沙漠举行的盛大聚会。像他这样的人往往具有强烈的反等级精神，在这种精神的召唤下，谢家华和他的团队设想将拉斯维加斯市中心转变为一个完全随心所欲的社区，让每个人都感到有权追随自己的幸福。

26. 我有意使用"地下"的隐喻，是向陀思妥耶夫斯基的《地下室手记》致敬，根据勒内·基拉尔的说法，这本节主要关注模仿的欲望和竞争。基拉尔与人合著了一本与此有关的书，名为 *Resurrection from the Underground: Feodor Dostoevsky*。（费奥多尔这个名字在英文中可以拼写成多种形式，我选择使用 "Feodor"）。

27. C. S. Lewis, "The Inner Ring," para. 16, Memorial Lecture at King's College, University of London, 1944. https://www.lewissociety.org/innerring/.

28. 圣奥古斯丁在他的著作《上帝之城》一书中写道，爱的秩序是"关于美德的简短而真实的定义"。了解价值观是如何统合在一起的，知道该在何时以及何种情况下，以何种程度追求事物，然后培养这样做的意愿是每个人一生的工作。20世纪的哲学家马克斯·舍勒阐释了一种有影响力的价值观和情感等级，一定程度上说明了所有情感并不是平等的。情感是对价值的回应，其强度也是由价值决定的。如果我对他人幸灾乐祸，那么我的情感反应就表明我的价值，或者更深入地说，我的爱的秩序可能出现了问题。请参阅迪特里希·冯·希尔德布兰德的研究成果和他的"价值—反应"伦理学理论以进行进一步探索。Dietrich von Hildebrand and John F. Crosby, *Ethics*, Hildebrand Project, 2020.

29. 毫无疑问，模仿也是人们获得价值的部分途径。亚里士多德谈到了美德，比如勇气、耐心、诚实和正义——这些是人们学会渴望的东西，因为这些东西，他们的引领者要么已经拥有了，要么同样渴望获得。我们通过模仿引领者来获得美德。（也难怪在一个大多数人不重视古典美德的社会中，人们对它们的兴致不大。）

30. 在我的个人网站上提供了完成这个练习的一些相关资源，网址是 https://lukeburgis.com。

31. 股权结构表因公司而异，甚至每家公司的叫法都不一样。它们取决于公司如何定义不同类别的股票、债权人债权等。

32. Bailey Schulz and Richard Velotta, "Zappos CEO Tony Hsieh, Champion of Downtown Las Vegas, Retires," *Las Vegas Review- Journal*, August 24, 2020.

33. Aimee Groth, "Five Years In, Tony Hsieh's Downtown Project Is Hardly Any Closer to Being a Real City," *Quartz*, January 4, 2017.

第四章

1. © 2020 Jenny Holzer, member Artists Rights Society (ARS), New York.

2. René Girard, *The One by Whom Scandal Comes*, 8, trans. M. B. DeBevoise, Michigan State University Press, 2014.

3. Girard, *The One by Whom Scandal Comes*, 7.

4. Carl Von Clausewitz, *On War*, 83, ed. and trans. Michael Howard and Peter Paret, Everyman's Library, 1993.

5. René Girard, *Violence and the Sacred*, trans. Patrick Gregory, Johns Hopkins University Press, 1979.

6. 以下是祭司献祭山羊时所念的一段祷告："主啊，我在你面前行了不义，犯下过错，罪孽深重：我、我的家人还有亚伦的子孙——你的信徒。主啊，求你赦免我、我的家人和亚伦的子孙——你的信徒们在你面前所行的不义、冒犯、罪孽，正如摩西律法上所写的：'因为这日他要赦免你，洗净你在主面前一切的罪孽；你必洁净。'" Isidore Singer and Cyrus Adler, *The Jewish Encyclopedia: A Descriptive Record of the History, Religion, Literature, and Customs of the Jewish People from the Earliest Times to the Present Day*, 367, Funk and Wagnalls, 1902.

7. 摘自新教改革学者威廉·廷代尔于 1530 年翻译的《摩西五经》英文本。在拉丁语中，山羊被称为"跳跃的信使"，或"信使山羊"，意即"它离开了"。廷代尔最初将其译为"离开的山羊"，最终改为"替罪羊"。

8. René Girard, *I See Satan Fall Like Lightning*, Orbis Books, 2001.

9. Todd M. Compton, *Victim of the Muses: Poet as Scapegoat, Warrior and Hero in Greco-Roman and Indo-European Myth and History*, Center for Hellenic Studies, 2006.

10. 关于行刑队执行枪决的其中一把枪装的是空弹的说法，遭到一些人的质疑，他们表示真正的子弹在开枪时会使枪的后坐力非常大，而空弹则不会，所以行刑队成员都会知道他们是否使用的是空弹。然而，有可信的证据能证明，行刑队确实曾使用过空弹。是否每个打了空弹的行刑队成员都心中有数并不是最有趣的事，空弹曾被使用过的事实才是。

11. 地方性的金融危机也是如此。1997 年，亚洲金融危机始于泰国，导致泰国股市暴跌 75% 以上。这场危机迅速蔓延到其他亚洲国家，但对美国的影响很小。

12. 我对这个聚会故事的构思是受到基拉尔对酒神节的思考的启发。在古希腊，这些纪念酒神狄俄尼索斯的节日是为了重新创造某种形式的团结，而这种团结已经被模仿欲望的混乱所扰动。这些节日仪式重新演绎了从团结到混乱的运动，并在一个仪式性的牺牲，也就是献祭替罪羊中达到了高潮，它通过防止进一步的无序和内部冲突来恢复秩序。基拉尔的亲密合作者雷蒙德·施瓦格尔在写给基拉尔的一封信中提到，他偶然发现了赫尔曼·科勒于 1954 年出版的一本名为 *Die Mimesis in der Antike* 的精彩书籍。在书中，作者反思了柏拉图对希腊词语"μιμεῖσθαι"（mimesthai）的使用，并得出结论，它来自神圣的舞蹈。他认为，"mimos"这个词指的是酒神节上的演员。

13. Ta-Nehisi Coates, "The Cancellation of Colin Kaepernick," *New York Times*, November 22, 2019.

14. Girard, *I See Satan Fall Like Lightning*.

15. Flavius Philostratus, *The Life of Apollonius of Tyana, the Epistles of Apollonius and the Treatise of Eusebius*, trans. F. C. Conybeare, Loeb Classical Library, 2 vols., Harvard University Press, 1912.

16. 以下是全文："在他生病期间，他梦见整个世界注定要成为某种可怕的、以前不为人知的瘟疫的受害者，这种瘟疫正从亚洲的深处向欧洲移动。大部分人会灭亡，除了少数被选中的人，幸运儿寥寥无几。某种新的旋毛虫出现了，这些微小的生物开始在人体内定居。但这些有机体是被赋予智慧和意志的生物。被感染的人立即被附身，变得精神错乱。人们开始认为自己已经足够聪明，有能力掌握真理了，但在被感染之前，他们从未这么想过，他们从不认为自己的声明、科学结论、道德信念和信仰是无懈可击的。整个群体、城镇和国家都被感染了，并且变得疯狂。每个人都很焦虑，没有人理解别人，每个人都认为真理只存在于他自己身上，而对于其他所有人，他都很痛苦，捶胸顿足，痛哭流涕，焦虑悲伤。他们不知道该审判谁，如何审判，他们无法就什么是善和恶达成一致。他们不知道该判谁的罪，该判谁无罪。人们在毫无意义的愤怒中互相残杀。他们集结了整支军队来对抗对方，但这些军队在行军途中突然开始互相争斗，队伍解体，士兵们互相倾轧，互相刺杀，互相撕咬，互相吞食。在城镇里，警报铃声整天响起：他们召集所有人，但没有人知道谁被召集了，也没有人知道为什么被召集，每个人都很焦虑。他们放弃了最普通的行业，因为每个人都提出自己的想法和建议，他们无法达成一致。无人耕种土地。在某些地方，人们结成小组，共同商定一些事情，并发誓绝不放弃，但他们立即转而开始做一些与他们刚刚的提议完全不同的事。他们开始相互指责，相互争斗，相互屠杀。火灾发生了，饥荒随之而来。几乎所有的东西和人都被毁灭了。病人越来越多，瘟疫也愈演愈烈。整个世界只有少数人可以得救，这些人是纯洁的、被选中的，注定要建立一个新的民族和新的生活，更新和净化地球。但没有人见过这些人，没有人听过他们的话语和声音。"（改编自汝龙译本《罪与罚》，译林出版社。——译者注）

17. 值得探讨的是"个体间心理学"（interdividual psychology）这个概念，这是基拉尔、奥古里安和盖伊·勒福在 *Things Hidden Since the Foundation of the World*（Stanford University Press, 1987）中创造的一个短语，目的是摆脱主体的一元化观点，正确解释心理学的关系结构。

18. Elias Canetti, *Crowds and Power*, 15, Farrar, Straus and Giroux, 1984.

19. From Sophocles's play *Oedipus Rex*, first performed around 429 BCE.

20. Girard, *Violence and the Sacred*, 79.

21. Christian Borch, in his *Social Avalanche: Crowds, Cities, and Financial Markets* (Cambridge University Press, 2020), uses this word to describe crowd psychology.

22. Yun Li, " 'Hell Is Coming'—Bill Ackman Has Dire Warning for Trump, CEOs if Drastic Measures Aren't Taken Now," CNBC, March 18, 2020.

23. John Waller, *The Dancing Plague: The Strange, True Story of an Extraordinary Illness*, 1, Sourcebooks, 2009.

24. Ernesto De Martino and Dorothy Louise Zinn, *The Land of Remorse: A Study of Southern Italian Tarantism*, Free Association Books, 2005.

25. Rui Fan, Jichang Zhao, Yan Chen, and Ke Xu, "Anger Is More Influential Than Joy: Sentiment Correlation in Weibo," *PLOS ONE*, October 2014.

26. Stephen King, *On Writing: A Memoir of the Craft*, 76, Scribner, 2010. See also Stephen King, "Stephen King: How I Wrote Carrie," *Guardian*, April 4, 2014, para. 6.

27. 《饥饿游戏》系列电影是对古罗马的"面包和马戏"的现代版演绎。古罗马人知道他们需要给人民提供面包（吃的东西）以安抚他们。但他们也必须提供马戏团，即娱乐，通过献祭角斗士或动物的仪式保护古罗马不受自己的暴力所产生的影响，防止暴力起义，并保证其领导人的安全。

28. René Girard, *The Scapegoat*, 113, Johns Hopkins University Press, 1996.

29. René Girard and Chantre Benoît, *Battling to the End: Conversations with Benoît Chantre*, xiv, Michigan State University Press, 2009.

30. Girard, *Violence and the Sacred*, 33.

31. John 11:49–50. From the New Revised Standard Version Bible (NRSV), copyright © 1989 the Division of Christian Education of the National Council of the Churches of Christ in the United States of America. Used by permission. All rights reserved.

32. 斯蒂芬·平克在《人性中的善良天使》一书中驳斥了有关暴力的"水压理论"，即认为压力在表面之下积聚，需要在暴力中定期释放的想法。需要声明的是，这并不是基拉尔的意思。替罪羊机制在模仿危机中出现，是因为一个群体采取了实际的和战略上的行动——替罪羊机制是一种化解暴力的社会策略。虽然平克没有特别提到基拉尔或替罪羊机制，但他触及了暴力的策略性质。"当暴力倾向演变时，它总是具有策略性。生物体只有在预期收益大于预期成本的情况下才会选择使用暴力"（第 33 页）。

33. 这段采访出现在 2011 年 3 月加拿大电视台由大卫·凯利主持的节目《经典理念》系列中。

34. 我对其他宗教传统的文本不那么熟悉，比如佛教、印度教或伊斯兰教，但我对这些文本是否也揭示过替罪羊机制很感兴趣，我邀请任何研究这些文本的学者加入 Reddit 讨论组 r/MimeticDesire。

35. Girard, *I See Satan Fall Like Lightning*.

36. 基拉尔称这些文本为迫害者文本。它们是由迫害者书写的文本，用以掩盖其罪行或所发生的真相。Girard, *The Scapegoat*.

37. 基拉尔在他的书中有力地阐释了这一观点：*I See Satan Fall Like Lightning* and *Evolution and Conversion: Dialogues on the Origins of Culture* (Bloomsbury, 2017).

38. Girard, *I See Satan Fall Like Lightning*, 161.

39. 第一座医院通常被认为是由修道士圣瓦西里在凯撒里亚（今土耳其开塞利）建造的。

40. Girard, *I See Satan Fall Like Lightning*, foreword, xxii–xxiii.

41. 耶稣在与一些法利赛人的交锋中对他们的这种虚伪行为进行了批判。"你们说：'如果我们生活在祖先的时代，就绝不至于像他们那样杀害先知。'"（《马太福音》23:30）

42. Ursula K. Le Guin, *The Ones Who Walk Away from Omelas: A Story*, 262, Harper

Perennial, 2017. Excerpted from *The Wind's Twelve Quarters*, originally published in hardcover in 1975 by HarperCollins.

43. René Girard, *The Scapegoat*, 41, Johns Hopkins University Press, 1996.

第二部分 （开场白）

1. David Lipsky, *Although of Course You End Up Becoming Yourself: A Road Trip with David Foster Wallace*, 86, Broadway Books, 2010.

第五章

1. James Clear, *Atomic Habits: An Easy and Proven Way to Build Good Habits and Break Bad Ones*, 27, Random House Business, 2019.

2. George T. Doran, "There's a S.M.A.R.T. Way to Write Management's Goals and Objectives," *Management Review*, November 1981.

3. Donald Sull and Charles Sull, "With Goals, FAST Beats SMART," *MIT Sloan Management Review*, June 5, 2018.

4. John Doerr, *Measure What Matters: How Google, Bono, and the Gates Foundation Rock the World with OKRs*, Penguin, 2018.

5. Lisa D. Ordóñez, Maurice E. Schweitzer, Adam D. Galinsky, and Max H. Bazerman, *Goals Gone Wild: The Systematic Side Effects of Over-Prescribing Goal Setting*, Harvard Business School, 2009.

6. 社会学家马克斯·韦伯将由许多人共同决策的僵化的组织称为"铁笼"。这个词的花式说法是"制度同构"，由美国学者保罗·J. 迪马乔和沃尔特·W. 鲍威尔在 *American Sociological Review* (48, no.2, 1983,147-60) 上发表的文章 "The Iron Cage Revisited: Institutional Isomorphism and Collective Rationality in Organizational Fields" 中创造，他们在论文中描述了导致同构的模仿过程。韦伯认为，这种结构将决策禁锢在一个"理性主义框架"中，除非发生革命，否则它会"持续到最后一吨化石煤被烧掉"。铁笼不是理性主义的，它是模仿性的。For further reading, see Max Weber, *The Protestant Work Ethic and the Spirit of Capitalism*, Merchant Books, 2013.

7. Eric Weinstein, interview with Peter Thiel, *The Portal*, podcast audio, July 17, 2019.

8. Mark Granovetter, "Economic Action and Social Structure: The Problem of Embeddedness," *American Journal of Sociology*, November 1985, 481–510.

9. 原材料包括：蕨菜、苋菜、白琉璃苣、胡蒜、三叶草、花椰菜茎、豌豆、块茎山萝卜、旱金莲、裂檐花、帕蒂潘南瓜、威尔士洋葱（Allium fistulosum）、菊苣、繁缕（Stellaria media）、粉红萝卜、婆罗门参、西红柿、葱、高山茴香，以及许多其他蔬菜、嫩芽、叶子、茎、谷物或根茎，原材料如何变动取决于当下是哪个季节甚至是一年当中的哪一天。

10. Orson Scott Card, *Unaccompanied Sonata*, Pulphouse, 1992.

11. Mark Lewis, "Marco Pierre White on Why He's Back Behind the Stove for TV's Hell's Kitchen," *The Caterer*, April 2007.

12. Marc Andreessen, "It's Time to Build," Andreessen Horowitz. https://a16z.com/2020/04/18/its-time-to-build/.

13. 关于米其林如何成为一家誉满全球的公司，许多关键信息都包含在 *And Why Not? The Human Person and the Heart of Business* 这本书里，作者是弗朗索瓦·米其林。我最喜欢的故事是：年轻的弗朗索瓦如何从他的祖父（公司的创始人之一）那里学到了关于同理心在打破替罪羊机制循环中的作用。"我记得 1936 年的一天，当我和祖父坐在他位于库尔萨布隆的办公室里时，一长串罢工的队伍从我们的窗户下面经过。我听到一些噪声，于是走到窗前掀开窗帘，这引起了人群骚动。我的祖父对我说：'有人会告诉你，这些人很讨厌，但不是这样的。'我意识到祖父说的是事实，要我说，阶级斗争的概念源于一种智力上的懒惰，人们想避免问自己真正重要的问题。从那时起，我就一直被他的这句话困扰着。'如果你把一个共产主义者看作阶级敌人，你就犯了一个错误。如果你把他看作一个仅仅拥有与你不同的思维方式的人，那事情就有了转机。'每当我遇到一个人，我就问自己：**这个人身上藏着什么钻石？** 当我们学会了如何睁开眼睛看到它们的时候，所有这些围绕着我们的珠宝就构成了一顶不可思议的皇冠。"（原书第 66 页）

14. Posted on the BRAS official Facebook page on September 20, 2017. You can watch it at wanting.ly/bras.

15. "怨恨"一词在法语中有更深的含义，意味着一个人的价值观或世界观因怨恨而变得非常扭曲。这是哲学家弗里德里希·尼采和马克斯·舍勒致力于解决的问题。可惜他们都没有像基拉尔那样注意到"内部引领"过程在怨恨中发挥的作用。

16. 截至我撰写本书时，勒苏奎特仍然在《米其林指南》上有两颗星的评分。

第六章

1. "Disruptive Empathy" is the title of a section in Gil Bailie's book, *Violence Unveiled: Humanity at the Crossroads*, Crossroad, 2004.

2. René Girard, *The One by Whom Scandal Comes*, 8, trans. M. B. DeBevoise, Michigan State University Press, 2014.

3. Thomas Merton, *New Seeds of Contemplation*, 38, New Directions Books, 2007.

4. René Girard, Robert Pogue Harrison, and Cynthia Haven, "Shakespeare: Mimesis and Desire," *Standpoint*, March 12, 2018.

5. 二战期间，盟军的飞机在执行长期任务时会降落在南太平洋的岛屿上进行中途停留。美国和欧洲的士兵给当地人空投了丰厚的食物和杂物，以换取后者的善意。

　　当地有很多人还处在用长矛捕鱼，住在树屋里的阶段，所以对此感到非常有趣。香烟、牛肉棒、T恤衫、威士忌、扑克牌、手帕和丙烷灯，就像来自另一个文明的护身符。我们只能想象，在新的货物供应被空投的夜晚，人们在火盆旁一边喝着威士忌一边交谈的情形。

　　然后，战争结束了。当地人受到了打击。为什么货物突然之间没了？在几个月内，当地人开始聚集在飞机降落的跑道上。他们模仿空中交通管制员的动作，用木头雕刻飞行员的耳机，并建立了临时控制塔。他们点燃了信号火，并模仿着他们印象中士兵降落后的队形，组成了游行队列。他们模仿自己看到过的所有行动，希望能产生同样的效果。

　　"他们所做的一切都是正确的，"诺贝尔物理学奖得主理查德·范曼在1974年加州理工学院的毕业典礼演讲中说道，"这些行为看起来和以前士兵们做的一模一样，但它不起作用……他们遵循所有表面上的规律和形式，但他们缺少一些基本的东西，因为没有飞机要降落。"在他关于科学、伪科学以及如何不欺骗自己的演讲中，他创造了一个有争议的术语——"货物崇拜"，来描述在南太平洋岛屿发生的事情。

这个名字具有误导性，原因有很多。例如：这些崇拜显然根本就不是关于货物的。我们知道这一点，因为这些仪式在太平洋岛屿上有很多不同的表现形式。一位商人在 20 世纪 70 年代末曾在巴布亚新几内亚沿海的利希尔岛从事大型工程项目，他还记得在简易机场设立的特许摊位上，当地人站在周围扮演商人的角色。对他们每个人来说，扮演商人的角色很重要，虽然没有实际买卖发生。与其说他们是在模仿货机降落，不如说他们是在模仿那些前来考察新项目的商人。

模仿的主要目的不是让商品从天而降。它甚至根本不是为了任何物质回报。模仿之所以发生，是因为人们希望从别人那里获得一定的地位和尊重。通过模仿那些似乎已经拥有这些东西的人，模仿者希望自己会发生某种转变。

最严重的误解是认为只有"原始"人才这样做。崇拜是一种模仿性的现象，而且是普遍的。在战后几十年里被发现的货物崇拜只是美国和其他地方每天都在发生的一些事情的极端演绎。

年轻的大学毕业生（或大学辍学生）穿着牛仔裤和 T 恤衫在孵化器空间工作，他们在自己的 MacBook Pros（苹果笔记本）背面贴上品牌贴纸，使企业文化感觉像兄弟会（有乒乓球桌、康普茶和精酿啤酒），在社交媒体上关注加里·维纳丘克，晚上与其他团队成员在城市内的时尚咖啡馆见面——所有这些行为都源于他们希望能提高公司的估值。

在今天说"我想创业"就像在 20 世纪 90 年代初说"我想成为一名顾问或投资银行家"一样。但"创业"是一个特别有问题的说法，因为企业家精神总是需要围绕世界上的一个具体问题或需求来实现。在了解一个独特和特殊的机会之前，就说自己想成为一名企业家，就像拿着一个巨大的木槌到处找东西砸。对于一个拿着锤子的人来说，一切都像钉子。对于一个想成为企业家的人来说，一切都像是一个创业的机会。

6. 这里有几个人生问题的例子：为什么有的东西比别的东西更好？什么是美？我如何区分善与恶？什么是良知？我是谁？我从哪里来？我将去哪里？

7. Parker Palmer, *Let Your Life Speak: Listening for the Voice of Vocation*, Jossey-Bass, 1999.

8. Jonathan Sacks, "Introduction to Covenant and Conversation 5776 on Spirituality," October 7, 2015. https://rabbisacks.org.

9. 虽然并不一定要通过正式的评估过程，才能获得练习"成就故事"的好处，但我还是推荐这个工具，因为它提供了一些仅凭自己很难得出的见解和语言。如果有人有兴趣了解更多信息，请阅读附录三的内容，我在那里列出了一个受访者的前三个核心动机结果的完整例子，以及我在课堂和公司中使用的资源。See Todd Henry, Rod Penner, Todd W. Hall, and Joshua Miller, *The Motivation Code: Discover the Hidden Forces That Drive Your Best Work*, Penguin Random House, 2020.

第七章

1. Whitney Wolfe Herd in an interview with *CNN Business* on December 13, 2019. Sara Ashley O'Brien, "She Sued Tinder, Founded Bumble, and Now, at 30, Is the CEO of a $3 Billion Dating Empire." https://www.cnn.com/2019/12/13/tech/whitney-wolfe-herd-bumble-risk-takers/index.html.

2. 这句话改编自当代哲学家韩炳哲的著作《倦怠社会》中的一句话。在写到精神疾病以及我们无法对其产生"抗体"时（因为它们不是一个外来者），韩炳哲说："相反，它是**系统性**的，即系统内在的——暴力。" Byung-Chul Han, *The Burnout Society*, Stanford University Press, 2015.

3. S. Peter Warren, "On Self- Licking Ice Cream Cones," in *Cool Stars, Stellar Systems, and the Sun: Proceedings of the 7th Cambridge Workshop*, ASP Conference Series, vol. 26.

4. From President John F. Kennedy's speech at Rice University, September 12, 1962. John F. Kennedy Presidential Library and Museum archives. https://www.jfklibrary.org/archives/other-resources/john-f-kennedy-speeches/rice-university-19620912.

5. Abraham M. Nussbaum, *The Finest Traditions of My Calling*, Yale University Press, 2017, 254.

6. Maria Montessori, *The Secret of Childhood*, Ballantine Books, 1982.

7. Maria Montessori et al., *The Secret of Childhood* (Vol. 22 of the Montessori Series), 119, Montessori-Pierson Publishing Company, 2007. Translations of Montessori's account vary.

8. Marc Andreessen, "It's Time to Build," Andreessen Horowitz.

9. The first quote comes from Maria Montessori, *The Montessori Method*, trans. 此处的"人"，我们现在往往会理解为"成人"，但蒙台梭利在 50 多年前写下这段话时，她所说的"人"应该被理解为不分年龄的所有人。

10. *The Montessori Method*, 2008 edition, 92. 我还推荐大家了解乌鸦基金会的联合创始

人苏珊·罗斯，她正在研究模仿理论在蒙台梭利教育中的作用。在一篇优秀的文章中，她写道："在演示过程中，互动的模式隐含着模仿。教师公开示范，孩子通过模仿专注地参与教学活动。然后教师退出，让孩子取代她的位置。在退出时，因为教师对教学材料的关注已经被孩子吸收或内化了，教师所塑造的对学习材料的兴趣现在也成为孩子的兴趣。学习的内容已经被带入孩子的视野，但教师和孩子并没有成为争夺它的对手，而是自由地分享它。正是儿童的公开模仿和教师对孩子的尊重，使引领者的退出成为可能。" Suzanne Ross, "The Montessori Method: The Development of a Healthy Pattern of Desire in Early Childhood," *Contagion: Journal of Violence, Mimesis and Culture* 19, 2012.

11. 这是我在 2019 年与惠普公司副总裁路易斯·金谈话时的主要收获，当时我与他谈论了模仿欲望对大公司的影响。我自己从未在大公司工作过很长时间，在过去的几年里，我一直在尽可能多地与人交谈，讨论模仿在更传统的公司结构中是如何表现的。

12. 我们在第二章中看到了，模仿的力量如何为乔布斯创造了一个现实的扭曲场，以及模仿的欲望如何在我们大多数人的日常生活中扭曲了真相。模仿欲望掩盖或扭曲真相的趋势对我们个人有负面的影响，而这些影响在组织内会成倍增加（正如我们在第三章看到的美捷步和中心城项目那样）。

13. CBS News, August 14, 2008. https://gigaom.com/2008/08/14/419-interview-blockbuster-ceo-dazed-and-confused-but-confident-of-physicals/.

14. Austin Carr, "Is a Brash Management Style Behind Blockbuster's $65.4M Quarterly Loss?," *Fast Company*, May 2010.

15. 可以通过了解本笃会的隐修方法，进一步探索"与自己独处"的方式。没有人在沉默中是完全孤独的。我们仍然与他人有关系，只是他们不在场。通过沉默，我们剥开了那些阻碍我们的关系，重新认识了帮助我们活出人性的所有人。

16. Zachary Sexton, "Burn the Boats," *Medium*, August 12, 2014.

17. For a short introduction to the concept, see Steve Blank, "Why the Lean Start-Up Changes Everything," *Harvard Business Review*, May 2013.

18. Eric Ries, "Minimum Viable Product: A Guide," *Startup Lessons Learned* (blog), August 3, 2009. http://www.startuplessonslearned.com/2009/08/minimum-viable

product-guide. html.

19. Interview of Toni Morrison by Kathy Neustadt, "Writing, Editing, and Teaching," *Alumnae Bulletin of Bryn Mawr College*, Spring 1980.

20. Sam Walker, "Elon Musk and the Dying Art of the Big Bet," *Wall Street Journal*, November 30, 2019.

21. Peter J. Boettke and Frédéric E. Sautet, "The Genius of Mises and the Brilliance of Kirzner," GMU Working Paper in Economics No. 11–05, February 1, 2011.

22. 人工智能可以增强企业家的能力，就像人工智能在世界上许多地方已经增强了我们的耕作能力一样：它可以控制温度、对水的使用，人们能根据人工智能的判断决定采收的时间；它还可以控制服务器的使用、库存管理和公司的招聘决策。但人工智能只能完成创业过程中固定的那部分工作，它不能替代人产生创业意识并完成独创性的任务。

第八章

1. Christianna Reedy, "Kurzweil Claims That the Singularity Will Happen by 2045," *Futurism*, October 5, 2017.

2. Ian Pearson, "The Future of Sex Report: The Rise of the Robosexuals," *Bondara*, September 2015.

3. 2007 年的人工智能动画电影 *Beowulf* 最初被评价为"令人毛骨悚然"，因为动画角色看起来太像真人。随后，电影公司将动画人物的样貌进行了调整。

4. Heather Long, "Where Are All the Startups? U.S. Entrepreneurship Near 40-Year Low," *CNN Business*, September 2016.

5. Drew Desilver, "For Most U.S. Workers, Real Wages Have Barely Budged in Decades," Pew Research Center, August 2018.

6. 我在这里引用的"失望"一词来自加拿大哲学家查尔斯·泰勒的研究。在此之前，马克斯·韦伯和弗里德里希·席勒的作品对此亦有贡献。

7. 在罗马天主教会，这个时期的开始通常与 1965 年结束的第二次梵蒂冈会议有关。数十万神父和修士放弃了他们的誓言，还有数百万兄弟姐妹"耸了耸他们的肩膀"。同样的事情也发生在几乎所有的主流新教教派和世界上的非基督教宗教中，伊斯兰教是一个明显的例外。

8.　Scott Galloway, *The Four: The Hidden DNA of Amazon, Apple, Facebook, and Google*, Portfolio/Penguin, 2017. This is my summary of his main points.

9.　Eric Johnson, "Google Is God, Facebook Is Love and Uber Is 'Frat Rock,' Says Brand Strategy Expert Scott Galloway," *Vox*, June 2017. "谷歌是上帝，我认为它已经取代了我们的上帝。随着社会变得更加富裕，人们受教育程度更高，宗教机构在人们生活中的作用越来越小，然而我们现代人的焦虑和问题却越来越多。有一个巨大的精神空白，需要神的干预……在人类历史上，人们每向谷歌提出 5 个问题，就有一个是以前从未问过的。想想看，一个教士、拉比、牧师、教师、教练得有多高的可信度，才能面对和谷歌一样的情况。"

10.　Ross Douthat, *The Decadent Society: How We Became the Victims of Our Own Success*, 5, Avid Reader Press, 2020.

11.　Douthat, *The Decadent Society*, 136.

12.　当我在 2020 年写这本书时，也可以用一个例子来说明：有人否认新冠肺炎传播的现实，却不明白为什么人们继续死亡。

13.　Alexis de Tocqueville, *Democracy in America*, 644, trans., ed., and with an introduction by Harvey C. Mansfield and Delba Winthrop, University of Chicago Press, 2000. 引用的这段话是在第二卷第四部分第三章（"Sentiments are in accord with ideas to concentrate power"），如标题所示，其内容涉及权力的集中。

14.　这些想象中的差异将是我们**误解**的产物，误解来自模仿欲望对现实的扭曲，也是导致群体错误地将替罪羊视为怪胎和威胁的原因。

15.　The King James Bible, Proverbs 29:18（"Where there is no vision, the people perish..."）.

16.　Shoshana Zuboff, *The Age of Surveillance Capitalism: The Fight for a Human Future at the New Frontier of Power*, PublicAffairs, 2020.

17.　在 *The Age of Surveillance Capitalism* 一书中，祖博夫在前言给出了以下完整的定义。"监视资本主义，名词，（1）一种新的经济秩序，它要求把人类的经验作为免费的原材料，用于提取、预测和销售的隐蔽商业行为；（2）一种寄生的经济逻辑，其中商品和服务的生产从属于一个新的全球行为监控系统；（3）资本主义的无赖变异，其特点是财富、知识和权力的集中，这在人类历史上是前所未有的；（4）监视经济的基础框架；（5）对 21 世纪人性的重大威胁，就像工业资本主义在 19 世纪和 20 世纪对自然界的威胁一样；（6）一种新的工具性力量的起源，它宣称对社会的统治，并对市民民主发起惊人的挑战；（7）一场旨在基于完全确定性的新集体秩序的运动；（8）对关键人权的剥夺最好理解为来自上层阶级的政变：推翻人民的主权。"

18. Matt Rosoff, "Here's What Larry Page Said on Today's Earnings Call," *Business Insider*, October 13, 2011.

19. George Gilder, *Life After Google: The Fall of Big Data and the Rise of the Blockchain Economy*, 21, Regnery Gateway, 2018.

20. Catriona Kelly and Vadim Volkov, "Directed Desires: Kul'turnost' and Consumption," in *Constructing Russian Culture in the Age of Revolution 1881–1940*, Oxford University Press, 1998.

21. Langdon Gilkey, *Shantung Compound: The Story of Men and Women Under Pressure*, 108, HarperOne, 1966.

22. Girard, *The One by Whom Scandal Comes*, 74.

23. 作家和诺贝尔奖得主切斯拉夫·米沃什在其 1953 年出版的非虚构作品 *The Captive Mind* 中对这部小说做了绝妙的解读。

24. 药丸的想法是文学和电影中的常见特例：《美丽新世界》中的索玛和《黑客帝国》中的蓝色药丸是比较广为人知的例子。

25. Martin Heidegger, *Discourse on Thinking: A Translation of Gelassenheit*, Harper & Row, 1966.

26. Iain McGilchrist, *The Master and His Emissary: The Divided Brain and the Making of the Western World*, Yale University Press, 2019.

27. "文化"是被人们认为神圣的一套东西，无论是在一个国家还是在一个公司中。这个词来自拉丁文"cultus"（崇拜）。如果不了解宗教信仰或宗教仪式，就不能完全理解文化。设计一种文化就是设计一种宗教。

28. René Girard and Chantre Benoît, *Battling to the End: Conversations with Benoît Chantre*, Michigan State University Press, 2009.

29. 丹尼尔·卡尼曼在《思考，快与慢》中所提出的概念并不对应计算思维和存在思维。快思考和慢思考都是计算思维的表现，只是其形式和速度不同。

30. Virginia Hughes, "How the Blind Dream," *National Geographic*, February 2014.

31. Michael Polanyi and Mary Jo Nye, *Personal Knowledge: Towards a Post-Critical Philosophy*, University of Chicago Press, 2015.

32. 我的妻子克莱尔是该公司 2018 年的第一位员工，后来升职为业务发展总监。

33. 我所说的"应运而生"，并不是指它是由一个人或一群人发明出来的。现代市场经济就像替罪羊机制一样，是一种超越任何已知工程的重大进步，它是有机地发生的，因为人们想找到更好的方式来相互交换商品。基拉尔研究者让-皮埃尔·迪皮伊和保罗·迪穆谢尔都对现代经济学和模仿理论的研究做出了巨大贡献。这里将市场经济以"第二项发明"来展示是我自己的观点，也是我综合了很多想法的结果，这些想法在很大程度上来自这些思想家。

34. "Naval Ravikant— The Person I Call Most for Startup Advice," episode 97, *The Tim Ferriss Show* podcast, August 18, 2015.

35. Episode 1309 of *The Joe Rogan Experience* podcast, June 5, 2019.

36. Annie Dillard, *The Abundance: Narrative Essays Old and New*, 36, Ecco, 2016.

37. Dillard, *The Abundance*, 36.

38. Ibid.

后记

1. Interview with James G. Williams, "Anthropology of the Cross," 283–86, *The Girard Reader*, ed. James G. Williams, Crossroad, 1996.

2. Stephen King, *On Writing: A Memoir of the Craft*, 77, Scribner, 2000.

3. Cynthia Haven, "René Girard: Stanford's Provocative Immortel Is a One-Man Institution," *Stanford News*, June 11, 2008.

附录一

1. Olivia Solon, "Richard Dawkins on the Internet's Hijacking of the Word 'Meme,'" *Wired*, June 2013.

译后记

在欲望爆炸的时代里追寻内心的价值

我与本书结缘于 2021 年 6 月，那一年最热门的新闻是"在内卷与躺平之间挣扎的中国年轻人"。作为一位心理学从业者，我在彼时已经有了深切的感受，"疲惫"和"虚无"成了困扰人们心理健康的核心议题。

在我搜寻良方的过程中，中信出版社的郭明骏老师向我推荐了柏柳康先生的这本书，在此之前，我对基拉尔教授和他的睿智思想一无所知。明骏老师为我推开了这扇门，她是我的引领者。

我们中国人解释事情喜欢讲"机缘"，这也是一种牵动欲望的过程。我们每天的行动、头脑中的想法，并非凭空产生，往往是因为被什么人或者什么事"推动"了一下。从那一刻起，我们开始有了自己的渴望与追求。

这种机缘的碰撞，有时会带来激动人心的结果，比如这本书能和中国的读者见面，离不开一系列欲望的链式反应：基拉尔教授激起了柏柳康先生写作的欲望，柏柳康先生激起了出版社出版的欲望，进而激发了我翻译的欲望，也希望我们的努力能成功撩拨起你阅读的欲望。

但有的时候，碰撞也会引发"车祸"，比如当两个人都渴望获得那个晋升的机会，而公司只提供一个名额时。欲望的交汇，很有可能把这两个人锁死在一起，竞争会很快蔓延到工作之外的所有领域。

人们说互联网时代是一个信息爆炸的时代，以社交媒体为代表的移动互联网，其实创造了一个欲望爆炸的时代。在历史上绝大多数时间里，普通人的欲望只会被身边不超过 50 米范围的人、事、物所影响。但当每个人的生活都被社交网络载入之后，这个范围瞬间扩展到了全世界，这张由世界上所有人的欲望编织起来的大网，就悬在我们的头顶，摇摇欲坠，随时有可能掉下来将我们全部压垮。

人类目前应对欲望危机的唯一武器就是消费。想要比所有人更懂时尚吗？快去下单这件衣服吧；想要比所有人更早接触到新鲜的观点吗？快去订阅这个频道吧；想要让你的孩子比其他孩子更优秀？这里有一堆付费项目等着你。甚至你想要拍出更吸引点击的照片，想要让更多的人关注你的社交网络，只要你有这样的欲望，就可以通过消费的方式去解决。

消费是安全的，你只需要比拼财力，而不需要用肉身消灭对手。但这种安全只能维持在我们的消费能力能支撑住自己欲望的基础上。当社会无法持续生产那些吸引人消费的东西，而人类的欲望又被喂养得更加庞大时，等待我们的会有什么？

基拉尔教授是一位有远见的思想家，这种远见使得他对人类社会的未来感到担忧。而本书的作者柏柳康先生，则是一位实打实的企业家，这样的身份意味着他需要放下对未来的担忧，谨慎而又乐观地思考，我们当下可以为此做些什么。

这是企业家为人称道的地方，不止步于提出问题，还要给出解决方案。

在社会层面，柏柳康先生的解决思路是，我们需要一个新的欲望，它不再锁定于每个人的视线所能见到的狭窄范围内。这个欲望还要足够大，大到能使所有人的欲望发生转化，就像当年的"到月球去"。

21世纪的头20年是沉闷的、乏味的。人类科学史上已经很久没有让人惊心动魄的大想法了。"人类基因组计划"可能是最后一个能让人谈起来带有兴奋情绪的东西。

探索未知世界的想法才是现代社会发展的引擎。如果一个人站出来说"我们想要去火星"，马上就会带动更多的人去思考这个问题。还需要点儿什么准备？从燃料、食物、载具的材料，再到合作的机制、人员的保障，会有越来越多的人卷入。

而当这种历史席卷到我们身边时，人们渴望的将不再是中午和领导坐在一张餐桌上的机会，或者在网红奶茶店排长队买到奶茶后的自拍。因为我们就要出发去火星了，得为此做点什么。

作为这个时代的普通人，一方面我们在等待着，像这样能引领我们走得更远的历史机遇早日出现；另一方面我们还需要面对一个问题，我该如何在此刻安顿好自己的内心，不在欲望的洪流中迷失自我？

这就回到了我的专业，心理学。柏柳康先生提到，我们要寻回自己的价值，探索我们内心中深刻的部分，找到其中我们最看重的那些东西，然后死死地抓住它不放手。

当周围的世界不断给我们提出一个个新的欲望，我们的内心也在尝试做出分辨和判断。我们可以去选择，是否要拥有一个欲望，以及要如何拥有一个欲望。这取决于我们内心中最看重的那些东西，想要发现它们，就需要我们放下对世界的浅薄看法，并走进自己的内心深处。

如何探索内心，寻找价值，并牢牢抓住重要的事情不放？这是过去四五年来，我和暂停实验室的同伴们一直在探索的问题。我们从科学心理学的角度找到了两种最原始又最有效的方式——正念冥想和日记书写。我们已经使用这套方法帮助了超过 6 万人，让他们在焦虑的大环境中拥有了获得平静内心的能力。

柏柳康先生在书中也提到了他自己的冥想经验，以及他会帮助学生探索价值的一系列提问。这些分享更让我体会到，人类的悲欢可以共通，只要用对了方法。

翻译本书的过程是一次成长的体验，基拉尔教授和作者的观点恰好补充了我的思维版图，让我能更加清晰地看待自我和世界，也加深了我对欲望产生过程的心理理解。我现在了解到，欲望是如何在我们内心播下种子，而我们的价值又如何帮助我们分辨和选择欲望。

基拉尔教授充满智慧的观点和作者深入浅出的解读，共同为我带来了一场意犹未尽的阅读盛宴。而那些穿插在书中的信手拈来的趣事，更是大大丰富了阅读体验。

文字和翻译方面的任何缺陷和瑕疵，都是译者能力不足所致，恳请读者见谅。希望我的翻译能够为你推开理解"模仿欲望"的这扇门，也希望在这段短暂的引领之后，你能在未来走向更远的地方。

窦泽南
2023 年 2 月 11 日
于暂停实验室，北京